纺织服装高等教育"十二五"部委级规划教材

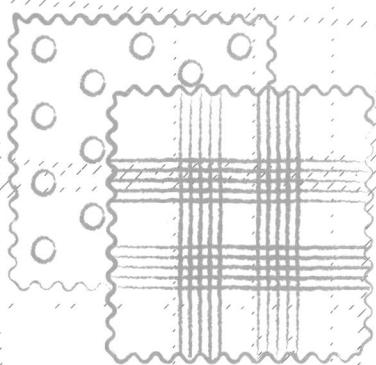

陈东生　袁小红 ◎ 主编

服装材料学实验教程

东华大学出版社

内容简介

本书列举了服装材料的原料鉴别、外观质量检测和内在质量各方面的测试,服装材料的一般性能、舒适性能、风格评价以及服装辅料检测、服装检测等16项试验。将每项试验分为验证性、设计性和综合性试验两种类型。验证性试验内容包括基本知识简介、试验设备、条件、方法、步骤及结果的计算;设计性、综合性试验包括试验目的、试验原理、试验方案、主要仪器及试剂、试验要求等。

本书可作为高等纺织服装院校教材,也可供服装企业、技术监督部门专业技术人员参考。

图书在版编目(CIP)数据

服装材料学实验教程 /陈东生,袁小红主编. 一上海:东华大学出版社,2015.1

ISBN 978-7-5669-0662-5

Ⅰ.①服… Ⅱ.①陈… ②袁… Ⅲ.①服装—材料—实验—教材 Ⅳ.①TS941.15-33

中国版本图书馆 CIP 数据核字(2014)第 266458 号

责任编辑 马文娟 库东方
封面设计 魏依东

服装材料学实验教程
Fuzhuang Cailiaoxue Shiyan Jiaocheng

主　编 陈东生
副 主 编 袁小红

出　版:东华大学出版社(上海市延安西路 1882 号,200051)
本 社 网 址:http://www.dhupress.net
天猫旗舰店:http://dhdx.tmall.com
营 销 中 心:021-62193056　62373056　62379558
印　刷:上海锦良印刷厂有限公司
开　本:787 mm×1 092 mm　1/16　印张　15.25
字　数:382 千字
版　次:2015 年 1 月第 1 版
印　次:2019 年 12 月第 3 次印刷
书　号:ISBN 978-7-5669-0662-5
定　价:55.00 元

前　　言

为适应目前各高校对应用型、创新型人才的培养,大力推进试验实践教学改革,配合东华大学出版社已出版的《服装材料学》教材,特编写了此《服装材料学实验教程》。

本实验教程列举了服装材料的原料鉴别、外观质量检测和内在质量各方面的测试,服装材料的一般性能、舒适性能、风格评价以及服装辅料检测、服装检测等16项试验,并且将每项试验分为验证性试验和设计性、综合性试验两种类型,旨在为纺织服装及其相关专业的学生提供一本内容全面、通俗易懂、实践操作性强的服装材料检测方面的试验教材,以期有效地提高他们对于服装材料学实验课程学习的积极性和实践能力。本书实践性强,是纺织服装院校、服装企业、技术监督部门专业人员的必备参考书。

本实验教程将每项试验分为验证性试验和设计性、综合性试验两种类型。验证性试验内容包括基本知识简介、试验设备、条件、方法、步骤及结果的计算;设计性、综合性试验包括试验目的、试验原理、试验方案、主要仪器及试剂、试验要求等。本实验教程的执笔者大都具有从事纺织服装制品检验的实践经验,他们或是服装高校从事服装材料实验实践教学的一线高水平教师,或是长期在纤维或纺织品检验部门从事纺织服装制品检验的一线高水平检验技师,因此,使得本实验教程更具实践性和综合性,更有利于高端应用型服装人才动手能力的培养。

本教材各章节参加编写人员是:

实验一　闽江学院　袁小红

实验二　闽江学院　袁小红

实验三　闽江学院　倪海燕

实验四　福建省纤维检验局　叶远静

实验五　山东轻工职业学院　杨　文

　　　　淄博出入境检验检疫局　张　引

实验六　陕西出入境检验检疫局　张鹏飞

实验七　福建省纤维检验局　付世伟

实验八　陕西出入境检验检疫局　张鹏飞

实验九　闽江学院　吕　佳

实验十　河南工程学院　刘　红

实验十一　　闽江学院　袁小红

实验十二　　陕西出入境检验检疫局　蓝海啸

实验十三　　陕西出入境检验检疫局　蓝海啸

实验十四　　闽江学院　袁小红、陈东生

实验十五　　南京出入境检验检疫局　王香香

实验十六　　西安纤维纺织品监督检验所　孙一凡

　　本教材由陈东生教授担任主编,袁小红担任副主编,共同负责全书的编写组织和统稿工作。在编写过程中参考了相关书籍和资料,特对书籍作者和资料所有者表示诚挚的感谢。

　　本教材力求全面完善、内容充实,但是鉴于编者的水平有限,难免有不足之处,热忱欢迎读者批评指正。

编者

2014 年 10 月

目　　录

试验一 服装材料的原料鉴别

本章知识点：1. 服装材料原料鉴别的基本知识
2. 定性鉴别方法
3. 定量分析方法
4. 综合性、设计性试验

第一部分 验证性试验

一、基本知识

服装材料的原料指用于制作服装的原材料。服装材料的原料鉴别是确定服装质量优劣的重要依据。目前，市场上服装材料主要是由纺织纤维与皮革、毛皮构成，因此服装材料的原料鉴别即是对纺织纤维与毛皮、皮革的鉴别。本书仅涉及服装材料中纺织纤维的鉴别。

纺织纤维是截面呈圆形或各种异形的、横向尺寸较细、长度比细度大很多倍的、具有一定强度和韧性的(可挠曲的)细长物体。纺织纤维按材料来源分为天然纤维和化学纤维。天然纤维按原料来源分为植物纤维、动物纤维、矿物纤维，其中植物纤维按取得部位分为种子纤维(棉、木棉、椰壳等)、韧皮纤维(苎麻、亚麻、黄麻、汉麻、罗布麻等)、叶纤维(蕉麻、剑麻等)、维管束纤维(竹纤维等)；动物纤维分为毛纤维(细羊毛、山羊绒、骆驼毛绒、兔毛绒、羊驼毛、狐毛、貂毛、藏羚羊毛绒等)、分泌腺纤维(桑蚕丝、柞蚕丝、蓖麻蚕丝、蜘蛛拖丝等)；矿物纤维是天然无机化合物纤维，主要有石棉；此外还有细菌纤维。化学纤维按聚合物来源分为有机再生纤维、有机合成纤维和无机纤维。再生纤维可由天然高聚物溶解后纺丝制得，如纤维素纤维(黏胶纤维)、蛋白质纤维、甲壳素纤维等；天然高聚物化学改性后溶解纺丝制得的纤维，有人称为半合成纤维，如铜氨纤维、硝酯纤维(纤维素硝酸酯)、醋酯纤维(纤维素醋酸酯)等。有机合成纤维是以石油、天然气、煤、农副产品为原料人工合成高聚物纺丝制得的纤维，如涤纶、锦纶、腈纶、维纶、丙纶、氯纶、氨纶等。无机纤维有玻璃纤维、碳纤维、金属纤维等。

服装材料(织物)仅由一种纺织纤维构成的为纯纺织物；服装材料(织物)由两种或两种以上纺织纤维构成的则为混纺织物、交织织物或复合织物。由于纺织材料的混合、交织使用，及对这些材料的改性或后整理，使得服装材料的原料鉴别更加复杂。因此，需对服装材料进行全面的鉴别。

服装材料的原料鉴别包括定性鉴别和定量分析两方面的内容。定性鉴别是根据各种纤维特有的物理、化学等性能，采用不同的分析方法对样品进行测试，通过对照标准照片、标准谱图及标准资料来鉴别未知纤维的类别。目前，主要的定性鉴别方法有感官法、燃烧法、显微镜法、溶解法、含氯含氮呈色反应法、熔点法、密度梯度法、红外光谱鉴别方法、双折射率测定方法等。定量分析是在对混纺材料定性鉴别后,确定各种纤维成分的百分含量,主要有化学溶解法、手工拆分法和投影显微镜法等。化学溶解法是根据定性分析的结果,利用不同种纤维在不同化学试剂中的溶解特性,选择合适的试剂去除一种组分,将残留物称重,根据质量损失计算出可溶组分的比例;手工拆分法仅适用于各系统纱线或各股纱为单组分纤维,能手工分离的产品;投影显微镜法则是利用纤维不同的外观形态,将不同纤维区分开来,计其根数并测量直径,结合不同纤维的密度,计算出各组分的百分含量。投影显微镜法主要针对化学性质相同,无法用化学溶解法和手工拆分法分离的组分,例如棉麻、绵羊毛与特种动物纤维等的混纺产品。

二、定性鉴别

(一)试样处理及准备

服装材料的原料鉴别方法大多是破坏性的。也就是说,一个样品作为试样进行鉴别,一方面会破坏其完整性,另一方面它的数量也会越来越少。因此对服装、服装材料进行原料鉴别时要准确把握试样的位置、数量及代表性。

1. 试样处理

服装材料鉴别有纤维原料鉴别,也有对组成织物的纤维鉴别。而对组成纺织品面料的纤维鉴别则要先处理。纺织品在纺织过程中进行了一些必要的加工整理,如上浆、添加树脂及染色等,加上一些与生俱来的非纤维性杂质,给服装材料的原料鉴别带来干扰。因此,为了鉴别的准确性,对服装材料要进行必要的预处理,同时这些处理不能对纤维性能及含量有所影响。

(1)退浆

在纺织过程中,为了便于织造,对某些(纤维)织物进行了上浆处理,如:棉(纤维)织物、涤纶织物、蚕丝织物、涤棉(纤维)织物、棉黏(纤维)织物等,为了试验的准确性,需对其进行退浆处理。

①用淀粉酶与非离子表面活性剂(0.1%)混合液,在试液:试样为 100:1 条件下进行浸泡处理,此种方法会使本色的棉、麻纤维素纤维有 3% 左右的损失。

②在稀盐酸(0.5%)中煮沸 20 min,用 0.2% 氨水将其洗净干燥。

(2)退树脂

用四氯化碳、三氯乙烷、乙醚或乙醇洗涤或萃取试样以去除试样中夹带的油脂、蜡质、尘土、树脂或其它掩盖纤维特征的杂质。

(3)退染料

对染色织物或色织织物中的染料,一般可视为纤维的一部分,不必除去,但如果试样上的染料对鉴别有干扰,可采用以下方法去除:

①纤维素纤维,用 1%NaOH 和 5%NaHSO$_3$ 沸腾液处理,然后用温水洗净。

②蛋白质纤维,用 20% 的吡啶溶液,用萃取器洗涤即可。蚕丝还可用乙二胺脱色。

③涤纶、锦纶、腈纶,可用吡啶:水(4:3)或二甲基甲酰胺:甲酸(1:1)脱色。

2. 试样准备

正确取样对于检测结果至关重要,通常来讲所取试样应具有充分的代表性。对于某些色织或提花织物,试样的大小应至少为一个完整的组织循环。如果发现试样存在不均匀性,如面料中存在类型、规格和颜色不同纱线时,应按每个不同的部分逐一取样。具体应注意以下几点:

(1)样品是针织物、机织物还是非织造布(或无纺布)

机织物和针织物因为织造原理完全不同,组织结构完全不同,一般而言针织物只有一个方向的纱线,而机织物则有两个(经向和纬向)或两个以上方向(三向织物或立体织物)的纱线。非织造布的主要特征是直接的纤维成网、固着成形的片状材料。根据每种织法的特点每个方向逐一取样,在定性鉴别时才不会遗漏,如图 1-1~图 1-6 所示。

图 1-1 机织物组织结构图

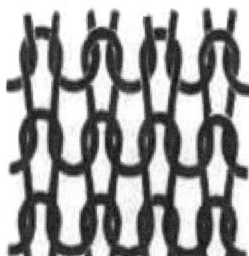

图 1-2 针织物组织结构图

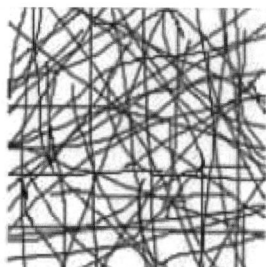

图 1-3 非织造布组织结构图

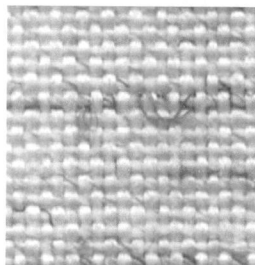

图 1-4 机织物

图 1-5 针织物

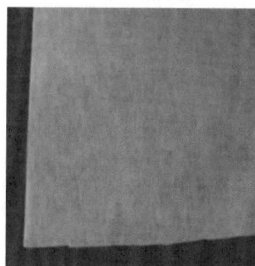

图 1-6 非织造布

(2)有无弹性纤维

在检查样品有没有弹性纤维时,不能只根据样品本身有没有弹性来判断,而是要确实在样品里找到弹性纤维,一般针织布中弹性纤维总是和其它纱线交织,可以在拆散织物时直接看到裸露的弹性纤维,袜子中的橡胶丝包芯纱例外。而机织物中弹性纤维总是作为弹力包芯纱的芯出现,需将包芯纱退捻或用一定的力度拉断纱线才能看到。目前为止尚未发现非织造布中有弹性纤维的例子,不过这种情况并不代表不存在,试验过程中还需小心谨慎。

（3）是印花布还是色织布，有无循环组织

如果是印花布，不必根据印花的图案和颜色进行备样和定性（素色提花机织物的备样也是同理），但如果是涂层印花，印花厚重时会影响定性定量准确性，则应避开印花部位取样。如果是色织物，那取样时则应取完整的组织循环，定性时也应当每种颜色的纱线都制样定性，否则很容易错漏组分。

（4）是否为复合布

复合布（图1-7，图1-8）顾名思义是由两层不同的织物黏合在一起形成的，为了使试验时思路更清晰，通常将两层织物分开检验，分别出具结果。判断是否为复合布可以观察织物正反面颜色、材质、手感、组织结构等方面是否有所不同，试验织物是否可分开呈两层。如果为两层则分别备样和定性，必要时先去除黏着剂。

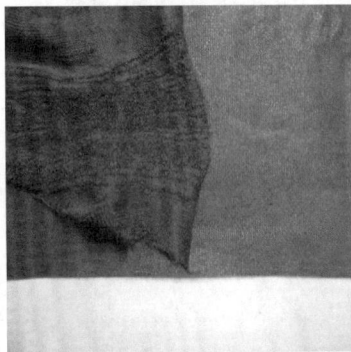

图1-7 复合布（正面）

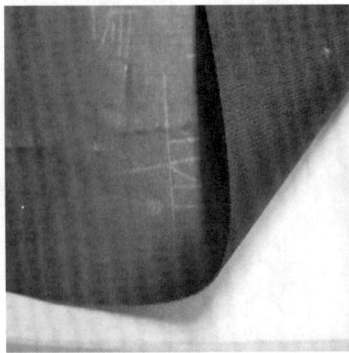

图1-8 复合布（反面）

（5）是否有涂层

涂层织物的涂层会影响定性和定量，应在不损伤或尽可能少损伤织物中纤维的前提下先去除涂层再进行定性定量，若无法去除可仅出定性结果，无需出具定量结果，但需描述用过哪些溶剂处理过仍无法去除。

（6）有几种系统的纱线

如针织物中的罗纹织物和棉毛织物，再如机织物中的双层织物（图1-9），都是由几种不同系统的纱线组成，需要每一种系统的纱线都进行定性。

图1-9 双层织物剖面结构图

（二）感官鉴别法

1. 检测原理

感官法是凭借人的感觉反应，如视觉、触觉、听觉等，根据不同纤维的感官特征、纱线及组织结构特征、织物外观风格特征等来鉴别纤维原料的方法。

2. 检测方法

感官法鉴别包括两方面：一是织物鉴别，即通过检验者的眼、耳、鼻、手来观测整块样品的颜色、光泽、重量、手感等特性来进行鉴别；二是拆纱鉴别，即从织物中抽取几根纱线并解捻，然后根据纤维的长度、整齐度、形态、色泽、手感、伸长及手拉干强、湿强等特征来加以识别。

感官鉴别的一般步骤是：

①首先根据各类纤维织物的感官特征，凭借视觉和触觉初步判断出织物中纤维原料所属大类，初步区分其是天然纤维织物还是化学纤维织物，是长丝织物还是短纤维织物。

②从织物中抽取一些纱线，并将纱线分解成纤维状态，依据纺织纤维的感官特征，进一步判断原料种类。如果是机织物则应经纬分别取样分析；如果是针织物，并且是几种纱线交替或合并织入，则应分别取样分析。

③在上面两步判断的基础上，综合分析织物的外观和手感特征，再与各类织物的感官特征相对照，最终判断其原料组成。

这种方法简便易行，但可靠性差，往往需要检验者具有丰富的经验，并且熟悉各种纤维的特点。适用于纯纺和交织织物，对多种纤维混纺的织物鉴别准确率不高，故大多作为鉴别的初步参考。

3. 常见织物的感官特征

（1）棉及棉混纺织物

纯棉织物外观具有天然棉纤维的柔和光泽，手感柔软，但弹性较差，易产生折痕。从布边抽几根纱线，仔细观察解散后的单根纤维，具有天然卷曲，纤维较短。将纤维拉断后，断处纤维参差不齐，长短不一，浸湿时的强度大于干燥时的强度。棉织物有普梳、精梳与丝光之分。普梳织物外观不太均匀，且含有一些杂质，布面粗糙，常为中厚型织物；精梳织物外观平整、细腻、杂质较少，常为细薄织物；丝光织物是指棉织物进行丝光处理后，其纤维截面趋向圆形，结晶度与取向度提高，纤维表面产生丝一样的光泽，织物光泽较好，表面更加细腻均匀，是高档棉织品。

混纺织物主要有涤棉织物、黏棉织物、富棉织物、维棉织物、腈棉织物等产品。涤棉织物与腈棉织物色泽淡雅，有明亮的光泽，布面平整光洁，手感滑爽挺括，面料弹性较强，手捏布面放松后恢复较快且折痕少；富棉织物与黏棉织物的光泽柔和、色泽鲜艳，料面光洁、柔滑，但稍有不匀与硬之感，手捏布面放松后面料有明显折痕；维棉织物色泽较暗淡，手感粗糙，面料不够挺括且有不匀感，折痕介于前两者之间。

（2）麻及麻混纺织物

纯麻织物淳朴自然，光泽柔和明亮，手感滑爽、厚实、硬挺、较为粗糙，手触不匀和有刺感，较棉织物硬挺，手摸织物粗糙、厚实，握紧放松后折痕较深，且恢复慢。

麻混纺织物有棉麻织物、黏麻织物、涤麻织物、毛麻织物等产品。棉麻织物、黏麻织物的外观、手感与风格介于纯棉织物与纯麻织物之间，涤麻织物面料平整，有较明亮的光泽和柔软的手感,弹性较强,不易产生折痕;毛麻织物的面料清晰明亮,平整挺括,手捏放松后不易产生折痕。

（3）毛及毛混纺织物

纯毛织物平整均匀,光泽柔和自然,手感滑爽,柔软,丰满挺括,极难产生折痕。拆出纱线分析,其纤维呈天然卷曲状,且比纤维粗、长。纯毛织物包括精纺、粗纺、驼绒、长毛绒等产品。精纺毛料呢面平整、光洁、精细、纹路清晰,光泽自然、柔和、有膘光,手感薄、柔软,手攥紧放松后,呢面几乎不留痕迹,即使有少量折痕也能很快恢复;粗纺毛料比较厚重,表面有绒毛,呢面丰满,膘光足,手感柔软、厚实、滑糯,手攥紧放松后,呢面几乎不留痕迹,即使有少量折痕也能很快恢复。驼绒(商品名)以针织物为底,面料布满细短、浓密、蓬松的绒毛;长毛绒(也称海勃绒)表面耸立平坦整齐的绒毛,丰满且厚实。

毛混纺织物有毛黏织物、毛涤织物、毛锦织物、毛腈织物等产品。黏胶与毛混纺的织物一般光泽较暗,手感柔软但不挺括,易产生折痕,其薄型织物酷似棉织物。毛涤织物光亮、滑爽、挺括、弹性好、不易产生折痕,但光泽不及纯毛织物柔和、自然;锦纶与毛混纺织物毛感较差,光泽极不自然,手触硬挺,不柔软,易产生折痕;而腈纶与毛混纺织物毛感较强,手感蓬松,有弹性,光泽类似毛黏织物,但色泽较之鲜艳。

（4）丝及丝的混纺、交织织物

蚕丝织物光泽华丽、优雅柔和,手感柔软滑润,有身骨,有凉感,织物悬垂性好,飘柔舒适。用手捏布料后放开,布面折皱较少,但折皱恢复较毛织物慢。抽出单纱拉断强力较高。揉搓织物时有独特的响声,织物下水柔软易皱。蚕丝分为家蚕丝和野蚕丝,桑蚕丝为家蚕丝,是以种植的桑叶为饲料的蚕吐出的蚕丝;柞蚕丝、蓖麻蚕丝等为野蚕丝,是以柞树叶、蓖麻叶为饲料的蚕吐出的蚕丝。无论是桑蚕丝还是柞蚕丝,在天然纤维中都具有较好的强度,但是柞蚕丝织物光泽、手感都不如桑蚕丝织物。

丝混纺、交织织物有黏胶丝织物、涤纶丝织物、锦纶丝织物等产品。黏胶丝织物光泽耀眼,明亮不柔和,色泽艳丽,手感滑爽、柔软但不挺括,悬垂性好,但不如丝织物,手捏易皱并且不易恢复,抽出单纱拉断强力较低,尤其是湿强力很低,织物下水后变硬;涤纶丝织物是主要的仿真丝绸产品,其光泽明亮不柔和,色泽艳丽,手感光滑硬挺,弹性好,柔润性和悬垂性不如丝织物,手捏后放开无折痕,织物下水发滑不皱,抽出单纱拉断强力很高;锦纶丝织物光泽较差,表面有似涂了一层蜡的感觉,手感较硬挺,垂感一般,手捏布料后放开,布面虽有折痕,但尚能缓慢恢复原状。

（5）黏胶纤维织物

黏胶纤维在各种类型的织物中均有应用,风格上有一定的差异。仿棉型织物外观似棉,但手感比棉稍硬,身骨比棉柔软。仿丝型织物外观光泽比蚕丝稍亮,有点刺眼,手感也有点软。仿毛型织物有一定的仿毛效果,但光泽有点呆板,手感也有点软。总之,黏胶织物手触光滑,有一点生硬之感,手攥紧放松后有较深的折皱且不易恢复,在水中比干态时有明显的膨胀并变硬。

（6）涤纶织物

涤纶织物颜色淡雅,光泽明亮,手感滑爽,手攥紧放松后几乎不产生折皱,有仿毛型、仿丝型、仿麻型、仿棉型及仿麂皮型等织物。仿毛型产品主要为精纺毛织物,其纹路清晰,手感干爽、不柔如,外观滑亮。仿丝型织物质地轻薄,刚柔适中,较爽滑。仿麻型织物外观粗犷,形态逼真,手感挺爽。仿棉型、仿麂皮型织物外观细腻,质地轻薄。

（7）锦纶织物

锦纶织物颜色鲜艳,光泽有蜡状感,质轻,身骨较软,手攥紧放松后有明显折痕。锦纶织物有仿毛型和仿丝型。

（8）腈纶织物

腈纶织物颜色鲜艳,光泽柔和,手感蓬松柔软,有粗糙感,毛型感强,但身骨软,手攥紧放松后不易产生折皱,但一旦产生折痕较难消失。腈纶织物主要有仿毛型。

（9）氨纶织物

氨纶织物颜色丰富,光泽较好,手感平滑,有较大的伸缩弹性,能适应人的身体各部位弯曲的需要,不易折皱,也不易产生褶裥。

（10）维纶织物

维纶织物颜色不鲜艳,且布面不匀,光泽暗淡,身骨不够挺括,手攥紧放松后有明显的折痕。

（11）丙纶织物

丙纶织物颜色较少,光泽有蜡状感,手感较粗糙。新的超细丙纶织物在这些方面将有较大的改善。

（三）燃烧鉴别法

1. 检测原理

燃烧法是利用纤维的化学组成不同,纤维靠近火焰、接触火焰、离开火焰时产生的现象各不相同,以及其在火焰中的燃烧状态、气味和燃烧后的残留物的不同来鉴别纤维种类的。

2. 工具

打火机、镊子、剪刀、培养皿。

3. 检测方法

鉴别时,从织物边缘抽出几根纱线,退捻使其形成松散状态,然后用镊子夹住,慢慢靠近火焰,仔细观察纤维对热的反应(熔融、收缩等)情况,再将纤维束移入火焰中,观察纤维在火焰中的燃烧情况和燃烧速度,然后离开火焰,注意观察纤维燃烧状态和嗅闻火焰刚熄灭时的气味,待试样冷却后再观察残留物灰分状态。一般需要经过粗略观察、详细观察和重复观察三次试验,即可判断纤维的类别。

由于人的感觉器官对微小差异很难辨别,所以燃烧法只能粗略区分出纤维素纤维、蛋白质纤维、合成纤维三大类。要具体区分各大类中的各种纤维,还需进一步结合其它方法,如溶解法或显微镜法等进行鉴别。

另外,燃烧法只适用于纯纺织物或交织物,交织物经纬纱要分别燃烧测试。对于混纺产品、包芯纱产品及经过防火、阻燃等整理的产品,该法不适用。

4. 常见纤维的燃烧特征

一些常见纤维的燃烧特征见表1-1。

表 1-1 常见纤维的燃烧特征

纤维种类	燃烧状态			气味	残留物特征
	离开火焰	接近火焰	在火焰中		
棉、麻	不缩不熔	迅速燃烧、橘黄色火焰、蓝色烟	继续燃烧	烧纸气味	灰白色、细软的灰烬
黏胶纤维	不缩不熔	迅速燃烧、橘黄色火焰	继续燃烧	烧纸气味	灰白色、细软的灰烬
羊毛	收缩不熔	燃烧时有气泡、橘黄色火焰	缓慢燃烧	烧毛发味	松脆的黑色硬块
蚕丝	收缩不熔	缓慢燃烧、橘黄色火焰很小	自行熄灭	烧毛发味	黑褐色小球
醋酯纤维	收缩熔化	缓慢燃烧、深褐色胶液	边熔边燃	醋酸气味	黑色有光泽的硬块
涤纶	收缩熔化	熔融燃烧、黄白色火焰、很亮	继续燃烧	特殊的芳香气味	黑褐色不定型硬块
锦纶	收缩熔化	熔融燃烧、蓝色火焰、很小	继续燃烧	烂花生气味	黑褐色透明圆球
腈纶	收缩	迅速燃烧、亮黄色火焰	继续燃烧	辣味、烧肥皂气味	不定型、硬而脆黑色块
丙纶	收缩熔化	缓慢燃烧、有胶液	继续燃烧	石蜡气味	褐色透明硬块
氯纶	收缩软化	熔融燃烧,有大量黑烟	自行熄灭	氯气气味	硬而脆的黑色硬块
氨纶	收缩熔化	熔融燃烧	自行熄灭	臭味	黏性、橡胶状态
维纶	收缩迅速	燃烧缓慢、火焰很小,有黑烟	继续燃烧	刺鼻臭味	褐色、不定型硬块

（四）显微镜鉴别法

1. 检测原理

用显微镜法鉴别织物中的纤维,是利用各种纤维具有不同的横截面形状和纵向外观特征,通过显微镜观察未知纤维的纵向和横截面形态,对照纤维的标准显微镜照片和标准资料来鉴别未知纤维类别的方法。

2. 工具

生物显微镜、哈氏切片器、刀片、载玻片、盖玻片、剪刀、镊子、绒板等。

3. 检测方法

（1）纵面观察

将适量纤维均匀平铺于载玻片上,加上一滴透明介质(注意不要带入气泡)盖上盖玻片,放在生物显微镜载物台上,在放大 100～500 倍条件下观察其形态,与标准照片或标准资料(表 1-2、表 1-3)对比。

在具体样品制片的过程中,将样品中同一种类的纱线若干根排列整齐于操作台(原则上纱线要多于等于两根,有利于排除因颜色相近而漏验的情况),用玻片轻轻刮使纱线前端成排列整齐的散纤维状,用纱剪将散纤维剪下置于载玻片上,这样制得的样纤维排列整齐疏散而又具有很好的代表性,便于观察,节省时间。此法也可用于颜色繁多的纯棉色织布,将若干种颜色排成一排一次性制样,相当节省时间。但是男西服、女装等纱线种类繁多、成分复杂的面料，还是建议仔细分析组织结构，每种纱线分开制样比较稳妥。

（2）横截面观察

利用哈式切片器可切割 $10\sim30\ \mu m$ 厚的纤维横截面。将制作好的纤维横截面切片置于载玻片上，加上一滴透明介质（注意不要带入气泡）盖上盖玻片，放在生物显微镜载物台上，在放大 $100\sim500$ 倍条件下观察其形态，与标准照片或标准资料对比。

这种方法适用于纯纺、混纺和交织产品中的植物纤维、动物纤维、矿物纤维和化学纤维，但对于横截面形状和纵向外观特性相差不大的化学纤维、异性纤维不易鉴别。因棉、毛、丝、麻等天然纤维的横截面和纵向形态都十分特殊，形态差异十分明显，所以常用此方法鉴别棉、毛、丝、麻产品。

表 1-2　几种常见纤维纵横向标准图样

纤维	侧面	截面	纤维	侧面	截面
棉			醋酯		
亚麻			维纶		
苎麻			锦纶		
羊毛			涤纶		
蚕丝			腈纶		
黏胶					

表 1-3　几种常见纤维纵横截面形态

纤维种类	纵向形态特征	横截面形态特征
棉	扁平带状,有天然转曲	腰圆形,有中腰
亚麻	有条纹、有结节	五角形和六角形,中腔较小
苎麻	有条纹、有结节	多角形至接近椭圆形,有中腔及裂缝
羊毛	表面粗糙,有鳞片	圆形或近似圆形,有些有毛髓
兔毛	表面有鳞片,鳞片边缘明显	哑铃型,有毛髓
桑蚕丝	表面如树干状,粗细不匀	不规则的三角形或半椭圆形
柞蚕丝	表面如树干状,粗细不匀	相当扁平的三角形或半椭圆形
黏胶纤维	表面光滑,纵向有沟槽	有锯齿形或多页形边缘
富强纤维	平滑	较少齿形或接近于圆形
醋酯纤维	纵向有 1~2 根沟槽	不规则带形
涤纶、锦纶、丙纶	表面平滑	圆形
腈纶	表面平滑或有 1~2 根沟槽	哑铃型,皮层清晰
氯纶	平滑或有 1~2 根沟槽	接近圆形

(五)溶解鉴别法

1. 检测原理

溶解鉴别法是利用纤维在不同化学试剂中的溶解特性各异的原理来鉴别纤维。它适用于各种纤维及其制品,应用十分广泛。它除了可定性分析纤维品种外,还可对各种混纺纱线、织物和双组分纤维进行定量分析。此种方法比较准确、可靠,常用其它方法做出初步鉴别后,再用溶解法加以证实。但在试验中,必须严格控制化学试剂的浓度、处理温度和时间,以获得较准确的试验结果。

2. 工具与仪器

天平、电热恒温水浴锅、封闭式电炉、温度计、玻璃抽气滤瓶、比重计、量筒、烧杯、木夹、镊子、玻璃棒、坩埚等。

3. 试剂

一般采用符合国家标准、化工部标准的标准试剂,均为分析纯和化学纯。

4. 检测方法

鉴别时,将织物中拆散的纱线放入试管中,取一定浓度的化学溶剂注入试管,然后仔细观察和区分溶解情况(溶解、部分溶解、微溶和不溶),并仔细记录其溶解温度(常温溶解、加热溶解、煮沸溶解),最后根据纤维的溶解特性来判断纤维的类别。

常见纤维的溶解性能见表 1-4。

表 1-4　常见纤维的溶解性能

纤维种类	盐酸(20%,24℃)	盐酸(37%,24℃)	硫酸(60%,24℃)	硫酸(70%,24℃)	硫酸(98%,24℃)	氢氧化钠(5%,煮沸)	甲酸(85%,24℃)	冰醋酸(24℃)	二甲苯(24℃)	间甲酚(24℃)	二甲基甲酰胺(24℃)
棉	I	I	I	S	S	I	I	I	I	I	I
毛	I	I	I	I	I	S	I	I	I	I	I
蚕丝	SS	S	S	S	I	S	I	I	I	I	I
麻	I	I	I	S	S	I	I	I	I	I	I
黏胶纤维	I	S	S	S	S	I	I	I	I	I	I
涤纶	I	I	I	I	S	SS	I	I	I	S(93℃)	I
锦纶	S	S	S	S	S	I	S	I	I	S	I
腈纶	I	I	I	SS	S	I	I	I	I	I	S(93℃)
维纶	S	S	S	S	S	I	I	I	I	S	I
丙纶	I	I	I	I	I	I	I	I	S	I	I
氯纶	I	I	I	I	I	I	I	I	I	I	S(93℃)
醋酯纤维	I	S	S	S	S	CS	S	S	S	I	S
氨纶	I	I	SS	CS	S	I	I	CS	I	S	2(40-50℃)

注:S-溶解,I-不溶解,SS-微溶,CS-大部分溶解。

（六）熔点鉴别法

1. 检测原理

熔点鉴别法是利用各种合成纤维具有不同的熔融特性,即不同种类的热塑性纤维具有不同熔点的原理来鉴别纤维的。

2. 检测方法

鉴别时,通常使用化纤熔点仪,或在附有热台和测温装置的偏光显微镜或熔点显微镜下,通过目测或光电检测,观察纤维消光时的温度,从而测定纤维的熔点,据此来鉴别纤维的种类。

本方法适用于鉴别合成纤维,不适用于天然纤维素纤维、再生纤维素纤维和蛋白质纤维。而由于某些合成纤维的熔点比较接近,有的纤维没有明显的熔点,因此熔点法一般不单独应用,而是作为验证或用于测定纤维熔点。

常见合成纤维的熔点见表 1-5。

表 1-5　常见合成纤维的熔点

纤维种类	熔点(℃)	纤维种类	熔点(℃)	纤维种类	熔点(℃)
涤纶	255～260	腈纶	不明显	醋酯纤维	260
锦纶 6	215～220	维纶	不明显	氨纶	200～230
锦纶 66	250～260	丙纶	165～173	氯纶	200～210

三、定量分析

（一）原理

样品的组分经定性鉴定后,选择适当试剂(或者手工拆分)溶解(拆分)从已知干燥质量的混合物中去除一种可溶纤维,将剩余纤维清洗、烘干和称重,用修正后的质量计算其占混合物干燥质量的百分率。由差值得出第二种组分的质量分数。

（二）仪器和试剂

1. 试剂

石油醚(馏程为 40～60℃)、蒸馏水或去离子水,专用试剂都为化学纯。

2. 仪器

索氏萃取器、恒温振荡器、抽滤装置、分析天平(精度为 0.0002 g 或以上)、能保持温度为 105±3℃的快速烘箱、装有变色硅胶的干燥器、容量不小于 250 mL 具塞三角烧瓶、玻璃砂芯坩埚、称量瓶、量筒、烧杯、温度计等。

（三）试验步骤

1. 一般预处理

取具有代表性的足够量的试验样品,称重后放在索氏萃取器中,用石油醚萃取 1 h,每小时至少循环 6 次。

注意事项:

①石油醚应加至超过烧瓶容量 1/2,但不超过 2/3。

②样品略低于虹吸管的高度。

③冷凝水由冷凝管的下方进入上方流出。

待试样中的石油醚挥发后,把试样浸入冷水中,浸泡 1 h,再在(65±5)℃的水中浸泡 1 h,两种情况下浴比均为 1∶100,并不时搅拌溶液,然后抽滤或离心脱水,自然干燥样品。

2. 特殊预处理

（1）褪色预处理

样品中的一些染料或整理剂等附着于纤维表面会影响其在试剂中的溶解性能,导致定量误差。故应根据样品组分选择褪色剂和反应温度,进行褪色试验。

样品如不含蛋白质纤维,用 5 g/L 的保险粉和氢氧化钠褪色。先配制 5 g/L 的氢氧化钠溶液,待溶液在封闭电炉上加热至沸腾后,再加入保险粉。此时将样品放入溶液进行褪色试验。根据样品褪色情况适当增加和延长时间,一般 15 min 可达到较好的褪色效果。样品如果含有蛋白质纤维,应选用 70 g/L 保险粉褪色。将蒸馏水或去离子水加热至 70℃,放入保险粉(约 70 g/L)保温 10～20 min,样品变色后立即停止褪色以防损伤纤维,影响定量结果。

（2）去浆处理

样品如果含有浆料会改变织物的手感,增加织物的重量,所以应对样品先去浆再进行定量,否则将因浆料的误差导致定量不准确。

样品如不含蛋白质纤维:试验用 5 g/L 的皂片、氢氧化钠溶液在封闭电炉上加热至沸腾,样品放入溶液去浆即可。根据样品上浆情况适当增加和延长时间,一般 15 min 去浆效果较好且不影响定量。同理,样品含有蛋白质纤维,应选择试验用 5 g/L 的保险粉加 2 g/L 无水碳酸钠褪色,沸煮 20～30 min,以防损伤动物纤维,影响定量结果。

（3）去涂层处理

纺织品涂层整理剂又称涂层胶,其赋予织物一些功能的同时也对涂层织物的纤维成分定量造成干扰,因此应去除涂层后再对样品进行定量检测。

样品含聚丙烯酸酯类（PA）或聚氨酯类（PU）涂层:把试样放入三角烧瓶中,每克试样加入 200 mL 二甲基甲酰胺,盖紧瓶塞,摇动烧瓶使试样充分润湿后,将烧瓶保持（90±2）℃,30 min 即可去除涂层。也可将试样放入三角烧瓶中,每克试样加入 200 mL 环己酮,盖紧瓶塞,摇动烧瓶使试样充分润湿后,将烧瓶保持（90±2）℃,30 min 后取出样品在通风橱中用刀片将溶胀的涂层刮除。样品含聚氯乙烯类（PVC）涂层:把试样放入烧杯中,每克试样加入 200 mL 环己酮与丙酮（体积比为 1:9）,用力搅拌,即可去除涂层。

由于现在涂层技术的快速发展,多功能、特殊化、多组分的涂层越来越多,以上方法对于复杂的涂层与织物的剥离方法只具有参考意义,具体到某个样品时,还要具体问题具体分析,通过更多的实践来实现涂层与织物的剥离。

3. 试样制备

样品经预处理后进行备样。试样如为织物,应拆成纱线,毡类织物则剪成细条或小块（注意每个试样应为织物完整组织循环的整数倍）,纱线则剪成 1 cm 长。每个试样至少两份,每份试样不少于 1 g。

4. 烘干

（1）试样的烘干

把试样放入的称量瓶内,连同放在旁边的瓶盖一起放入烘箱,在 105±3℃ 温度下烘 4～16 h,烘干直至恒重（连续两次称得试样质量的差异不超过 0.1%）。

（2）玻璃砂芯坩埚与不溶纤维的烘干

不溶纤维放入玻璃砂芯坩埚内,操作方法同试样的烘干。完成试验步骤后,用显微镜观察不溶的剩余物,检查是否已将可溶纤维完全去除。

5. 冷却

烘干后,盖上瓶盖迅速移入干燥器中完全冷却。干燥器放在天平边,冷却时间以试样冷至室温为限（一般不能少于 30 min）。

6. 称样

冷却后,从干燥器中取出称量瓶、玻璃砂芯坩埚等称重,移去试样立即将称量瓶或玻璃砂芯坩埚再次称重（2 min 内完成）,从差值中求出该试样的干燥质量,精确至 0.0002 g。

注:在干燥、冷却、称重操作中,不能用手直接接触试样、称量瓶、玻璃砂芯坩埚等。

7. 各组分纤维的溶解

不同组分的纤维采取不同的溶解方法和溶解顺序,详情参见 GB/T 2910.1～24—2009《纺织品定量化学分析》、FZ/T 01095—2002《纺织品 氨纶产品纤维含量的试验方法》标准。下面简单介绍几种溶解方法。

（1）化学分析法

从已知干重的试样中选用适当的试剂把一种纤维溶解,将不溶纤维清洗、烘干、冷却称重。最后用显微镜观察不溶的剩余物,检查可溶解纤维是否完全被除去。

① 常温溶解(以次氯酸钠溶解羊毛为例)

将试样放入烧杯中,每克试样加入 100 mL 次氯酸钠试液,用力搅拌,使试样充分润湿后,在 20±2℃下水浴,剧烈振荡 40 min,然后把烧杯中不溶纤维用少量次氯酸钠试液洗到已知干重的玻璃砂芯坩埚中,真空抽吸排液,然后用水清洗,用稀乙酸中和,最后用水连续清洗不溶纤维,每次清洗液靠重力排液后,再用真空抽吸排液。最后将玻璃砂芯坩埚及不溶纤维进行烘干、冷却、称重试验。

② 50℃溶解(以 75% 硫酸溶解棉为例)

把试样放入三角烧瓶中,每克试样加入 200 mL 75% 硫酸,盖紧瓶塞,摇动烧瓶使试样充分润湿后,将烧瓶保持(50±5)℃ 1 h,每隔 10 min 摇动 1 次,把不溶纤维过滤入已知干重的玻璃砂芯坩埚中。用少量 75% 硫酸溶液洗涤烧瓶。真空抽吸排液,再用新的 75% 硫酸倒满玻璃砂芯坩埚,靠重力排液至少 1 min 后用真空抽吸排液,再用冷水连续洗若干次,用稀氨水中和 2 次,然后用冷水充分洗涤,每次洗液先靠重力排液,再真空抽吸排液,最后把玻璃砂芯坩埚及不溶纤维烘干、冷却、称重。

③ (40±2)℃或(70±2)℃溶解(以甲酸/氯化锌溶解莱赛尔为例)

将试样迅速放入盛有已预热、温度达 40℃ 的甲酸/氯化锌试液的具塞三角烧瓶中(每克试样加 100 mL 试液),盖紧瓶塞,摇动烧瓶,充分润湿试样,在(40±2)℃下保温 2.5 h,每隔 45 min 摇动 1 次,共摇动 2 次。某些在 40℃ 条件下难溶解的化学纤维,在 70℃ 条件下试验。用试液把烧瓶中不溶纤维洗到已知质量的玻璃砂芯坩埚中,用 20 mL 40℃ 试液清洗,再用 40℃ 水(或 70℃ 水)清洗,然后用 100 mL 稀氨溶液中和清洗并使剩余纤维浸没于溶液中 10 min,再用冷水冲洗(每次清洗液靠重力排液后,再用真空抽吸排液),最后烘干、冷却、称重。

(2) 手工拆分法

对于含有氨纶的织物,可用手工拆分的方法将氨纶与织物进行分离。将氨纶从其它纤维中手工分离出来,然后烘干、冷却、称重。

8. 计 算

根据不同组分所依据的标准,进行计算。试验结果以两次试验的平均值表示,若两次试验测得的结果绝对差值大于 1% 时,应进行第三个试样试验,试验结果以三次试验平均值表示。

试验结果计算至小数点后两位,修约至小数点后一位,数值修约按 GB 8170 规定进行。

试验结果有三种计算方法(以二组分计算方法为例)。

(1) 净干质量百分率的计算

$$P = \frac{100\, m_1 d}{m_0} \qquad (1-1)$$

式中:

P——不溶组分净干质量分数,%;

m_0——试样的干燥质量,g;

m_1——残留物的干燥质量,g;

d——不溶组分的质量变化修正系数。各种纤维适用的 d 值在 GB/T 2910.1～24-2009 中相应的部分给出。

（2）结合公定回潮率含量百分率

$$P_M = \frac{100P(1+0.1a_2)}{P(1+0.1a_2)+(100-P)(1+0.1a_1)} \tag{1-2}$$

式中：

P_M——结合公定回潮率的不溶组分百分率，％；

P——净干不溶组分百分率，％；

a_1——可溶组分的公定回潮率，％；

a_2——不溶组分的公定回潮率，％。

（3）结合公定回潮率和预处理中纤维损失或非纤维物质除去量的含量百分率的计算

$$P_A = \frac{100P[1+0.1(a_2+b_2)]}{P[1+0.1(a_2+b_2)]+(100-P)[1+0.1(a_1+b_1)]} \tag{1-3}$$

式中：

P_A——混合物中净干不溶组分结合公定回潮率及非纤维物质去除率的百分率，％；

P——净干不溶组分百分率，％；

a_1——可溶组分的公定回潮率，％；

a_2——不溶组分的公定回潮率，％；

b_1——预处理中可溶纤维物质的损失率，和/或可溶纤维中非纤维物质的去除率，％；

b_2——预处理中不溶纤维物质的损失率，和/或不溶纤维中非纤维物质的去除率，％。

第二种组分的百分率（P_{2A}）等于 $100-P_A$。

注：详情参见 GB/T 2910.1～24—2009《纺织品　定量化学分析》、FZ/T 01095—2002《纺织品　氨纶产品纤维含量的试验方法》等标准。

第二部分　综合性、设计性试验

一、试验目的

①熟悉各类常见纤维的微观结构、感官特征、燃烧性能及溶解性能等，了解不同面料的外观风格特征，为进行试验做好充分的准备。

②了解并熟悉鉴别服装面料的方法，并能对各种常用面料进行鉴别。

二、试验内容

综合前述的几种纤维原料鉴别方法，根据各种纺织纤维不同的感官特征、纵横截面形态特征、燃烧性能、熔融情况及溶解性能等，对服装面料进行定性鉴别和定量分析，综合分析服装面料的纤维成分和纤维成分混纺比。

本试验内容涉及纤维、纱线、织物结构及性能等多方面知识，要求学生了解各种纤维的结构和特征，熟悉不同面料的特征，能够选择合适的方法对面料成分及纤维成分混纺比进行准确的鉴别，因此是对学生的试验技能的综合训练，培养学生的综合分析能力、试验动手能力、数据处理以及查阅资料的能力。

三、试验原理和方法

（一）试验原理

根据各种纤维特有的物理、化学等性能，采用不同的分析方法对试样进行测试，通过对照标准照片、标准谱图、标准资料等来鉴别未知纤维的类别。

如果试样为混纺织物，在定性鉴别后还需进行定量分析，即确定各种纤维成分混纺比。试样的组分经定性鉴定后，选择适当试剂（或者手工拆分）溶解（拆分），从已知干燥质量的混合物中去除一种可溶纤维，将剩余纤维清洗、烘干和称重，用修正后的质量计算其占混合物干燥质量的百分率，由差值得出第二种组分的质量分数。

（二）试验方法

试验方法一般是先将织物拆成经纬纱线，并把经纬纱线解开成纤维状，采用各种方法进行定性鉴别，最终确定出原料组成。经过定性鉴别后，再采用定量化学分析法确定出混纺织物的纤维混纺比。

常用的定性检测方法包括：

1. 感官法

根据不同纤维的感官特征、纱线及织物组织结构、织物外观风格对人的视觉、触觉、嗅觉等产生的感官反应来鉴别纤维的原料。

2. 显微镜法

用显微镜观察未知纤维的纵面和横截面形态，对照纤维的标准照片和形态描述鉴别未知纤维的类别。

3. 燃烧法

从样品上取试样少许，用镊子夹住，缓慢靠近火焰，观察纤维对热的反应（如熔融、收缩）情况。将试样移入火焰中，使其充分燃烧，观察纤维在火焰中的燃烧情况。将试样撤离火焰，观察纤维离开火焰后的燃烧状态。当试样火焰熄灭时，嗅其气味。待试样冷却后观察残留物的状态，用手轻捻残留物。记录以上状态及特征并辨别试样中纤维的基本类别。

4. 溶解法

将少量纤维试样置于试管或小烧杯中，注入适量溶剂或溶液，在常温（20～30℃）下摇动 3 min（试样和试剂的用量比至少为 1∶50），观察纤维的溶解情况。对于有些在常温下难以溶解的纤维，需做加温沸腾试验。将装有试样和溶剂或溶液的试管或小烧杯加热至沸腾并保持 3 min。在使用如乙酸乙酯、二甲亚砜等易燃性溶剂时，为防止溶剂燃烧或爆炸需将试样和溶剂放入小烧杯中，在封闭电炉上加热，并于通风橱内进行试验。每个试样取两份进行试验，如溶解结果差异显著，应予重试。

5. 熔点法

取少量纤维放在两个盖玻片之间，置于熔点仪显微镜的电热板上，并调焦使纤维成像清晰。升温速率为 3～4℃/min，在此过程中仔细观察纤维形态变化，当发现玻璃片中大多数纤维熔化时，此时的温度即为熔点记录。

6. 红外光谱法

根据仪器制造商提供的仪器说明书调节和校准仪器,保证各吸收谱带在它应有的波长位置上出现。选择合适的制样方法和扫描条件,将制备好的试样设置在仪器的样品光束中的试样架上,记录 4 000~400 cm⁻¹ 的红外光谱。不同物质有不同的红外光谱图,将未知纤维和已知纤维的标准红外光谱进行比较来区别纤维的种类。

7. 显微镜观察结合溶解性试验法

当混纺产品试样中含有两种以上的纤维时,含量较少的纤维燃烧特征、溶解性能、熔点及红外谱图中的吸收峰可能不明显,易被忽略。因此在混纺产品定性检测时燃烧法、溶解法不适于单独使用,熔点法、红外光谱法更加不适用。为了提高检测效率,将显微镜法和溶解法结合起来,在显微镜观察试样中纤维纵向形态的同时,往载玻片上滴入某种试剂,观察显微镜下纤维的溶解性能,或纤维在溶液中的状态。此方法可以快速鉴别多种常用纺织纤维。

四、试验条件

试验仪器设备包括显微镜、打火机、镊子、天平、剪刀、封闭式电炉、恒温水浴锅、量筒、烧杯、坩埚钳、剪刀等。

化学溶剂均为分析纯和化学纯。

试验材料为服装面料若干块。

五、试验步骤

通常情况下,先采用显微镜观察法将待测纤维进行大致分类,其中天然纤维素纤维(如棉、麻等)、部分再生纤维素纤维(如黏胶纤维、莫代尔等)、动物纤维(如羊毛、羊绒、兔毛、驼绒、羊驼毛、马海毛、牦牛绒、蚕丝等),这些纤维因其特殊的形态特征用显微镜法即可鉴别。合成纤维、部分再生纤维素纤维(如莱赛尔)及其它纤维在经显微镜法初步鉴别后,再采用燃烧法、溶解法等一种或几种方法进行进一步确认后最终确定待测纤维的种类。

对混纺材料的定量分析,就是在对混纺材料进行定性鉴别后,再根据纤维的化学性能不同,选用适当的化学试剂,按一定的溶解方法,把混纺产品中的某一个或几个组分纤维溶解,根据溶解失重或不溶纤维的重量计算出各组分纤维的百分含量。

> **思考题**

1. 鉴别棉、毛、丝、麻和涤纶、锦纶、腈纶、氨纶、丙纶纤维,各采用何种方法最简单可靠,其原因是什么?
2. 苎麻和亚麻的截面形态是否一样? 说明其各自的形态特征。
3. 如何鉴别羊毛、涤纶、黏胶纤维三合一的混纺织品?
4. 对于同类型纤维混纺织物如棉麻混纺织物如何定性鉴别和定量分析?

本章小结

本章主要介绍了服装材料的原料鉴别试验，包括验证性试验和综合性、设计性试验两部分，主要介绍了五种定性鉴别方法和定量分析方法，通过学习及试验操作，要求学生了解各种纤维的结构和特征，熟悉不同面料的特征，能够选择合适的方法对服装面料成分进行准确的鉴别，是对学生的试验技能的综合训练，培养学生的综合分析能力、试验动手能力、数据处理以及查阅资料的能力。

参考文献

［1］姚穆. 纺织材料学［M］. 北京：中国纺织出版社，2009.

［2］刘静伟. 服装材料试验教程［M］. 北京：中国纺织出版社，2000.

［3］吴坚，李淳. 家用纺织品检测手册［M］. 北京：中国纺织出版社，2004.

［4］杨瑜榕. 纺织品检验实用教程［M］. 厦门：厦门大学出版社，2011.

［5］张红霞. 纺织品检测实务［M］. 北京：中国纺织出版社，2007.

［6］王瑞. 纺织品质量控制与检验［M］. 北京：化学工业出版社，2006.

［7］翟亚丽. 纺织品检验学［M］. 北京：化学工业出版社，2009.

［8］徐蕴燕. 织物性能与检测［M］. 北京：中国纺织出版社，2007.

［9］余序芬. 纺织材料试验技术［M］. 北京：中国纺织出版社，2004.

试验二 服装材料外观质量及分等的检测

第一部分 验证性试验

一、机织面料外观质量检验

机织物外观质量等级按局部性疵点和散布性疵点综合评定。

疵点是指在织物上出现的削弱织物性能及影响织物外观质量的缺陷，是织物上不应当有的斑点或毛病。由纤维原料到最后织造成成品，需经过纺纱、织造、印染等工序，且每种工序中，又需经过连续多个加工过程才能完成。在各层次的加工中，如设定条件不当、人员操作疏忽、机械故障等，均可能致使产品发生外观上的缺点。按分布状态分，疵点分为局部性疵点和散布性疵点两大类。局部性疵点是指有限度的、可以量计的疵点；散布性疵点是指分布面广、难以量计的疵点。而按形态上来分，疵点又可细分为线状疵点、条块状疵点和破损性疵点。线状疵点是指一根纱线或一个针柱或宽度在 1 mm 及以内的疵点；条状疵点是指超过线状疵点的疵点；破损性疵点是指断掉一根及以上纱线或织物组织结构不完整的疵点。

常见的局部性疵点检验方法有评分法、标疵法。评分法是以分值的大小来评定布面疵点的多少、轻重程度的方法，并规定一定面积内允许疵点最大的评分，如 4 分制评分和 10 分制评分。常见于棉印染布、化纤印染布等；标疵法是用标记来显示布面上某些疵点的位置和数量并规定放布来取代疵点的方法。常见于毛织物、服装黏合衬布外观质量的评定。所有这些方法均结合散布性疵点评等规定评定织物的最终外观等级。

下面以一些常见面料为例，介绍它们的检验方法。

1. 棉印染布（评分法）

棉印染布外观质量按匹（段）评等，分优等品、一等品、二等品，低于二等品的为等外品。以其中局部性疵点和（或）散布性疵点中最低等级作为该匹（段）布的品等。评定布面疵点时，均以正面为准。在同一匹（段）布内，局部性疵点采用有限度的允许总评分的办法评定等级，散布性疵点按严重一项评等。

（1）局部性疵点评等（表2-1）

表 2-1　局部性疵点评分规定（4 分制）　　　　　　　　　　　单位：cm

疵点名称和程度			评分数				降等限度
			1分	2分	3分	4分	
经向疵点	线状	轻微	≤50.0	—	—	—	二等
		明显	≤8.0	8.1～16.0	16.1～24.0	24.1～100.0	等外
	条状	轻微	≤8.0	8.1～16.0	16.1～24.0	24.1～100.0	等外
		明显	≤0.5	0.6～2.0	2.1～10.0	10.1～100.0	等外
纬向疵点	线状	轻微	≤半幅	＞半幅	—	—	二等
		明显	—	—	≤半幅	＞半幅	等外
	条状	轻微	≤8.0	8.1～16.0	16.1～24.0	＞24.0	等外
		明显	≤0.5	0.6～2.0	2.1～10.0	＞10.0	等外
	稀密路	轻微	≤半幅	＞半幅	—	—	二等
		明显	—	—	≤半幅	＞半幅	等外
破损	破洞		经纬共断2根	—	—	—	等外
			—	—	—	经纬共断3根及以上，0.3以上跳花	等外
	破边		每10.0及以内	—	—	—	等外
荷叶边	深入0.8～2.0		每15.0及以内	—	—	—	二等
	深入2.0以上		—	每15.0及以内	—	—	等外
针眼	深入1.5～2.0		每100及以内	—	—	—	二等
	深入2.0以上		—	每100及以内	—	—	等外
明显深浅边	深入0.8～1.5		每100及以内	—	—	—	二等
	深入1.5～2.0		—	每100及以内	—	—	等外
织疵			按GB/T 406执行				

其中，对优等品和一等品不允许有如下局部性疵点（表2-2）：

① 单独一处评4分的疵点。

② 每平方米内有3处单独评3分的疵点。

③ 50.0 cm内累计评满4分的明显疵点。

④ 距边0.5 cm及以内，经向长3.0 cm及以内的破损3处，距边0.5 cm以上的破损。

⑤ 长15.0 cm以上的荷叶边，深入2.0 cm以上的针眼，累计超过匹长1/10。

表 2-2　棉印染布局部性疵点允许评分数规定　　　　　　　　　单位：分/m²

优等品	一等品	二等品
≤0.2	≤0.3	≤0.6

每平方米局部性疵点评分计算公式如下：

$$a = A/(L \times W) \tag{2-1}$$

其中：a 为每平方米评分数（分/m²）；A 为每段（匹）布的总评分（分/匹）；L 为匹长（m）；W 为幅宽（m）。

（2）散布性疵点评等

散布性疵点主要考核幅宽、色差、织物纹路、花型等分布面广、难以量计的疵点，要求如下。其中，低于表中二等品的为等外品，见表 2-3。

表 2-3 棉印染布散布性疵点的允许程度

疵点名称和类别			优等品	一等品	二等品
幅宽偏差(cm)	幅宽 100 及以内		−0.5～+1.5	−1.0～+2.0	−1.5～+2.5
	幅宽 101～135		−1.0～+2.0	−1.5～+2.5	−2.0～+3.0
	幅宽 135 以上		−1.5～+2.5	−2.0～+3.0	−2.5～+3.5
色差(级≥)	原样	漂色布 同类布样	4	3-4	3
		漂色布 参考样	3-4	3	2-3
		花布 同类布样	3-4	3	2-3
		花布 参考样	3	2-3	2-3
	左右中	漂色布	4-5	4	4
		花布	4	3-4	3
	前后		4 以上	3-4	3
歪斜(%)	花斜或纬斜		3.0 及以下	4.0 及以下	7.0 及以下
	条格花斜或纬斜		3.0 及以下	3.5 及以下	5.0 及以下
花纹不符、染色不匀			不影响外观	不影响外观	影响外观
纬移			不影响外观	不影响外观	影响外观
条花			不影响外观	不影响外观	影响外观
棉结杂质、深浅细点			不影响外观	不影响外观	影响外观

2. 精梳毛织物（标疵法）

不少人在购买毛织物时，常常会发现在织物边上系着一根根短短的白线，商业部门把它叫作"小辫子"，即结辫。这些小白线不是随意系上去的，而是毛织品疵点的标记。在毛织品生产中，有时会出现一些无法修补的局部性外观疵点，如油纱、肚纱、秃斑等，为了引起服装厂的注意，生产者就在织物边上系上一根白线，并在白线的另一端布边上印上箭头标记，以示疵点的位置在白线与箭头的直线范围内，此即为标疵法。按规定，每结辫一只，交易时卖方需在尺寸上予以补偿，即放尺或放码。另外，对一些严重的疵点，还必须予以剪除，即开剪。

精梳毛织物外观质量按其对服用的影响程度与出现状态不同，对局部性疵点和散布性疵点分别予以结辫和评等。局部性疵点按其规定范围结辫，每辫放尺 10 cm，在经向10 cm 范围内不论疵点多少，仅结辫一只。

检验时自边缘起 1.5 cm 及以内的疵点在鉴别品等时不予考虑，但边上破洞、破边、边上刺毛、边上磨损、漂白织物的针锈及边字疵点都应考核。若疵点长度延伸到边内时，应连边内部分一起量计。小跳花和不到结辫起点的小缺纱、小弓纱(包括纬停弓纱)、小辫子纱、小粗节、稀缝、接头洞和 0.5 cm 以内的小斑疵明显影响外观者，在经向 20 cm 范围内综合达 4 只，辫一只，小缺纱、小弓纱、接头洞严重散布全匹应降为等外品。另外，优等品不得有 1 cm 及以上的破洞、蛛网、轧梭，不得有严重纬档(表 2-4)。

对于开剪，规定局部性外观疵点基本上不开剪，但对大于 2 cm 的破洞，严重的破损、严重影响服用的纬档，大于 10 cm 的严重斑疵，净长 5 m 的连续性疵点和 1 m 内结辫5 只者，应剪除。

表 2-4 精梳毛织物外观疵点结辫、评等要求

	疵点名称	疵点程度	局部性结辫	散布性降等	备注
经向	粗纱、细纱、双纱、松纱、紧纱、错纱、呢面局部狭窄	明显 10～100 cm 大于 100 cm，每 100 cm 明显散布全匹 严重散布全匹	1 1	二等 等外	
	油纱、乌纱、异色纱、磨白纱、边撑痕、剪毛痕	明显 5～50 cm 大于 50 cm，每 50 cm 散布全匹 明显散布全匹	1 1	二等 等外	
	缺经 死折痕	明显 5～20 cm 大于 20 cm，每 20 cm 明显散布全匹	1 1	等外	
	经档、折痕、条痕水印、经向换纱印、边深浅、呢匹两端深浅	明显经向 40～100 cm 大于 100 cm，每 100 cm 明显散布全匹 严重散布全匹	1 1	二等 等外	边深浅色差 4 级为二等品，3～4 级及以下为等外品
	条花 色花	明显经向 20～100 cm 大于 100 cm，每 100 cm 明显散布全匹 严重散布全匹	1 1	二等 等外	
	刺毛痕	明显经向 20 cm 及以内 大于 20 cm，每 20 cm 明显散布全匹	1 1	等外	
	边上破洞、破边	明显 2～100 cm 大于 100 cm，每 100 cm 明显散布全匹 严重散布全匹	1 1	二等 等外	不到结辫起点的边上破洞、破边 1 cm 以内累计超过 5 cm 者仍结辫一个
	刺毛边、边上磨损、边字发毛、边字残缺、边字严重沾色、针锈、荷叶边、边上稀密	明显 0～100 cm 大于 100 cm，每 100 cm 散布全匹	1 1	二等	

	疵点名称	疵点程度	局部性结辫	散布性降等	备注
纬向	粗纱、细纱、双纱、松纱、紧纱、错纱、换纱印	明显 10 cm 到全幅 明显散布全匹 严重散布全匹	1	二等 等外	
	缺纱、油纱、污纱、异色纱、小辫子纱、稀	明显 5 cm 到全幅 散布全匹 明显散布全匹	1	二等 等外	
经纬向	后段、纬影、严重搭头印、严重电压印、条干不匀	明显经向 20 cm 以内 大于 20 cm,每 20 cm 明显散布全匹 严重散布全匹	1 1	二等 等外	
	薄段、纬档、织纹错误、蛛网、织稀、斑疵、补洞痕、扎梭痕、大肚纱、吊经条	明显经向 10 cm 以内 大于 10 cm,每 10 cm 明显散布全匹	1 1	等外	大肚纱 1 cm 为起点,0.5 cm 以内的小斑疵按注 2
	破洞、严重磨损	2 cm 以内(包括 2 cm) 散布全匹	1	等外	
	毛粒、小粗节、草屑、死毛、小跳花、稀隙	明显散布全匹 严重散布全匹		二等 等外	
	呢面歪斜	素色织物 4 cm 起,格子织物 3 cm 起,40~100 cm 和大于 100 cm,每 100 cm 素色织物: 4~6 cm 散布全匹 大于 6 cm 散布全匹 格子织物: 3~5 cm 散布全匹 大于 5 cm 散布全匹	1 1	二等 等外 二等 等外	优等品格子织物 2 cm 起,素色织物 3 cm 起

二、针织面料外观质量检验

针织面料(成品布)评等分优等品、一等品和合格品。外观质量按针织布(四分制)外观检验标准检验,以匹为单位,按下表中允许疵点评分要求判定每匹等级。其中,散布性疵点、接缝和长度大于 60 cm 的局部性疵点,每匹超过三个 4 分者,顺降一等(表 2-5)。

表 2-5　外观质量要求　　　　　　　　　　　　　单位:分/百平方米

优等品	一等品	合格品
≤20	≤24	≤28

每百平方米计分计算公式如下:

$$R = 10000 \times P/(W \times L) \tag{2-2}$$

式中:P 为每匹布总评分;W 为织物实测幅宽,cm;L 为织物实测长度,m。

针织布(四分制)外观检验规则,即无论疵点大小和数量多少,直向1 m全幅范围内最多计4分的一种检验方法。检验时织物直向移动通过目测区域,保证1 m长的可视范围,并以织物使用面为准,目光距布面70～90 cm评定疵点。局部性疵点、线状疵点按疵点长度计量,条块状疵点按疵点的最大长度或最大宽度计量,累计对照下表计分。

按规定,无论疵点大小和数量,直向1米全幅范围内最多计4分。对破损性疵点,1 m内无论疵点大小均计4分;明显散布性疵点、有效幅宽偏差超过±2.0％时,每米计4分;纹路歪斜,直向以1 m为限,横向以幅宽为限,超过5.0％,每米计4分;与标样色差,低于4级,每米计4分;同批色差,低于4级两个对照匹每米计4分;同匹色差,低于4～5级,全匹每米计4分。另外,对接缝每个计4分,距布头30 cm以内的疵点不计分(表2-6)。

表 2-6　疵点计分规定

疵点长度	计分
≤75 mm	1分
>75 mm,≤152 mm	2分
>152 mm,≤230 mm	3分
>230 mm	4分

附录 A　机织物和针织物常见疵点

1. 机织面料常见疵点

破洞　3根及以上经、纬纱共断或单断经、纬纱(包括隔开1～2根好纱的)及经、纬纱起圈高出布面0.3 cm反面形成破洞。

豁边　织物边组织内相邻三根及以上纱线(包括锁边纱)断裂,或数根纬纱未织进边组织。

烂边　引纬不畅,织物边组织内多根纬纱断裂,经纱未断,边不平整。

毛边　换梭纱尾未消除,被带入织口等原因,纱头纱尾露在布边外,似布边发毛。

荷叶边　布边经纱张力较小或横向拉幅过度或不足,织物边缘呈起伏波浪状。

跳纱　3根及以上的经、纬纱相互脱离组织,包括隔开一个完全组织的。

修正不良　布面被刮起毛、起皱不平,经、纬纱交叉或只修不整。

霉斑　受潮后布面出现霉点(斑)。

结头　影响后工序质量的结头。

纬缩　纬纱扭结织入布内或起圈现于布面。

边撑疵　边撑针太粗或损坏,呈钩状,使织物边部纱线断裂或有小洞。

竹节　纱线中短片段的粗节。

星跳　一根经纱或纬纱跳过2～4根形成星点状织纹。

跳纱　1～2根经纱或纬纱跳过5根及以上的纱线。

断疵　经纱断头后纱尾织入布内。

拖纱　拖在布面或布边上的未剪去的纱头。

杂物　飞花、回丝、油花、皮质、木质、金属等杂物织入布内。

断经　织物内经纱断缺。

沉纱　由于提综不良，造成经纱浮在布面。

粗经　直径偏粗、长 5 cm 及以上的经纱织入布内。

吊经　部分经纱在织物中张力过大。

紧经　部分纱线捻度过大。

松经　部分织入布内的经纱张力松弛。

筘路　织物经向呈现条状稀密不匀。

弓纬　织物全幅或部分幅宽纬纱过度弯曲，成弓形。

缺纬　自停装置失灵，致使织物全幅宽有条未引入纬纱的横档。

双经　单纱(线)织物中有两根经纱并列织入。

经缩　经纱张力失调，织物经向呈现块状或条状起伏不平，程度较轻的称经缩波纹，较重的称经缩浪纹。

折痕　拆布后布面上留下的起毛痕迹和布面揩浆抹水。

双纬　单纬织物一梭口内有两根纬纱织入布内。

脱纬　一梭口内有三根及以上的纬纱织入布内(包括连续双纬)。

密路　纬密大于工艺标准规定。

稀纬　纬密小于工艺标准规定。

破边　织物边相邻两根或两根以上绎纱(不包括锁边纱)断裂。

条干不匀　叠起来看前后都能与正常纱线明显划分得开的较差的纬纱条干。

云织　纬纱密度稀密相间呈规律性的一段稀一段密。

花纬　由于配棉成分变化或陈旧的纬纱，使布面色泽不同，且有 1～2 个分界线。

花经　由于经纱配棉成分变化，使布面色泽不同。

水渍　织物沾水后留下的痕迹。

污渍　织物沾污后留下的痕迹。

磨痕　布面经向留下一直条的痕迹。

浆斑　浆块附着布面，影响织物组织性能。

色纤维织入　小量有色纤维勿织入，织物上呈现异色纤维。

异纤维织入　不同类型的纤维在纺纱或织造中掺混，染色整理后织物上呈现异状。

稀弄　织物相邻两根纬(经)纱间有明显的空隙。

边撑眼　边撑刺辊使织物上造成边部密集的刺眼。

2. 针织面料常见疵点

亮丝　由于纺丝过程中加工不良和消光剂分布不匀等原因，造成一个线圈横列或一个线圈纵行内的纱比相邻纱线的光泽突出。

毛丝　在多孔长丝织物中，由于单纤维断裂引起局部或整个表面出现的毛状外观。

粗(细)纱　比相邻纱线明显粗(细)的纱线。

大肚纱　在一根纱线中出现直径比正常纱大几倍的橄榄形粗节。

横路　在多路纬编机上编织的织物，由于密度变化、纱线粗细和成分不一、纱线上染率不同或原纱色泽差异造成一个或数个线圈横列在外观上不同于正常的横列。

错纱　在织物中使用了不符合要求(成分、细度、颜色)的纱线。

紧稀路针　针织物线圈纵行排列稀密不匀的纹路。

花针　编织时某些针上的线圈,形成2～3个线圈一起成圈,造成不规则或纵向的小孔隙。

纹路歪斜　织物线圈纵行和横列呈现不垂直的外观。

翻纱　针织物中应在反面的纱线露在正面。

漏针　在编织过程中,由于针圈脱落一针或数针造成织物上呈现纵向或分散空档,但针圈未断裂。

组织错乱　由于编织原件安装不正确,使织物结构错乱,但纱线未受到破坏。

跳纱　一段纱线越过了数个应该与其相连结的线圈纵行。

破洞　织物内一个或更多的相邻的线圈断裂形成的窟窿。

抽丝　针织物上局部线圈被拉紧的现象。

纱拉紧　在编织过程中,由于某根纱线张力过大所造成的针织物线圈抽紧。

钩丝　纱线或纱中的纤维、长丝被尖锐的物体从织物中钩出来,像一个长的纱环。

纱线扭结　编织时由于纱线捻度过大,张力不均匀,在织物中形成的小辫子。

修疤　破洞经修补后针织物表面上呈现的疤痕。

油针　在编织过程中加油或换针时在针上沾油污造成织物呈现纵向黄黑条。

色点　在织物上出现不应有的点状颜色。

色花　匹染织物局部的或大面积的不规则的颜色差异。

沾污　(包括土污渍、油渍、色渍、锈斑)　针织物受土、油、色、锈等杂物污染。

渗花　印花织物中色浆洇散出图案轮廓。

干版露底　由于堵网或供色问题造成印花织物的图案部位上露底或着色不足。

套版不正　在印花织物上颜色的相互位置不对。

印花搭色　在印花织物上,除图案要求外,两种及以上的颜色发生重叠。

无色折痕　在印花过程中由于织物折皱,在印花织物上呈现纵向没有着色的一条清晰的条痕。

折痕　由于轧光等原因,织物上留下的不易去掉的痕迹。

荷叶边　织物展成平面,布边呈起伏波浪状。

纬斜　在加工或定型过程中线圈横列与织物两边不垂直。

极光　圆筒定型及轧光过程中形成的光亮痕。

卷边　出于编织工艺原因或定型温度不够、剥边不良造成织物纵向布边卷曲现象。

坏边　在定型过程中布边被撕豁的现象。

第二部分　综合性、设计性试验

一、试验目的

① 熟悉各类常见服装面料外观质量要求和品等的划分,认识一些常见疵点,为进行

试验做好充分的准备。

② 了解并熟悉几种面料外观质量的检验方法,并能对常用面料进行检验和质量评定。

二、试验内容

综合前述的几种面料外观检验方法,根据各类面料品质要求,对其进行外观检验,综合评判面料的外观品等。

本试验内容涉及服装面料的规格和生产过程形成的织疵、色疵、染整疵点等各类外观缺陷多方面知识,要求学生了解各种面料的外观质量要求,根据要求,能够选择合适的方法对其外观品质进行检验,因此是对学生的试验技能的综合训练,能培养学生查阅和理解资料的能力,以及综合分析和试验动手能力。

三、试验原理和方法

(一)试验原理

在一定光线条件下,目测并计量疵点,按预定标准计分、结辫或降等,评定面料的外观品质。

(二)试验方法

1. 机织面料

机织面料外观品等按局部性疵点和散布性疵点综合评定。局部性疵点检验方法包括评分法和标疵法。

评分法是以分值的大小来评定布面疵点的多少、轻重程度的方法,并规定一定面积内允许疵点最大的评分,如 4 分制评分和 10 分制评分。常见于棉印染布、化纤印染布等。

标疵法是用标记来显示布面上某些疵点的位置和数量并规定放布来取代疵点的方法。常见于毛织物、服装黏合衬布外观质量的评定。

散布性疵点检验方法则是按其程度的轻重,影响外观的总体效果,结合产品标准降等处理。

2. 针织面料

针织面料外观质量按针织布(四分制)外观检验规则检验,以匹为单位,按允许疵点评分要求判定每匹等级。

针织布(四分制)外观检验规则,即无论疵点大小和数量多少,直向 1 m 全幅范围内最多计 4 分的一种检验方法。检验时以织物使用面为准,保证 1 m 长的可视范围,目光距布面 70～90 cm,使织物直向移动通过目测区域,对疵点进行评定并计分。

四、试验条件

验布机:台面与垂直线呈 45°,照度不低于 750 lx。验布时验布机速度不大于 20 m/min。

验布台:如无验布机,可在验布台上检验。要求台面宽度大于布幅,长度长于 1 m,台面平整,光照充足。

直尺或卷尺：大于测量尺寸，最小分度 1 mm。

色卡：GB/T 250 评定变色用灰卡。

试验材料：全幅面料若干匹（段）。

五、试验步骤

首先，根据所测面料的信息确定它属于哪一类产品，如是机织物还是针织物，成分是什么？由此确定它属于何种产品类别。其次，查阅我国现行标准，确定此类产品对外观品质的要求和检测方法，并以标准为资料，对照要求，进行外观质量检验。最后，根据所得结果，对照指标评定所测面料的外观综合等级。

思考题

1. 棉印染布和精梳毛织品对局部性疵点的检验方法一样吗？如不是，分别采用什么方法？

2. 针织成品布的外观检验一般采用什么规则？简述其原则，并列举针织物的几种常见疵点。

本章小结

本章主要介绍了服装材料外观质量及分等的检测，包括验证性试验和综合性、设计性试验两部分，主要介绍了机织物和针织物的外观质量检验，通过学习及试验操作，要求学生熟悉各类常见服装面料外观质量要求和品等的划分，认识一些常见疵点，了解并熟悉几种面料外观质量的检验方法，并能对常用面料进行检验和质量评定。培养学生分析问题、解决问题的能力。

参考文献

[1] 刘静伟. 服装材料试验教程[M]. 北京：中国纺织出版社，2000.

[2] 吴坚，李淳. 家用纺织品检测手册[M]. 北京：中国纺织出版社，2004.

[3] 过念新. 织疵分析(第三版)[M]. 北京：中国纺织出版社，2008.

[4] 张红霞. 纺织品检测实务[M]. 北京：中国纺织出版社，2007.

[5] 王瑞. 纺织品质量控制与检验[M]. 北京：化学工业出版社，2006.

试验三　服装材料的一般性能检测

本章知识点：1. 织物长度、幅宽与重量测定
　　　　　　2. 织物经纬密度与紧度的测定
　　　　　　3. 织物厚度的测定
　　　　　　4. 织物组织结构分析试验
　　　　　　5. 综合性、设计性试验

第一部分　验证性试验

一、织物长度、幅宽与重量测定

（一）基础知识

1. 织物长度

织物长度是指在零张力且无折叠和无褶皱的状态下，织物两端最外边的完整的纬纱之间的距离，单位为米（m）。织物长度及匹长，主要根据织物用途以及织物厚度或平方米重量、织机卷装容量等因素而定。在工厂里，通常进行织物匹长的检验，匹长是指 1 匹织物的长度。棉织物的匹长，一般为 27～70 m；毛织物的匹长，一般大匹为 60～70 m，小匹为 30～40 m。

2. 织物幅宽

织物幅宽是指织物最靠外边的两边经纱线间与织物长度方向的垂直距离，单位为厘米（cm）。幅宽一般根据织机箱幅、织物用途、加工过程中收缩程度、裁剪方便、节约用料等因素而定。如棉织物的幅宽分为中幅及宽幅两类，中幅为 81.5～106.5 cm，宽幅为 127～167.5 cm。粗梳毛织物的幅宽一般为 143 cm、145 cm、150 cm 三种。精梳毛织物的幅宽一般为 144 cm 或 149 cm。特殊用布如装饰用布的幅宽会更宽。

3. 织物重量

织物重量一般用单位长度重量或单位面积重量来度量，即单位长度或单位面积内所包含的纤维物质和非纤维物质等在内的织物单位重量。织物的重量以每米克重（g/m）或以每平方米克重（g/m²）为计量单位。它适用于测定所有机织物单位长度或单位面积的质量。但在棉织厂内部对本色棉布进行质量控制时，常常测定本色棉布每平方米内无浆干燥质量来表示单位面积的质量。

通常根据织物重量将其分为轻薄型、中厚型和厚重型三大类，以平方米克重（g/m²）计量：195 g/m² 以下的织物属轻薄型织物，195～315 g/m² 的织物属中厚型织物，315 g/m² 以上的织物属厚重型织物。

织物重量是织物品质的一项综合指标，不仅影响到服装材料的加工性能及成本核

算,而且是正确选择服装材料、满足和达到服装服用性能和造型要求的重要参考指标。

（二）测试原理

若整段织物能在标准大气中调湿,经调湿后测定织物长度、宽度和质量,计算织物单位长度或单位面积质量。

若整段织物不能在标准大气中调湿,先将织物在普通大气中测定其长度、幅宽和单位长度或面积质量,然后用修正系数进行修正。修正系数是从松弛的织物中剪取一部分,先在普通大气中测量出这部分织物的长、宽、质量,再在标准大气中调湿并测量其长、宽和质量,对这部分的长度、幅宽和质量加以比较,再计算得出系数。

（三）测量仪器及用具

烘箱、天平、剪刀、钢尺和测定桌等。

（四）试验方法和程序

1. 织物长度测定

（1）测试步骤

①做调湿用的临时标记:把被测织物放在测定桌上,使其头端3～4 m放平,去除张力,并在靠近头端处,做第一对临时标记,间距2 m或3 m;然后轻轻地拉动织物,直到织物的中段放平,去除张力,做第二对临时标记;接着,再轻轻地拉动织物的剩余部分,直到最后的3～4 m放平,并去除张力,做第三对临时标记。

②调湿处理:把标记好的织物去除张力后充分地暴露在相对湿度为(65±2)％,温度为(20±2)℃的标准大气中调湿,直到对每对临时标记的间距作连续测量时测得的平均差异小于最后一次平均长度的0.25％时为止(连续测量的间隔至少应为24 h)。每次测量精确到0.1 cm。

③测量:将被测织物上的临时标记抹去,放在桌上,沿着织物离布边1/4幅宽处两条线进行测量,在织物上以2 m(或3 m)的间距,依次做出分段标记,并量出最后不足一段的实际长度。织物的长度等于段数乘以段距加上不足一段的实际长度。

若被测织物是在普通大气条件中测量,先测量出被测织物的长度,再确定修正系数。确定修正系数时,须对调湿部分做调湿前标记、调湿、测量,方法同上。修正系数等于调湿后织物标记间平均距离与调湿前织物标记间平均距离的比值。若企业内部对折叠形式的织物段做质量控制时,可用常规的试验方法。即在普通大气中,先用钢尺测量折幅长度,若织物公称段长不超过120 m时,均匀地测量10处(10个折幅);公称段长超过120 m时,均匀地测量15个折幅,单位为cm,精确到0.1 cm,再求出折幅长度的平均值,计算精确到0.01 cm,修约到0.1 cm。数出整段织物的折数,并测量其剩余不足一折的实际长度,精确到1 cm。

（2）结果计算

①在标准大气下测试时,测得的两个长度数据,求出其平均值,即为该段织物的长度。计算精确到0.1 cm,再按标准GB8170的规定修约至1 cm。

②在普通大气条件下测试时,先计算出在普通大气中织物长度的平均值,再用下式折算出调湿后的织物长度。

$$L_c = L_r \times \frac{L_{sc}}{L_s} \tag{3-1}$$

式中：L_c——调湿后的织物尺寸,cm;

　　　L_r——在普通湿温度下测得的织物尺寸,cm;

　　　L_{sc}——调湿后织物调湿部分所作标记间的平均尺寸,cm;

　　　L_s——调湿前织物调湿部分所作标记间的平均尺寸,cm。

计算精确到 0.1 cm,再按标准 GB 8170 的规定修约至 1 cm。

③企业内部做质量控制时：

$$织物段长(m)=\frac{平均折幅长度×折数+不足一折的实际长度}{100} \tag{3-2}$$

计算精确到 0.1 cm,再按标准 GB8170 的规定修约至 1 cm。

2. 织物幅宽测定

(1)试验步骤

① 做调湿用的临时标记：若整段织物都放在标准大气中调湿和测量时,做如下标记：把被测织物放在测定桌上,使其头端 1～2 m 放平,去除张力,并在离头端处约 1 m 的靠近布边处做一个临时标记；然后轻轻地拉动织物,直到织物的中段放平,去除张力,做第二个临时标记；接着,再轻轻地拉动织物的剩余部分,直到最后的 1～2 m 放平,并去除张力,做第三个临时标记。若整段织物在普通大气条件下测量时,做如下标记：把被测织物放在测定桌上,轻轻地拉动织物,直到织物的中间 2～3 m 的部分在桌面上放平,去除张力,然后在这部分织物布边做 4 个标记,标记之间应相距 50 cm(至少 25 cm)。

② 调湿处理：若整段织物在标准大气中测量时,就把标记好的整段织物去除张力后充分暴露在相对湿度为(65±2)%、温度为(20±2)℃标准大气中调湿,至连续测量 3 个标记处幅宽所测得的差异小于最后一次每个标记处幅宽的 0.25% 时为止(连续测量的间隔时间至少应为 24 h)。若整段织物在普通大气条件下测量时,就把标记部分的织物(从整段织物中开剪或不开剪均可),暴露在标准大气中,至连续测量 4 个标记处幅宽所测得的差异小于最后一次每个标记处幅宽的 0.25% 时为止(连续测量的间隔时间至少应为 24 h)。记录最后 4 个读数的平均值。

③ 测量：将被测织物上的临时标记抹去,放在桌上,去除张力,轻轻拉动织物,以接近相等的间距(不超过 10 m),测量织物的幅宽至少 5 处。测量位置距离织物头尾两端至少 1 m。若被测织物是在普通大气条件中测量时,就测量出标记部分的织物调湿前后 4 个标记处的幅宽,并求出标记处的平均幅宽,修正系数等于调湿后织物标记处平均幅宽与调湿前织物标记处平均幅宽的比值。

(2)结果计算

① 在标准大气下测试时：将测得的几个幅宽数据求出其平均值,即为被测织物的幅宽。计算精确到 0.1 cm,再按标准 GB8170 的规定修约至 1 cm。

② 在普通大气条件下测试时：可用下式折算出调湿后织物幅宽。

$$W_c=W_r×\frac{W_{sc}}{W_s} \tag{3-3}$$

式中：W_c——调湿后的织物幅宽,cm;

　　　W_r——织物松弛后在普通大气中的织物幅宽,cm;

　　　W_{sc}——调湿后织物调湿部分所做标记的平均幅宽,cm;

W_s——调湿前松弛织物调湿部分所做标记的平均幅宽,cm。

计算精确到 0.01 cm,不同的幅宽要求不同的精确度。采用标准 GB8170 的规定,并按表 3-1 所列分档进行修约。

表 3-1 不同的幅宽要求不同的精确度

幅宽(cm)	10 以上～50	50 以上～100	100 以上
精确度(cm)	0.1	0.5	1.0

3. 织物单位面积重量测定

(1)测试方法

整段织物能在标准大气中调湿的,按照测量织物长度与幅宽的方法,测量出被测织物的长和宽,并称重。若整匹织物不能测出全长的,可从织物上沿与织物边垂直地剪取整幅样品进行测量,样品长度应为 3～4 m,至少 0.5 m,按照测量织物长度和幅宽的方法,测量出织物长度和宽度,并称重。

整段织物不能在标准大气中调湿的,先测出整段织物在普通大气条件下的长度和宽度(按照测量织物长度和幅宽的方法测量),并称重。再从整段织物上剪下整幅样品,长度为 3～4 m,至少 1 m,同时在普通条件下测量出样品的长度、幅宽和质量,然后把这部分样品放在标准条件下进行调湿,按照织物长度和幅宽的测定方法,测出这部分试样调湿后的长度和幅宽,并称重。

对小样品试样,首先在经过调湿的织物当中裁剪具有代表性的样品 5 块,每块约 15 cm×15 cm。样品上不能有皱褶,然后用裁剪器从样品中裁剪 10 cm×10 cm 方形试样或面积为 100 cm² 的圆形试样,并称重。

(2)结果计算

① 整段织物或样品在标准条件下测试时的标准质量:

$$m_{ul} = \frac{m_c}{L_c} \tag{3-4}$$

$$m_{ua} = \frac{m_c}{L_c \times W_c} \tag{3-5}$$

式中:m_{ul}——调湿后,整段织物或样品的单位长度质量,g/m;

m_{ua}——调湿后,整段织物或样品的单位面积质量,g/m²;

m_c——调湿后,整段织物或样品的质量,g;

L_c——调湿后,整段织物或样品的长度,m;

W_c——调湿后,整段织物或样品的幅宽,m。

计算精确到 0.1 g,再按 GB8170 的规定修约到 1 g。

② 整段织物或样品在非标准条件下测试时的标准质量:

$$m_c = m_5 \times \frac{m_{sc}}{m_s} \tag{3-6}$$

式中:m_c——调湿后整段织物的质量,g;

m_r——普通大气中整段织物的质量,g;

m_{sc}——调湿后样品的质量,g;

m_s——普通大气中样品的质量,g。

折算出调湿后织物的质量后,再代入公式(3-4)、(3-5)中,计算出调湿后的织物单位长度质量和单位面积的质量。

计算精确到 0.1 g,再按 GB8170 的规定修约到 1 g。

③ 小样品试样在标准条件下测试时的标准质量:

$$m_{ua} = m \times 100 \tag{3-7}$$

式中:m_{ua}——调湿后织物单位面积质量,g/m^2;

m——经调湿的 100 cm^2 样品的质量,g。

计算出 5 个试样单位面积质量的算术平均值,计算精确到 0.01 g,再按 GB8170 的规定修约到 0.1 g。

二、织物经纬密度与紧度的测定

(一)基础知识

1. 织物经纬密度

织物经纬密度是指织物纬向或经向单位长度内经纱或纬纱根数。经密是指沿织物纬向单位长度内的经纱根数;纬密是指沿织物经向单位长度内的纬纱根数。经密和纬密都以 10 cm 长度内经纱或纬纱根数表示(根/10 cm)。一般情况下,织物经、纬密的配置采用经密大于或等于纬密。织物密度只能对纱线粗细相同的织物间比较。

2. 织物紧度

紧度是用纱线特(支)数和密度求得的相对指标,借此可对纱线粗细不同的织物进行紧密程度的比较。织物的紧度是指织物中纱线投影面积与织物全部面积之比值,比值大说明织物紧密,比值小说明织物稀松。织物紧度越大,织物越紧密。紧度分为经向紧度、纬向紧度和总紧度三种。

织物密度和紧度的大小,直接影响织物的外观、手感、厚度、强力、透气性、保暖性和耐磨性等物理机械指标。因此在产品标准对各种织物规定了不同的密度和紧度。了解织物的密度、紧度,可为设计或仿制新的织物品种提供依据,并为织物性质的理论计算提供参数。

(二)测试原理

测定机织物密度的方法有三种——织物分解法、织物分析镜法、移动式织物密度镜法。这里主要介绍两种常用的测试机织物密度的测试方法,即分解法和往复移动式织物密度镜法,这两种方法适用于所有机织物。若织物组织特别复杂,密度特大或经过缩绒的织物难以计数经、纬密时,最好用织物分解法。

织物分解法是利用分解一定尺寸的织物试样,计数纱线根数,然后再折算成 10 cm 长度内的纱线根数。往复移动式织物密度镜法是在织物试样上以一定的测试方式测定织物经向或纬向一定长度内的纱线根数,然后再折算成 10 cm 长度内的纱线根数。

(三)试验仪器及用具

小钢尺、分析针、剪刀、往复移动式织物密度镜(图 3-1)、测量平台。

(四)试验方法和程序

1. 试样准备

将要检测的试样放在试验用标准大气中调湿 24 h 后,把试样放在测量平台上,选择至少五处不同部位测量密度(距布的头尾不少于 5m)。部位的选择应尽可能有代表性。测定机织物密度时最小测定距离按表 3-2 进行。

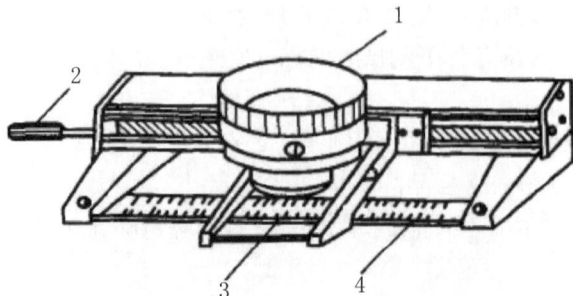

图 3-1　往复移动式织物密度镜

1—放大镜;2—转动螺杆;3—刻度尺;4—刻度线

表 3-2　每处最小测定距离

每厘米纱线根数(根·cm^{-1})	最小测量距离(cm)	被测量的纱线根数(根)	精确度(%)
10	10	100	＞0.5
10～25	5	50～125	1.0～0.4
25～40	3	75～120	0.7～0.4
＞40	2	＞80	＜0.6

例如某种试样每厘米长织物内纱线根数为 35 根,由表 3-2 可知要测定该试样的密度,每处测量的最小测定长度为 3 cm,也就是说,至少测定 3 cm 长织物内所含纱线的根数,然后再折算成 10 cm 长织物内所含纱线的根数。用分解法测试织物密度时要特别注意最小测定距离的确定。

2. 织物经纬密度测定

(1)往复移动式密度镜测定法

转动织物密度镜的螺杆,使放大镜下面的标志线与刻度尺上的零刻线对齐,如图 3-2 所示。把调湿处理过的试样放在测量平台上,在距离头尾两端至少 5m、距布边至少 3 cm 以内选择测定位置,如图 3-2 所示。纬密在每匹布的不同折幅的不同经向上测定 5 处,5 处成阶梯形排列。经密在同一折幅的同一纬向不同经向方向上测定 5 处。

将密度镜放在织物上所选测定部位处,刻度尺沿经纱或纬纱方向平行放置,使零位线放在两根纱线之间,用手缓缓转动螺杆,计数标志线所滑过的纱线根数,直到标志线与刻度尺的 5 cm 刻线相对齐为止,即得 5 cm 长度织物内经纬纱的根数,如图 3-3 所示。

计数经纱根数或纬纱根数需精确至 0.5 根,如起点到纱线中间为止,则最后一根纱线作 0.5 根计;如不足 0.25 根则不计;0.25～0.75 根作 0.5 根计;0.75 根以上作 1 根计,如图 3-4 所示。将测得的 5 cm 长度织物内纱线的根数乘以 2 即得密度。

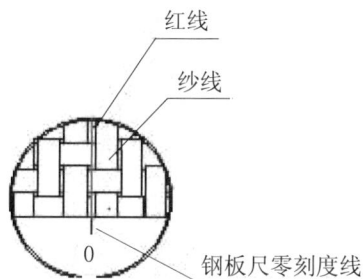

图 3-2　织物中起始点的标注

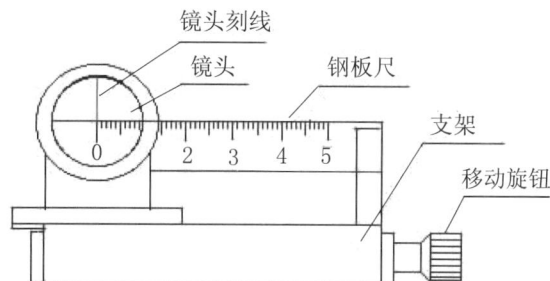

图 3-3　镜头刻度线与刻度尺的对位

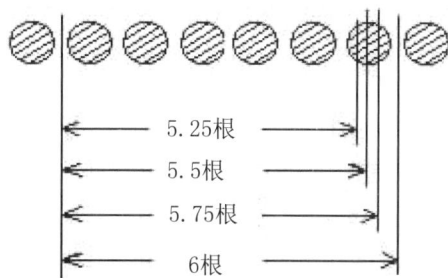

图 3-4　测试末点纱线根数的取舍

折算出密度后,再分别计算出经纬密的平均数,结果精确至 0.1 根/10 cm。

（2）织物分解法

凡不能用密度仪数出纱线的根数时,可按规定的测定次数,在织物的适当部位剪取长、宽略大于最小测定距离的试样,在试样的边部拆去部分纱线,再用钢尺测量,使试样长、宽各达规定的最小测定距离,允差 0.5 根纱。然后对准备好的试样逐根拆点根数,将测得的一定长度内的纱线根数折算成 10 cm 长度内所含纱线的根数,分别求出算术平均数,密度计算精确至 0.01 根,然后按数字修约规则进行修约。

（3）织物分析镜法

织物分析镜的窗口宽度为（2±0.005）cm［或（3±0.005）cm］,测试时将织物分析镜放在摊平的织物上,选择一根纱线并使其平行于分析镜窗口的一边,由此逐一计数窗口内的纱线根数,也可计数窗口内的组织循环个数,通过织物组织分析或分解该织物,确定一个组织循环中的纱线根数。测量距离内纱线根数＝组织循环个数×一个组织循环中纱线根数＋剩余纱线根数。这种方法适用于经纬密度大、纱线线密度小的规则组织的织物。

3. 织物紧度计算

根据测出织物试样中经、纬纱线的线密度和测得的经、纬向密度,计算织物紧度。

经向紧度（E_t）为所测纱线直径与两根经纱间的距离之比的百分率:

$$E_t = Dd_t P_t (\%) \tag{3-8}$$

纬向紧度（E_w）为纱线直径与两根纬纱间的距离之比的百分率:

$$E_w = d_w P_w (\%) \tag{3-9}$$

织物总紧度（E）为织物中经纬纱所覆盖的面积与织物总面积之比的百分率:

$$E = E_t E_w - 0.01 E_t E_w (\%) \tag{3-10}$$

式中：

d_t——经纱直径，mm；

d_w——纬纱直径，mm；

P_t——经向密度，根/100 mm；

P_w——纬向密度，根/100 mm。

以上是在纱线呈圆柱形的情况下求得的，没有考虑由于经纬纱线在织物中相互挤压而产生的变形，因此所得的结果只是近似值。

在计算紧度时，通常经纬纱的紧度小于或等于100%，若大于100%则说明织物中纱线有重叠。

三、织物厚度的测定

（一）基本知识

织物的厚度是指织物的厚薄程度，即指织物在承受规定压力下，织物两参考面之间的垂直距离。单位为毫米（mm），织物厚度一般用测厚仪测定。织物厚度主要与纱线细度、织物组织和织物中纱线弯曲程度有关。织物的厚度关系到服装的风格、保暖性、透气性、防风性、刚度、悬垂性、舒适性、耐磨性及重量等一系列性能，所以检验织物的厚度是极有价值的参考指标之一。

根据织物的厚度不同，可把织物分为轻薄型、中厚型和厚重型三类，各类织物的厚度参见表3-3。

表 3-3　各类织物的厚度　　　　　　　　　　　　　　　　单位：cm

织物类型	棉与棉型织物	精梳毛与毛型织物	粗梳毛型织物	丝织物
薄型	0.25 以下	0.40 以下	1.10 以下	0.14 以下
中厚型	0.25～0.40	0.40～0.60	1.10～1.60	0.14～0.28
厚型	0.40 以上	0.60 以上	1.60 以上	0.28 以上

（二）测试原理

将经过调湿处理的试样放置在参考板上，平行于该板的压脚，将规定压力施于试样规定面积上，到规定的时间后测定并记录两板之间的垂直距离，即为被测试样厚度的测量值。

（三）试验仪器

YG141型织物厚度仪。

（四）试验方法和程序

1. 试样准备

首先将被测试样放在相对湿度为(65±5)%，温度为(20±2)℃的大气条件下进行调湿处理24 h，合成纤维至少平衡2 h，公定回潮率为零的样品可直接测定其厚度。

2. 选择测量部位

测量部位离布边的距离应大于150 mm，并按阶梯形均匀排列，各测量点都不在相同的纵（经）向和横（纬）向位置上，且应避开影响试验结果的疵点和褶皱；对于易变形或有可能影响试验操作的样品,如某些针织物、非织造布或宽幅织物以及纺织制品等,都应按规定要求裁取足够数量的试样,试样尺寸不小于厚度仪压脚尺寸。压脚面积、压力、加压时间、最少测定次数的选择参见表3-4。

3. 校正仪器

首先接通电源,打开仪器开关,检查仪器各部位动作是否正常;然后用直径为50 mm的压脚检查基准面与压脚底面是否平行,否则用专用扳手调整基准板;调整百分表的零位;最后根据被测织物的类型,选择压脚面积、压力、加压时间等。其主要技术参数参见表3-4。

表3-4　主要技术参数参考表

样品类型	压脚面积（mm²）	加压压力（kPa）	加压时间（s）	最少测定数量（次）	说明
普通类	2000±20(推荐) 100±1 10000±100(推荐面积不适宜时再从另两种面积中选用)	1±0.01 非织造布: 0.5±0.01 土工布: 2±0.01 20±0.1 200±1	30±5 常规: 10±2 (非织造布按常规)	5 非织造布及土工布:10	土工布在 2 kPa 时为常规厚度,其它压力下的厚度按需要规定
毛绒类疏软类		0.1±0.001			
蓬松类	20000±100 40000±200	0.02±0.0005			厚度超过 20 mm 的样品,用蓬松类纺织品厚度测定仪

对于表面呈凹凸不平花纹结构的样品,压脚直径应不小于花纹循环长度,如需要,可选用较小压脚分别测定并报告凹凸部位的厚度。

4. 测量

接通电源,按启动按钮,使仪器转动,当压脚升起时,将选好的测量部位或试样无张力和无变形地置于基准板上。使压脚轻轻压放在试样上并保持恒定压力,到规定时间后读数指示灯跳亮,迅速读取百分表上所示的厚度值,并记录。连续测完规定的测试部位或试样数。如果需要测定不同压力下的厚度(如土工布等),对每个测定部位或每个试样换上不同的压力,测出同一点各压力下的厚度,然后更换测试部位或试样,重复进行前面的操作,直至测完规定的次数或试样数。若经目测观察或经鉴定是蓬松类型的纺织品时,可用蓬松类纺织品厚度测定装置。

5. 蓬松类纺织品的确定

在选好测定部位的试样上分别测定 0.1 kPa 和 0.5 kPa 压力时的厚度 $t_{0.1}$ 和 $t_{0.5}$,计算每个测定点在压力从 0.1 kPa 增至 0.5 kPa 时厚度的变化率,即压缩率 C。

$$C = \frac{t_{0.1} - t_{0.5}}{t_{0.1}}$$

（3-11）

计算所有测定数据的平均值。若平均压缩率大于等于20%时为蓬松类纺织品,其测定装置如图3-5所示。

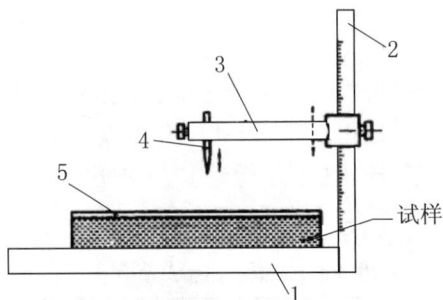

图 3-5 蓬松类纺织品厚度测定装置

图3-5中,1为水平基板,表面应光滑平整,面积不小于300 mm×300 mm;2为垂直刻度尺,位于基板一侧中部,分度值不超过1 mm;3为水平测量臂,可在刻度尺上滑动;4为可调垂直探针,与刻度尺相距100 mm;5为测量板,面积为(200±0.2)mm×(200±0.2)mm,质量为82±2 g,其对试样的压力为0.02 kPa。

测量时将被测部位或试样放在基板和测量板之间,加压规定的时间后,移动测量臂使垂直探针刚好与测量板接触,这时读出刻度尺上显示的厚度值。连续测完规定的测试次数。使用本仪器测定时,读取至0.5 mm,计算出平均厚度值,其结果按GB8170—70修约至0.5 mm。

四、织物组织结构分析试验

(一)基础知识

织物一般是由纱线按照一定的织造工艺编织而形成的,纱线的交织形式及组合不同将得出各种组织结构的织物,织物结构的不同使织物具有不同的特征及性能,这会影响到服装裁制及穿着。

1. 织物正反面的判断

① 一般织物正面的花纹色泽均较反面清晰、美观、匀整。

② 凸条及凹凸织物,正面紧密而细腻,反面粗糙。

③ 单面起毛织物,起毛面为正面,双面起毛织物,绒毛光洁、整齐的一面为正面。

④ 毛巾织物毛圈密度大的一面为正面。

⑤ 多层、双层及多重织物,正面具有较大的密度和较佳的原料。

⑥ 纱罗织物,纹路清晰突出的一面为正面。

⑦ 观察布边,布边整齐、均匀的一面为正面。

2. 织物经纬向的判断

区别织物经纬向的主要依据如下:

① 如被分析织物的样品有布边,则与布边平行的纱线为经纱,与布边垂直的纱线为纬纱。

② 坯布中有浆份的是经纱,不含浆份的是纬纱。

③ 一般织物密度大的方向为经向,密度小的方向为纬向。

④ 筘痕明显的织物,筘痕方向为经纱。

⑤ 若织物中纱线的一个方向是股线,另一个方向为单纱时,则通常股线为经纱,单纱为纬纱。

⑥ 若单纱织物的成纱捻向不同,则 Z 捻纱为经纱,S 捻纱为纬纱。

⑦ 若织物成纱的捻度不同时,则捻度大的为经纱,捻度小的为纬纱。

⑧ 如织物的经纬纱号数(支数)捻向、捻度都差异不大,则纱线条干均匀、光泽较好的为经纱。

⑨ 若织物有一个系统的纱线具有多种不同号数时,这个方向则为经纱。

⑩ 不同原料的交织物中,一般棉毛或棉麻交织的织物,棉为经纱;毛丝交织物中,丝为经纱;毛丝棉交织物中,则丝、棉为经纱;天然丝与绢丝交织物中、天然丝与人造丝交织物中,则天然丝为经纱。

由于织物的用途极为广泛,因而对织物原料和组织结构的要求也是多种多样,因此在判断时,还要根据织物的具体情况进行确定。

(二)测试原理

分析机织物组织,也就是找出经、纬纱线的交织规律,确定其是何种组织类型。

(三)测试工具与试样

在对织物的组织进行分析的工作中,常用的工具是照布镜、分析针(缝衣针)、剪刀、镊子、尺子、意匠纸、染色纸和笔等。

用颜色纸的目的是为了分析织物时有适当的背景衬托,少费眼力。在分析色织物时,可用白色纸做衬托,而在分析浅色织物时,可用黑色纸做衬托。织物颜色与底纸颜色用对比色,使分析结果更清晰、更准确。

(四)试验方法与程序

1. 取样

分析织物时,结果的准确程度与取样的位置、样品面积大小有关,因此对取样的方法应有一定的要求。由于织物品种很多,彼此之间差别又大,因此,在实际工作中样品的选择还应根据具体情况来定。

(1)取样位置

织物在织机上处于张持状态,尤其布边受力较大,下机后,由于经纬纱的张力平衡作用,使织物的幅宽和长度都发生变化,造成织物边部和中部,以及织物两端的经纬密度有一定的差异。另外,在染整的过程中,织物各部位所产生的机械变形也不同。为了使测量的数据准确和具有典型的代表性,对取样的位置有两个要求:

① 采样时不要靠近织物的两端和两边,一般距布边要大于 5 cm。

② 所取样品不能有明显的瑕疵如跳纱、结子、并纱等。

(2)取样大小

简单组织的织物试样可以取得小些,一般为 15 cm×15 cm;组织循环较大的色织物可以取 20 cm×20 cm;色纱循环大的色织物至少应取一个色纱循环所占的面积;对于大提花织物,因其经纬纱循环数很大,一般分析部分具有代表性的组织结构即可。因此,一般取为 20 cm×20 cm 或 25 cm×25 cm。如样品尺寸小时至少要大于 5 cm×5 cm。

2. 分析织物组织结构

对布样做了以上分析后,分析织物中经纬纱的交织规律,以得出此种织物的组织结构。在对织物的组织进行分析的工作中,常用的分析方法有:

(1)直接观察分析法

一般对密度较小、纱线较粗、组织较简单的织物,可用照布镜直接观察,绘出其组织图。

(2)拆散分析法

对密度较大、纱线较细且组织较复杂的织物,则用拆散法来分析。拆散法就是利用分析针和照布镜,观察织物在拨松状态下的经、纬交织规律,具体步骤如下:

① 确定拆拨系统:一般拆密度大的系统,容易观察出交织规律。如经密大于纬密,应拆经线。

② 确定出织物的正反面,以容易看清组织点为原则。如经面缎纹组织拆纬面效应一面会更好。

③ 将样布经、纬纱线沿边缘拆去 1 cm 左右,留出丝缕,便于点数,如图 3-6 所示。然后在照布镜下,用针将第一根经纱或纬纱拨开,使其与第二根经纱或纬纱稍有间隙,置于丝缕之中,即可观察第一根经纱或纬纱的交织情况。并把观察到的交织情况记录在方格纸(意匠纸)上,然后把这一根纱线拆掉。用同样的方法分析第二根纱线,第三根纱线……,以分析出两个或几个组织循环为止。注意分析方向应与方格纸方向一致,否则有误。

图 3-6　织物边缘拆散留出的丝缕

对布样作了以上分析测定后,最后对经纬纱在织物中交织规律进行分析,以得出此织物的组织结构。

注意事项:

① 一般单经单纬简单组织,包括平纹、斜纹、重平、小提花、纱罗等组织可以按照上述上方法,逐一分析出经向和纬向组织。

② 缎纹组织:先用照布镜确定出组织循环数和经纬效应,包括经纱循环和纬纱循环,然后拨出 2～3 根经纱或纬纱,即可确定出经向飞数或纬向飞数,然后根据经纬纱线的循环数和飞数画出完全组织图。变则(即不规则)缎纹组织需要逐根拆拨分析出结果。

③ 重平组织和双层组织:重经组织一般拆经纱而不是纬纱,重纬组织一般拆纬纱而不拆经纱,重经重纬或者双经组织则要经纬两个方向都拆拨。也可以根据情况灵活选择。

④ 绉组织:一般简单的经纬循环且绸面可看出规律的,可按照单经单纬织物处理。

⑤ 提花织物的组织分析比素织物来得容易些,不必逐根拆出纱线,只需分别拆出织物的地部及花部各组织即可。

(3)局部分析法

该方法多用于大提花织物、起花组织织物。

第二部分　综合性、设计性试验

一、试验目的

① 了解服装材料的几个主要物理指标,掌握检测服装材料几种物理指标的方法,提高综合分析能力,以便对所检测的服装材料作出正确的分析与评价。

② 掌握织物组织结构分析的方法和要领,通过对织物进行分析,了解织物结构与外观和性能的关系。

二、试验内容

① 利用所学专业基础知识,判断出织物正反面、经纬向。

② 根据前面所述的服装材料基本物理指标的测试方法,得出所测织物的长度、幅宽、单位面积质量、经、纬密度与紧度、织物厚度等参数。

③ 利用照布镜,通过拆散法等方法分析织物结构,并画出织物组织的上机工艺图。

④ 根据测试结果,对所测服装材料进行正确的分析与评价。

三、试验原理和方法

(一)试验原理

根据国家标准测定织物的主要物理指标,如织物的长度、幅宽、织物的单位面积质量、织物的密度与紧度以及织物的厚度等。利用织物的拆散法和分析织物的组织结构、色纱的排列以及所采用的纱线原料等,制定出织物的上机工艺图。

(二)试样方法

① 根据织物中面料的布边、不同方向纱线的状态、强度、经、纬密度大小、织物纹理图案等鉴别织物经、纬向。

② 根据织物布面质量(疵点、接头等)、织纹和花纹清晰程度、织物表面光泽、定型针眼的凹凸等鉴别织物正、反面。

③ 根据前面所述的方法,测定出织物的长度、幅宽、单位面积质量和厚度等物理指标。

④ 利用密度镜,分析机织物经、纬密度,计算出织物的紧度。

⑤ 利用密度镜、针等工具,通过拆散法分析织物组织,并确定上机工艺图。

拆散法分析织物组织结构时,要注意:

a. 在拆开纱线和检查组织之前,应在纱缨上作好起点的记号,常用方法是在纱缨上剪一个缺口,然后再逐根检查交织情况,逐根进行记录。

b. 用组织点直接记录在意匠纸上,直至得到织物的组织循环为止,或者将交织情况首先用数字记录下来,这样连续分析若干根纱线就可以得到织物的组织循环,然后将分析结果绘在意匠纸上。

c. 分析织物时,拆开处的范围至少应不小于两个组织循环,这样便于复查分析的结果。

四、试验条件

织物密度器、放大镜、照布镜、镊子、剪刀、钢尺、分析针、意匠纸、笔、烘箱、电子天平等。

五、试验步骤

① 取样，取样时要考虑取样位置及取样大小。

② 确定织物的正反面。

③ 确定织物的经纬向。

④ 测定织物的长度、幅宽和织物单位面积质量。

⑤ 测试织物经、纬密度与紧度，测试方法可选择采用密度镜或放大镜等方法进行。

⑥ 采用织物厚度仪，测定织物的厚度。

⑦ 分析织物组织，分析方法可采用拆线法、照布镜直接观察法等进行。

⑧ 分析试验结果并进行讨论、总结。

思考题

1. 试验小样根据哪些特征确定织物正反面与经纬向？

2. 试验小样采用哪种经、纬密度测定与结构分析方法较好？分析时应该注意什么问题？

3. 分析织物经、纬密度与织物外观和性能的关系？

本章小结

本章内容为服装材料的一般性能检测，包括验证性试验和综合性、设计性试验两部分，主要介绍了服装面料的基本物理指标的含义和测试方法。通过本试验的学习和实践操作，要求学生了解服装材料的基本物理指标，掌握检测服装材料几种基本物理指标的方法，掌握织物组织结构分析的方法和要领，通过分析织物，了解织物结构与外观和性能的关系。提高综合分析能力，以便对所检测的服装材料作出正确的评价和应用。

参考文献

［1］刘静伟. 服装材料试验教程［M］. 北京：中国纺织出版社，2000.

［2］张红霞. 纺织品检测实务［M］. 北京：中国纺织出版社，2007.

［3］万融，刑声远. 服用纺织品质量分析与检测［M］. 北京：中国纺织出版社，2006.

［4］王瑞. 纺织品质量控制与检验［M］. 北京：化学工业出版社，2006.

［5］翟亚丽. 纺织品检验学［M］. 北京：化学工业出版社，2009.

［6］徐蕴燕. 织物性能与检测［M］. 北京：中国纺织出版社，2007.

［7］杨瑜榕. 纺织品检验实用教程［M］. 厦门：厦门大学出版社，2011.

试验四　服装材料的基本力学性质

本章知识点: 1. 织物的拉伸性能
　　　　　　　 2. 织物的撕裂性能
　　　　　　　 3. 织物的纰裂性能
　　　　　　　 4. 织物的顶破性能
　　　　　　　 5. 织物的弯曲性能
　　　　　　　 6. 综合性、设计性试验

第一部分　验证性试验

服装材料的基本力学性质是指服装材料在各种机械外力作用下所呈现的性质,主要包括拉伸、撕裂、纰裂、顶破、弯曲等性质。

一、织物的拉伸性能

（一）基本知识

织物在使用过程中,受到各种不同的物理、机械、化学等作用而逐渐遭到破坏。在一般情况下,机械力的作用是主要的。

拉伸断裂试验目前主要采用单向拉伸,即测试织物试条的经(纵)向强力、纬(横)向强力,或与经纬向呈某一角度的强力,一般适用于机械性质具有各项异性、拉伸变形能力较小的制品。主要指标有断裂强力、断裂伸长、断裂伸长率、断裂功等。

断裂强力是指试样拉伸至断裂时所测得的最大拉伸力,也称断裂负荷,以牛顿(N)为单位。它表示织物抵抗拉伸力破坏的能力,是评定织物内在质量的一个重要指标,也是评定日光、洗涤、摩擦及各种整理对织物内在质量影响的指标。

断裂伸长是指织物试样拉伸至断裂时产生的最大伸长,用毫米或厘米表示。试样断裂伸长与试样原长的百分比称为断裂伸长率。断裂伸长(断裂伸长率)表示织物所能承受的最大拉伸变形能力。断裂伸长率同样也是评定织物内在质量的重要指标之一。

断裂功是指织物受力拉伸至最大负荷时断裂,外力对织物试样所做的功,也称拉伸断裂能,其单位为 N·cm。断裂功相当于织物拉伸至断裂时所吸取的能量,也即织物所具有的抵抗外力破坏的内能。在一定程度上可以认为,织物的这种能量越大,织物越坚牢。应该指出,断裂功是一次性的拉伸,而实际服用中的织物并不是受一次外力作用,而是小负荷或小变形下反复多次的结果。

在进行拉伸断裂试验时,试条的尺寸及其夹持方法对试验结果影响较大。常用的试条及其夹持方法有:扯边纱条样法、剪切条样法及抓样法。扯边纱条样法试验结果不匀率较小,用布节约。抓样法试样准备较容易、快速,试验状态比较接近实际情况,但所得强度、伸长值略高。剪切条样法一般用于不易抽边纱的织物,如缩绒织物、毡品、非织造布及涂层织物等。我国标准规定采用扯边纱条样法。如果试样是针织物,可采用梯形试条或环形试条。试条的工作长度对试验结果有显著影响,一般随着试样工作长度的增加,断裂强度与断裂伸长率有所下降。标准规定一般织物为 20 cm,针织物和毛织物为 10 cm。特别需要时可自行规定,但所有试样必须统一。

(二)试验准备

1. 试样形状

根据织物的品种不同,试样的形状有以下三种形式。

(1)拆边纱法条样

用于一般机织物试样。裁剪的试样宽度应比规定的有效试样宽度宽 5 mm 或10 mm(按织物紧密程度而定),然后通过拆边纱法从试样宽度两侧拆去数量大致相等的纱线,直至试样宽度符合规定要求,以确保试验过程中纱线不会从毛边中脱出。

(2)剪切法条样

适用于针织物、涂层织物、非织造布和不易拆边纱的机织物试样。

(3)抓样法条样

试样宽度大于夹持宽度。适用于机织物,特别是经过重浆整理的、不易拆边纱和高密度织物。

2. 预加张力

按以下原则确定预加张力:

①按试样的单位面积质量来决定(表 4-1)。

②当断裂强力低于 20N 时,按概率断裂强力的(1±0.25)%确定预加张力。

③抓样法的预加张力,采用织物试样的自重即可。

④试样在预加张力作用下产生的伸长大于 2%时,应采用无张力夹持法(即松式夹持)。这对伸长变形较大的针织物和弹力织物更合适。

3. 试验环境

按照 GB 6529—2008 预调湿、调湿和试验。

表 4-1 预加张力的确定

试样单位面积质量(g·m^{-2})		预加张力(N)
一般织物	非织造布	
≤200	≤150	2
200~500	150~500	5
≥500	≥500	10

(三)试验方法和步骤

1. 取样

从批样的每一匹中随机剪取至少 1 m 长的全幅作为试验室样品,但离匹端至少 3 m。保证样品没有折皱和明显的疵点。从每一个试验室样品剪取两组试样,一组为经向或纵向试样,另一组为纬向或横向试样。每组试样至少包括 5 块试样,另预备试样若干。如有更高精度要求,应增加试样数量。

试样的剪裁尺寸和工作尺寸见表 4-2。

表 4-2 试样剪裁、工作尺寸表

织物品种	剪裁尺寸(mm)		工作尺寸(mm)		注
	长	宽	长	宽	
棉及棉型化纤织物	300～360	60	200	50	拉去边纱
毛及毛型化纤织物	250	60	100	50	一般毛织物拉去边纱,重缩织物可不拉边纱
针织物	200	50	100	50	不拉边纱沿线圈行(列)剪取

2. 试验步骤

① 对仪器夹持距离进行调整。

② 选取预加张力。根据标准规定,以织物单位面积质量来确定张力值,见表 4-1。

③ 根据标准规定设定试验参数。

④ 调整拉伸速度。

⑤ 根据操作说明装夹试样。

⑥ 启动仪器进行拉伸性能测试,对测试结果进行分析、处理。

3. 注意事项

① 如果试样在钳口处滑移不对称或滑移量大于 2 mm 时,舍弃试验结果。

② 如果试样在距钳口 5 mm 以内断裂,则作为钳口断裂。当 5 块试样试验完毕后,若钳口断裂的值大于最小的"正常值",可以保留;如果小于最小的"正常值",应舍弃,另加试验以得到 5 个"正常值";如果所有的试验结果都是钳口断裂,或得不到 5 个"正常值",应报告单值,钳口断裂结果应在报告中注明。

③ 如果使用平整夹钳不能防止试样的滑移时,应使用其它形式的夹持器。

④ 如果要求测定织物的湿强力,则剪取的试样长度应为干强试样的两倍,每条试样的两端编号后,沿横向剪为两块,一块用于干态的强力测定,另一块用于湿态的强力测定。根据经验或估计浸水后收缩较大的织物,测定湿态强力的试样长度应比干态试样长一些。

(四)结果计算

1. 计算试样的经、纬向平均断裂强力(N)

计算精度:平均值≤10 N,修约至 0.1 N;10 N<平均值<1 000 N 时,修约至 1 N;平均值≥1 000 N,修约至 10 N。

2. 计算试样的经、纬向断裂伸长率及其平均值

预张力夹持试样时:

$$断裂伸长率 = \frac{\Delta L}{L_0} \times 100\% \tag{4-1}$$

松式夹持试样时:

$$断裂伸长率 = \frac{\Delta L'}{L_0'} \times 100\% \tag{4-2}$$

式中:ΔL 为预张力夹持试样时的断裂伸长(mm);L_0 为试样夹持长度(mm);$\Delta L'$ 为松式夹持试样时的断裂伸长(mm);L'_0 为松式夹持试样达到规定预张力时的长度(mm)。

断裂伸长率平均值的计算精度,按数字修约规则修约。平均值≤8%时,修约至0.2%;8%<平均值<50%时,修约至0.5%,平均值≥50%时,修约至1%。

二、织物的撕裂性能

(一)基本知识

织物在穿用中,由于被物体勾住或局部握持,织物边缘某一部位受到集中负荷作用,使织物内局部纱线逐根受到最大载荷而断裂,结果撕成裂缝的现象,称为撕裂,也称撕破。评价撕裂性能的主要指标是撕裂强力,即织物抵抗撕裂的最大能力,其单位为 N。

织物的撕破是比较常见和容易发生的一种破坏形式。由于裂口处局部受力的特殊性,织物撕裂强度远小于其拉伸断裂强度。往往由于局部撕裂破坏而造成织物失去使用价值。同时撕破强度指标是衡量织物在使用过程中局部受力时的抗损能力的主要质量指标。织物的其他力学破坏形式(顶破、磨损等)也常都以撕破为最终破坏形式出现,为了提高织物的寿命,必须研究织物撕破。

目前织物撕裂性能的常用测试方法有三种:冲击摆锤法、舌形试样法、梯形试样法。这三种方法均适用于机织物和用其它生产技术生产的织物,不适用于针织物、机织弹性织物等的撕破强力以及有可能产生撕裂转移的经纬向差异大的织物和稀疏织物的测定。

冲击摆锤法是将试样固定在夹钳上,将试样切开一个切口,释放处于最大势能位置的摆锤,当动夹钳离开固定夹钳时,试样沿切口方向被撕裂,把撕破一定长度所做的功换算成撕裂力。该法是利用能量转换原理,测定撕破规定长度的织物消耗的能量。

舌形试样撕破强力的测定是将舌形试样夹入拉伸试验仪的夹钳中,使试样切口线在上下夹钳之间成直线。开动机器将拉力施于切口方向,记录直至撕裂到规定长度内的撕破强力,并根据自动绘图仪绘出的曲线上的峰值或通过装置计算出撕破强力。

梯形试样的撕破强力的测定是在一规定尺寸的条形试样上按要求画一个等腰梯形,并在梯形短边正中部位开剪一条一定长度的切口,然后用强力试验仪的夹钳夹住梯形两腰,对试样施加连续增加的力,使撕破沿试样切口线向梯形的宽度方向延展,直至试样全部撕破,测定出平均最大撕破力,单位为牛顿(N)。

(二)冲击摆锤法

1. 试样准备

每个试验室样品应裁剪经向和纬向两组各 5 块试样,试样的短边与经向平行的称为"纬向撕裂试样",试样短边与纬向平行的称为"经向撕裂试样"。试样尺寸如图 4-1 所示,单位为 mm。

2. 试验程序

(1)选择摆锤质量

选择摆锤的质量,使试样的测试结果落在相应标尺 15%~85% 范围内。校正仪器的零位,将摆锤升到起始位置。

(2)安装试样

试样夹在夹钳中,使试样长边与夹钳的顶边平行。将试样夹在中心位置,轻轻将其底边放至夹钳的底部,在凹槽对边用小边切一个(20±0.5)mm的切口,余下的撕裂长度为(43±0.5)mm。

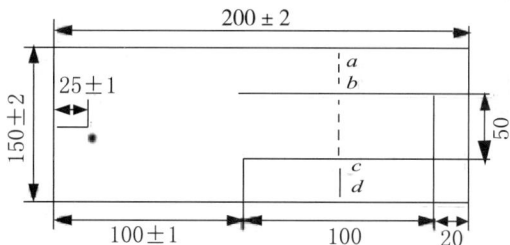

图 4-1　试样尺寸图(单位:mm)

(3)测定

按下摆锤停止键,放开摆锤。当摆锤回摆时握住它,以免破坏指针的位置,从测盘装置标尺分度值或数字显示器读出撕破强力,单位为牛顿(N)。检查结果是否落在所用标尺的15%～85%范围内。每个方向至少重复试验5次。

(4)结果的取舍

观察撕裂是否沿力的方向进行,纱线是否从织物上滑移而不是被撕裂。如果织物未从夹钳口滑移,撕破一直在15 mm宽的凹槽区内,此次试验是正常的,否则结果要剔除。如果5块试样中有3块或3块以上被剔除,则此方法不适用。

3. 试验结果

计算经向及纬向撕破强力的平均值,单位为牛顿(N),修约到一位小数。如果只有3个或4个试样是正常撕破的,另外写出试样的每个测试结果。如有需要,记录样品每个方向的最大及最小的撕破强力。

(二)舌形法

1. 试样准备

舌形试样长(图 4-2)为(220±2)mm,宽为(150±2)mm,在试样的宽度中间部位,裁剪出一块平行于长度方向的舌形[长为(100±1)mm,宽为(50±1)mm],在距舌端50(±1)mm处的试样两边画一条直线 abcd。在条样中间距未切割端(25±1)mm处标出撕裂终点。

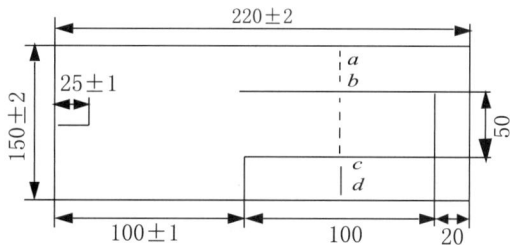

图 4-2　舌形试样尺寸(单位:mm)

试样的裁剪应注明试样的织物方向，当矩形长条试样的长边平行于经向时，称为"纬向撕破试样"，当试样长边平行于纬向时，称为"经向撕裂试样"。经纬向试样各裁 5 块。

2. 试验程序

(1)隔距长度设置

将拉伸仪的隔距长度设定为 100 mm。

(2)拉伸速率设置

将拉伸仪的拉伸速率设定为 100 mm/min。

(3)试样的安装

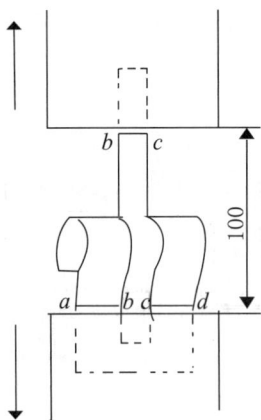

图 4-3　舌形试样夹持方法

如图 4-3 所示，将试样的舌头夹在夹钳的中心且对称，使直线 bc 刚好可见。将试样的两长条对称地夹入仪器的移动夹钳中，使直线 ab 和 cd 刚好可见，并使试样的两长条平行于撕力方向。注意保证每条舌形被固定于夹钳中，能使撕裂开始时平行于撕力所施的方向。不加预张力并避免松弛现象。

(4)操作

开动仪器，使撕破持续至试样的终点标记处。用记录仪或电子记录装置记录每个试样在每一织物方向的撕破强力(N)和撕破长度。

观察撕破是否是沿所施加力的方向进行，以及是否有纱线从织物中滑移而不是被撕裂的现象。如果试样没有从夹钳中滑移的情况，且撕裂是沿着施力方向进行的，则此试验结果可被确认，否则结果应剔除。

如果 5 个试样中有 3 个或更多试样的结果被剔除，则可认为此方法不适用于该样品。

3. 试验结果

(1)峰值的选择

将第一个峰和最后一个峰之间等分成四个区域，舍去第一个区域的峰值，其余三个区域内，在每个区域选择并标出两个最高峰和两个最低峰。选择峰值时，该峰两侧强力下降段的绝对值至少超过上升段的绝对值10％，否则不应选取。

(2)峰值的平均值

计算每个试样的 12 个峰值的算术平均值，单位为牛顿(N)，并保留两位有效数字，如果需要，可记录这三个区域内的最大和最小峰值。

(3)撕破强力的计算

计算同方向的样品的撕破强力的总的算术平均值，单位为牛顿(N)，并保留两位有效数字。如果只有 3 个或 4 个试样是正常撕破的，应另外分别注明每个试样的试验结果。

(三)梯形法

1. 试样准备

剪下试样尺寸约 75 mm×150 mm，用样板在每个试样上画等腰梯形，剪一个切口(如图 4-4 所示，单位为 mm)。一般在经向(纵向)和纬向(横向)各剪 5 块试样，试样不得取自样品边。

2. 试验程序

（1）选择参数

设定两夹钳间距离为(25±1)mm,拉伸速度为 100 mm/min,选择适宜的负荷范围,使断裂强力落在满刻度 10%～90% 范围内。

（2）夹持试样

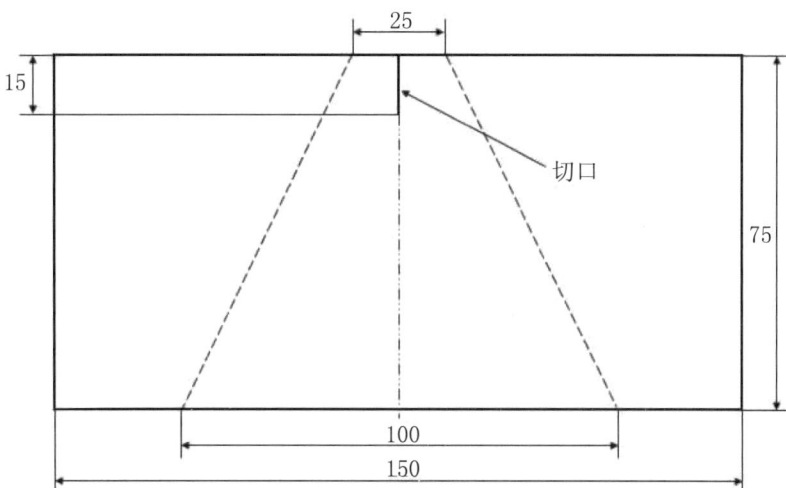

图 4-3　梯形试样尺寸

沿梯形两腰夹住试样,使切口位于两夹钳中间,梯形短边保持拉紧,长边处于折皱状态。

（3）测定

启动仪器,记录撕破强力(撕破强力通常不是一个单值,而是一系列峰值),单位为牛顿(N),如果不是沿切口线撕裂的,不作记录。

3. 试验结果

计算经向(纵向)和纬向(横向)每块试样在记录纸上一系列峰值的算术平均值,然后计算经向(纵向)与纬向(横向)五块试样结果的算术平均值,修约到一位小数。

（四）注意事项

① 撕破时纱线是从织物中滑移而不是被撕裂、撕破不完全或不是沿着施力方向撕破的,则试样应剔除。如果 5 个试样中 3 个以上被剔除,则可认为此方法不适用于该样品。

② 对于某些特殊的抗撕织物,如松散织物、裂缝织物和用于技术应用方面的(如涂层或气袋)人造纤维织物,推荐使用将试样宽度放宽的宽型舌形试样法试验。用于夹持的每条裤腿从外面折叠平行并指向切口,使每条裤腿的夹持宽度是切口宽度的一半,夹钳宽度至少是试样宽度的一半。

③ 保持摆锤型试验仪的水平相当重要,当摆锤摆动时,仪器的移动是误差的主要来源。仔细固定仪器,使摆锤摆动过程中仪器没有明显的移动,用内装的水平泡调节试验仪的水平。

④ 试样裁剪应准确,要保证各方法中规定的尺寸,包括试样长度、有效宽度、切口长度、撕裂长度、夹持距离等。

⑤ 试验方向指纱被撕断的方向，即与切口垂直的方向，如单舌撕破中经向试样的经纱沿宽度方向，而梯形法相反。

⑥ 切口应沿经纱或纬纱方向剪取，否则在撕裂过程中裂口就会有可能偏离切口方向。

⑦ 试样夹持时，不能使切口处的纱受力。

⑧ 落锤测定中挡板下压要迅速、充分，不能与下摆的扇形锤有摩擦。

三、织物的纰裂性能

纰裂也称缝口脱开程度，是反映织物缝合性能的一个指标。纰裂是指经缝合的面料受到垂直缝口的拉力作用时，使横向纱线在纵向纱线上产生滑移，所呈的稀缝或裂口。它反映了织物制成服装后接缝的有效性，也直接影响着服装的外观和视觉风格，严重时甚至使服装报废。我国梭织服装大多将缝口脱开程度作为考核指标，同时对缝口脱开程度的试验方法和条件也做出了明确的规定。

1. 原理

在垂直接缝方向上施加一定负荷，接缝处脱开，测量其脱开的程度。

2. 仪器设备

① 等速伸长型拉伸试验仪（CRE），满足有效夹持面积尺寸为 25 mm×25 mm。

② 家用缝纫机。

③ 分度为 0.5 mm 的测量尺。

3. 试验程序

① 在距布边至少 15 cm 处剪取有代表性试样，试样尺寸为 200 mm×100 mm，经纬向各 5 块。经向试样长边平行于纬向，纬向试样长边平行于经向。试样边缘应保证平行于相应的经纱或纬纱，且各块试样之间均不得含有相同的经纱和纬纱。

② 将试样平放在 GB/T 6529 规定的一级标准大气条件下调湿至少 24 h，并于该大气条件下进行试验。

③ 调整缝纫机，将试样沿长边正面在里对折，使两短边重叠，在平行于折痕且距其13 mm 处用缝纫机缝好，并沿折痕将试样剪开。其中，线迹采用锁式线迹（301 型），面线与底线在织物表里层应分布均匀。针号为 14♯，针距为 5.0 针/cm。

④ 设定拉伸试验仪速度为 50 mm/min，隔距为 100 mm，并根据试样类型按表 4-3 设定相应加载负荷。调整仪器后，将待测样固定在两夹钳中，保证接缝与两夹钳边缘平行，且接缝位于两夹钳中间。

表 4-3　负荷选择

织物种类	单位面积质量	施加负荷
服用	≤220 g/m²	60N
	>220 g/m²	120N
装饰用		180N

⑤ 启动仪器，分开两夹钳，待试验仪逐渐增至规定负荷后，立即以相同速度将负荷减小至 5 N，并在此时固定夹钳的移动，用量尺在 30 s 内量取接缝处裂开的最大距离，精确

至 0.5 mm,如图 4-5 所示(单位:mm)。

⑥ 重复上述步骤,直至完成所有 10 个试样的测试。

4. 结果计算

分别计算 5 块经向和 5 块纬向试样接缝处脱开最大距离的平均值,按 GB/T 8170 修约至最接近的 1 mm。

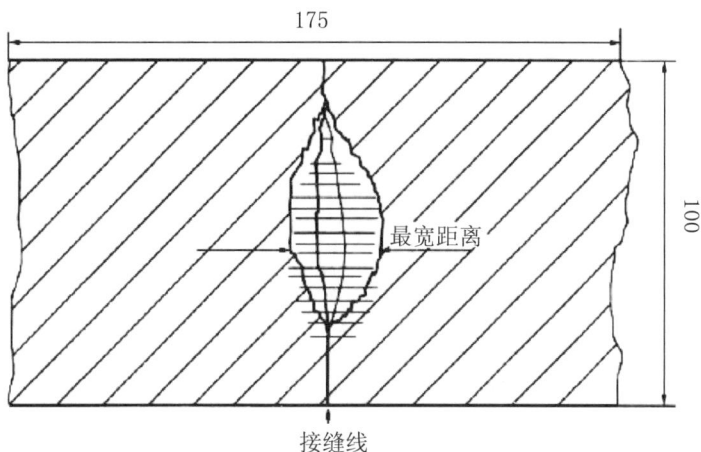

图 4-5　接缝裂开距离的测量

四、织物的顶破性能

(一)基本知识

顶破是指织物在垂直于织物平面的外力作用下,鼓起扩张而逐渐破坏的现象。顶破的受力方式与单向拉伸断裂不同,它属于多向受力破坏。服装的肘部、膝部的受力情况,袜子、鞋面布、手套等的破坏形式,降落伞、气囊袋、滤尘袋等的受力方式都属于这种类型。对于某些延伸性较大的针织物(如纬编针织物),顶破试验更具优越性。顶破试验机有弹子式、气压式及液压式等类型。

弹子顶破试验仅能获"顶破强力"一项指标,而液压式和气压式胀破试验除了可测出"胀破强度"外,还可测出胀破扩张度和胀破时间。

(二)弹子式顶破法

1. 试验原理

将试样固定在夹布圆环内,弹子按一定速度垂直顶向试样,直至顶破,仪器自动显示顶破强度。

2. 试样

试样要求布面平整,不得有影响试验结果的严重疵点。试样尺寸应满足大于环形夹持装置面积,试样数量至少 5 块。

试样应在标准大气(温度(20±3)℃、相对湿度(65±3)%,下调湿 24 h 以上,并在该标准大气下测试。

3. 试验程序

①检查仪器各部位是否正常。校正强力指针至"0"位,开动电动机,使顶破弹子升至

最高位置。

②参数设定。设定力的量程,使输出值在满量程的10%～90%之间。设定试验仪的速度为(300±30)mm/min。

③将试样放入夹布圆环内并旋紧,再将其平放在布夹头上。

④按启动扳手进行试验。待试样完全顶破后,推启动扳手,使仪器回复原位。

⑤记录顶破强力值,精确至0.01 kg。

⑥将强力指针拨回0位,重复上述步骤,测完5块试样。

如果试样夹得不紧,就会从圆环中滑出,或者试样的顶破变形过大,都会发生试样顶不破现象。此时试验结果无效,另换一块试样重做。

4. 试验结果

计算5块试样的顶破强力算术平均值,精确至小数点后一位,以牛顿(N)表示。

(三)液压式胀破法

1. 试验原理

将一定面积的试样覆在弹性膜片上,并用一个规定尺寸的环形夹具固定。在膜片下平缓地增加流体压力,直至试样破裂。

2. 试样

试样布面平整,不得有影响试验结果的严重疵点。试验前将样品充分暴露在规定的试验用标准大气中,直至达到吸湿平衡。试样试验面积优先选用50 cm²(直径79.8 mm)。

采用环形夹持的方法一般在试验中允许不裁剪试样,一般采取两种取样方法,织物采用甲法,服装采用乙法。

(1)甲法——梯形法

各试样呈梯形排列,并要求至少距离织物边1/10幅宽处取样。

(2)乙法——不同部位取样

试样应取自不同部位并相互间隔至少70 mm,取样尽可能具有代表性。

常规试验时每个样品至少测试5次,仲裁检验时每个样品需测试10次,并均应附加两个预试样。

3. 试验程序

①检查、校准仪器。检查仪器各部位是否正常;必要时可用标准膜片对仪器的综合性能进行校验;弹性膜片发生明显变形时必须更换。

②设定参数。在100～500 cm/min范围内设定恒定的体积增长速率,或试验前将事先准备的两个附加试样进行预试,调节试验的胀破时间在(20±5)s的规定范围内。试样试验面积50 cm²(直径79.8 mm)。

③测定。将试样覆盖在膜片上,呈平坦无张力状态,用环形夹具牢固地夹紧试样,防止在试验中滑移。加压时注意试样不得被夹具损坏。将扩张度记录装置调整至零位,根据仪器的要求拧紧安全盖。对试样施加压力,直至其被破坏。

④膜片压力的测定。采用与上述试验相同的试验面积、体积增长速率或胀破时间,在没有试样的条件下膨胀膜片,直至达到有试样时的平均胀破高度或平均胀破体积,以此胀破压力作为膜片压力。

4．试验结果

（1）胀破强力

胀破压力的算术平均值减去膜片压力即得到胀破强力，以千帕（kPa）表示。

（2）胀破扩张度

计算试样胀破扩张度的算术平均值，以毫米（mm）表示，修约到小数点后一位。

五、织物的弯曲性能

织物受到与自身平面垂直的力或力矩作用时会产生弯曲变形。织物的弯曲性能与织物的刚柔性有关。

（一）KES—F 弯曲性能试验

1．原理

将试样夹持在固定夹头与移动夹头之间，移动夹头由 Y 轴位置向水平轴方向按纯弯曲曲线移动到 X 轴位置，织物下面呈弓形弯曲（图 4-6），然后缓慢移动夹头回到 Y 轴。接着移动夹头向反向（-X 方向）移动，直至与 X 轴重合，织物反面呈弓形弯曲，再使移动夹回到 Y 轴。至此，完成一个弯曲循环，根据弯曲曲线（图 4-7）就可算出有关弯曲性能指标。

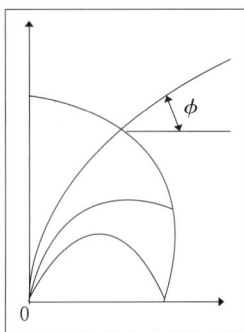

图 4-6　织物正面弯曲轨迹俯视图

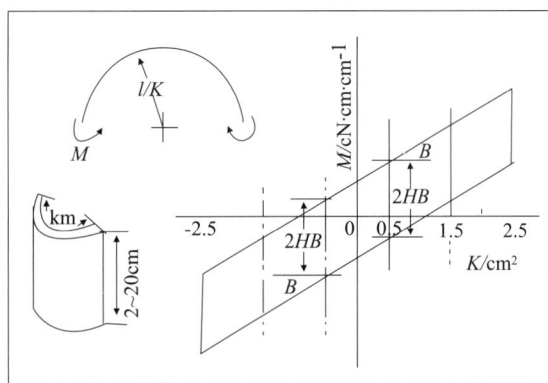

图 4-7　织物弯矩与曲率半径关系曲线

2．试样

裁取长 5 cm（实际测量夹持长度为 1 cm）、宽 20 cm 的试样，经、纬向各 5 块，分别做好标记。

3. 结果表示与计算

①平均弯曲刚度 B：表示织物抗弯曲变形能力。

$$B=1/2\times(B_1+B_2)(\text{cN}\cdot\text{cm}^2/\text{cm})\tag{4-3}$$

②平均弯曲滞后值 $2HB$：表示织物弯曲变形中的黏性大小。该值愈大，弯曲弹性愈差。

$$2HB=1/2\times(H_1+H_2)(\text{cN}\cdot\text{cm}/\text{cm})\tag{4-4}$$

式中：B_1，B_2 分别为压弯曲线和回复曲线在曲率为 0.5 和 1.5 cm^{-1} 及 0.5 和 -1.5 cm^{-1} 间的斜率；H_1，H_2 分别为压弯曲线和回复曲线上曲率 K 为 ±0.5 cm^{-1} 处弯矩的差值（即两曲线间的宽度，$\text{cN}\cdot\text{cm}/\text{cm}$）。

(二)FAST—2 弯曲性能试验

1. 原理

将条状试样放在仪器的测量平面上，然后缓慢向前推移，使试样一端逐渐脱离平面支托呈悬臂梁状，受试样本身重力作用，当试样一端下弯到与 $41.5°$ 斜面相接触时，隔断光路，此时试样伸出支托面的长度即为弯曲长度 L_B，据此可计算出弯曲刚度 B，作为织物抗弯性的指标(图 4-8)。

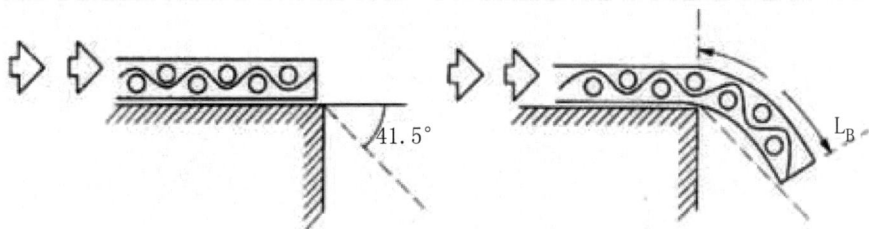

41.5°

L_B

图 4-8 FAST-2 弯曲试验仪测试原理

2. 试样

裁取 200 mm$\times50$ mm 的试样，经、纬向各 5 块，分别做好标记。

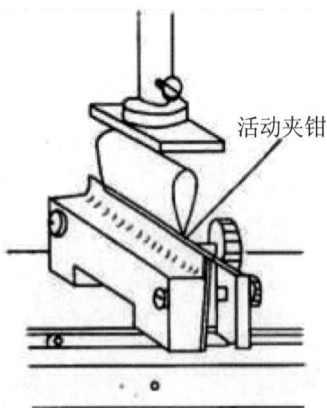

活动夹钳

图 4-9 YG821 抗弯试验装置简图

3. 结果表示和计算

仪器自动显示并打印输出弯曲长度 L_B(mm)。弯曲刚度按下式计算：

弯曲刚度 $B=9.18\times10^{-8}WL_B^3(\text{cN}\cdot\text{cm}^2/\text{cm})\tag{4-5}$

式中：W 为试样单位面积质量(g/m^2)。

(三)YG821 弯曲性能试验

1. 原理

测试装置如图 4-9 所示，试样被对弯成弓状弯曲后两端固定在下夹钳中，当与应力传感器相连的压头从弓顶上逐渐下压时，弓状弯曲部分的弯曲应力 P 与压头下降位移 L 的关系曲线如图 4-10 所示中的上面一根曲线。当试样受压位移达到 10 cm 时，压头向上回复，此时弯曲应力

P'与压头上长位移L'的关系曲线如图 4-10 所示中的下面一根曲线,根据曲线提供的应力—应变信息,就可算出反映织物弯曲性能的指标。

2. 试样

裁取经、纬向试样若干块,试样的尺寸为 50 mm×55 mm(图 4-11)。

3. 结果计算

①活络率 L_P(L_P 大,则织物手感活络、弹性好;反之,手感呆滞,保形性差):

$$L_P = (P'_5 + P'_6 + P'_7)/(P_5 + P_6 + P_7) \times 100\% \tag{4-6}$$

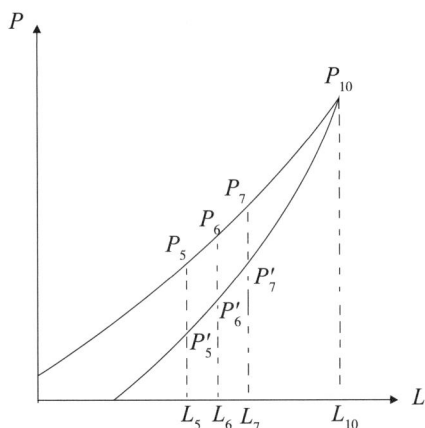

图 4-10　织物弯曲应力 P 与压头位移 L 的关系曲线　　图 4-11　YG821 抗弯试验的试样尺寸(mm)

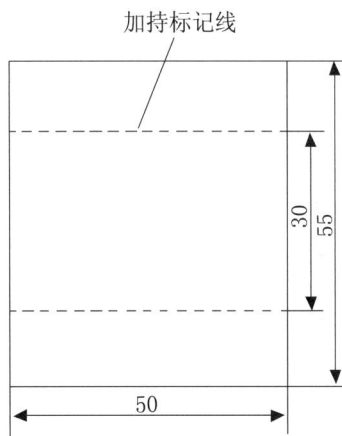

②弯曲刚性 S_B(S_B 大,手感刚硬;反之,手感柔软):

$$S_B = (P_7 - P_5)/(L_7 - L_5)(\text{cN/min}) \tag{4-7}$$

③弯曲刚性指数 S_{BI}(是 S_B 的相对值,可用于同品种不同规格织物间的比较):

$$S_{BI} = S_B/T_0(\text{cN/min}) \tag{4-8}$$

④最大抗弯力 P_{max}(其物理含义与 SB 相同):

$$P_{max} = P_{10}(\text{cN}) \tag{4-9}$$

计算以上指标的平均值,修约至 1 位小数。以百分率表示的指标保留 2 位小数。

式中 P_5,P_6,P_7,P_{10} 分别为试样弓状弯曲部分受压位移为 5 mm、6 mm、7 mm、10 mm 时的负荷显示值(cN);P'_5,P'_6,P'_7 分别为试样弓状弯曲部分回复至位移为 5 mm、6 mm、7 mm时的负荷显示值(cN);L_5、L_7 分别为弓状弯曲部分受压位移为5 mm、7 mm;T_0 为织物表观厚度(mm,用测厚仪测量)。

当预显示值 P_0 不为 0 时,在 L_P 的算式中需在分子、分母上各减 3P_0 或 P_{max}减 P_0。

第二部分　综合性、设计性试验

一、试验目的

了解织物基本力学性能的内容和概念,熟悉织物拉伸性能、撕裂性能、顶破性能、纰裂性能以及弯曲性能的测试原理及方法,能够用不同的仪器对织物的力学性能进行测试。

二、试验内容

本试验以机织物为例,测试织物的基本力学性能,包括拉伸、撕裂、顶破、纰裂和弯曲性能,最终对织物的力学性能进行综合评价。

三、试验原理和方法

根据本章前面所述的拉伸、撕裂、顶破、纰裂及弯曲性能的试验原理,选择合适的测试方法,对机织物的力学性能进行测试,分析测试结果,最后综合评价织物的基本力学性能。

四、试验条件

万能强力机、落锤式织物撕裂仪等,机织物若干。

五、试验步骤

① 取样。
② 拉伸性能测试。
③ 撕裂性能测试。
④ 顶破性能测试。
⑤ 纰裂性能测试。
⑥ 弯曲性能测试。
⑦ 试验结果分析。
⑧ 综合评定织物的力学性能。

思考题

1. 织物拉伸性能中的表达指标有哪些?影响织物拉伸性能的因素有哪些?
2. 织物撕裂性能中三种测试方法的基本原理和撕破特征有何不同?
3. 顶破试验中,弹子顶破和液压式胀破法相比较,对织物的作用有何异同?
4. 什么是纰裂?影响织物纰裂性能的因素有哪些?
5. 织物弯曲性能的测试方法有哪些?分别说明其测试原理。

本章小结

本章主要介绍了服装材料的基本力学性质,包括验证性试验和综合性、设计性试验两部分,主要介绍了织物的拉伸、撕裂、顶破、纰裂以及弯曲性能,通过学习及试验操作,要求学生了解织物基本力学性能的内容和概念,熟悉织物拉伸性能、撕裂性能、顶破性能、纰裂性能以及弯曲性能的测试原理及方法,能够用不同的仪器对织物的力学性能进行测试,是对学生的试验技能的综合训练,培养学生的综合分析能力、动手能力、数据处理以及查阅资料的能力。

参考文献

［1］刘静伟. 服装材料试验教程［M］. 北京：中国纺织出版社，2000.

［2］吴坚，李淳. 家用纺织品检测手册［M］. 北京：中国纺织出版社，2004.

［3］张红霞. 纺织品检测实务［M］. 北京：中国纺织出版社，2007.

［4］王瑞. 纺织品质量控制与检验［M］. 北京：化学工业出版社，2006.

［5］翟亚丽. 纺织品检验学［M］. 北京：化学工业出版社，2009.

［6］徐蕴燕. 织物性能与检测［M］. 北京：中国纺织出版社，2007.

［7］杨瑜榕. 纺织品检验实用教程［M］. 厦门：厦门大学出版社，2011.

［8］余序芬. 纺织材料试验技术［M］. 北京：中国纺织出版社，2004.

试验五　服装材料的耐久性

本章知识点：1. 服装材料耐久性基本知识
　　　　　　2. 织物的力学耐久性
　　　　　　3. 织物的耐钩丝性
　　　　　　4. 织物的耐老化性
　　　　　　5. 综合性、设计性试验

第一部分　验证性试验

一、基本知识

织物的力学性能是指织物在各种机械外力作用下所呈现的性能。它是织物的基本性能。织物抵抗因外力引起损坏的性质称为织物的耐久性，大多是通过测试织物的拉伸断裂、顶破、撕裂以及耐磨性等来反映这一性能的。织物的耐久性一般指材料与使用寿命有关的耐力学、热学、光学、电学、化学、生物老化的性质，还涉及织物形态、颜色、外观的保持性，即织物性状的持久与稳定。织物在小负荷作用下呈现的性质近年来备受人们的关注，如织物耐磨性、耐钩丝性、耐老化性等。

狭义的耐久性（durability）是指性状的持久与稳定。

二、织物的力学耐久性

（一）织物的耐疲劳性

1. 织物在静态机械外力作用下的疲劳

（1）疲劳现象与机理

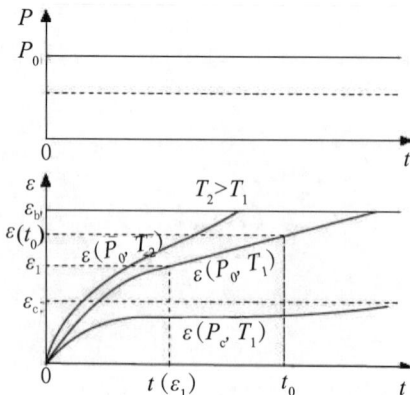

图 5-1　静力作用下的伸长率与时间曲线

织物(或纤维、纱线)在较小拉伸力作用下直至断裂,是"疲劳"现象。

(2)疲劳性的测量与表达

织物在静态下的疲劳性一般用临界伸长率来表述。临界伸长率定义为织物在临界力的作用下,在极长的时间内,仍无法达到破坏而达到的临界伸长率,也称极限弹性伸长率。具体如图 5-1 所示。

2. 织物在动态机械外力作用下的疲劳

(1)疲劳现象与机理

织物(或纤维、纱线)经受多次加负荷—去负荷(负荷远远小于断裂负荷)的反复拉伸循环作 用,即在重复(交变)外力或伸长作用下性能衰退直至破坏,称为动态"疲劳"现象。

(2)定负荷疲劳及测试

定符合疲劳测试用弹性功回复率和弹性伸长回复率来表述(图 5-2)。

弹性功回复率:$R_w = \dfrac{S_e}{S_c}$,弹性伸长回复率:$R_e = \dfrac{\omega_2 + \omega_3}{\omega}$。

(3)定应变疲劳及测试

定应变即在织物反复拉伸中,总伸长率保持不变。负荷不断增大,相对作用较剧烈(图 5-3)。

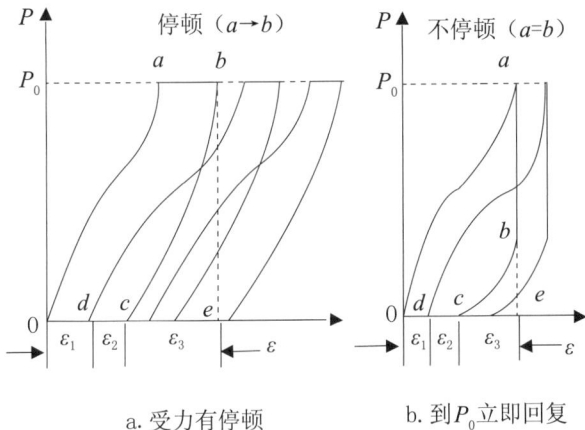

a. 受力有停顿　　b. 到 P_0 立即回复

图 5-2　定负荷反复拉伸曲线

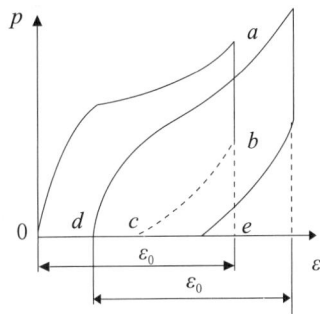

图 5-3　定伸长率(应变)反复拉伸曲线

(4)疲劳极限与循环次数

一般当 $N \geqslant 10^5$ 时,认为材料已能够达到无限反复作用的使用极限,此时的最大应力、应变值即称为疲劳极限。具体如图 5-4 所示。

3. 影响织物耐疲劳性能的因素

织物的耐疲劳性主要取决于三方面的因素。其一是织物的结构,织物结构越稳定,结构中弹性部分越多,则织物越耐疲劳。其二是构成织物的纱线甚至纤维本身的耐疲劳性。其三是试验和使用条件,包括环境温湿度和反复作用的频率及停顿时间。温度和湿度越高,织物越易疲劳;作用频率越高、停顿时间越少时,故织物越不耐疲劳。

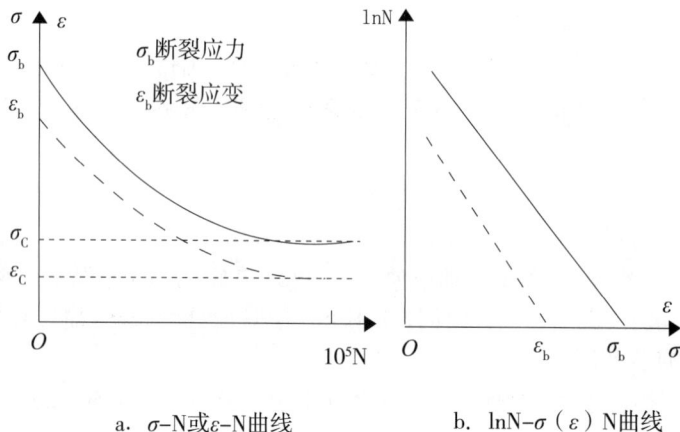

a. σ-N或ε-N曲线　　　　b. lnN-σ（ε）N曲线

图 5-4　疲劳极限与使用寿命曲线

（二）织物的耐磨损性

1. 织物的磨损机理

织物磨损机理：①机械作用，如摩擦中纤维的断裂、切割作用、抽拔作用、表面磨损等；②热学作用，如动态疲劳粘弹损耗、表面摩擦热效应等。具体如图 5-5 所示。

a. 摩擦中纤维的断裂。

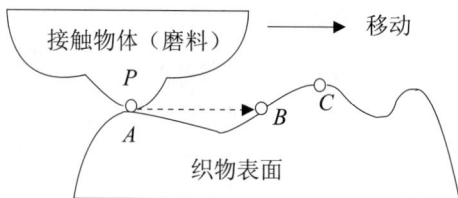

图 5-5　织物表面受到磨损的示意图

b. 纤维从织物中抽出。

c. 纤维被切割断裂。

d. 纤维表面磨损。

e. 摩擦生热作用。

2. 织物耐磨性的测量方法及指标

（1）耐磨仪测量

耐磨测量方法包括平磨（图 5-6）、曲磨（图 5-7）、折边磨（图 5-8）、动态磨（图 5-9）、翻动磨（图 5-10）等。

①平磨。平磨是指织物试样表面在定压下与磨料摩擦所受到的磨损。平磨式磨损测量机构原理示意，见图 5-6。

②曲磨。

③折边磨。

④复合磨，即动态磨。

⑤翻动磨。

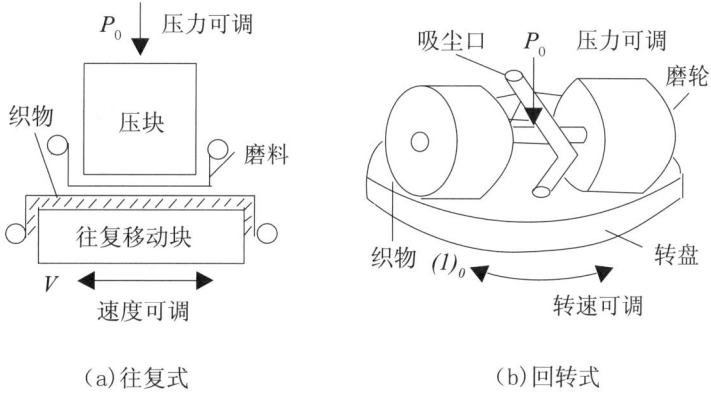

（a）往复式 （b）回转式

图 5-6 平磨式磨损测量机构原理示意图

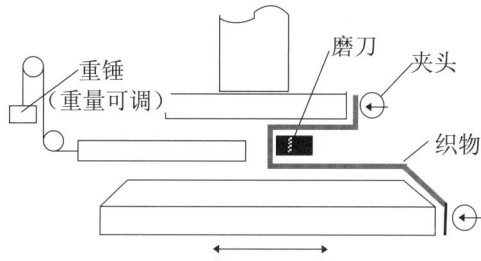

图 5-7 曲磨测定仪

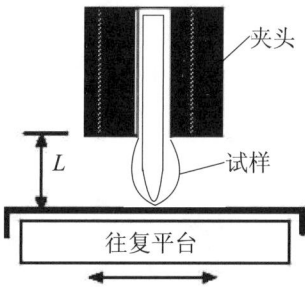

图 5-8 折边磨测定仪

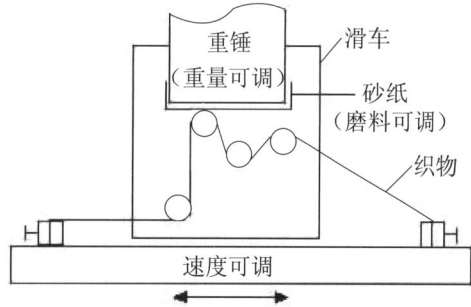

图 5-9 动态磨测定仪

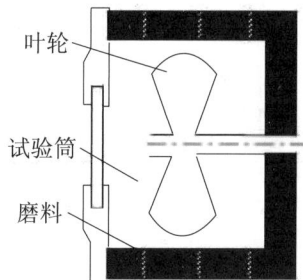

图 5-10 翻动磨测定仪

（2）评价与指标

耐磨性能的评价包括磨破和物理性状衰减（如强度、厚度、质量、表面光泽、透气性等）。

具体指标分为：a. 织物磨断一定根数纱线、出现一定大小破洞或一定变色程度等时的摩擦次数；b. 经一定摩擦次数后的质量损失、外观变化，以及厚度或强度下降率等。

（3）穿着试验

把织物试样做成衣裤、袜子和手套等，组织适合的人员进行穿着，待一定时期后，观察与分析衣裤、袜子和手套等各部位的损坏情况，定出淘汰界限，算出淘汰率。穿着试验的优点是试验结果比较符合实际穿着效果，但穿着试验花费大量人力与物力，而且试验所需时间很长，组织工作复杂。

3. 影响织物耐磨性的主要因素

（1）纤维的性质和几何形状

a. 纤维的几何特征；b. 纤维的力学性能；c. 合成纤维的软化点。

（2）纱线性状

a. 纱线的捻度；b. 纱线的条干；c. 单纱与股线；d. 混纺纱的径向分布。

（3）织物几何结构

a. 织物厚度；b. 织物经、纬密和组织；c. 织物中经、纬纱细度；d. 织物单位面积的重量；e. 织物表观密度与毛羽；f. 织物结构相和支持面。

（4）试验条件

环境的温湿度、摩擦方向及压力等对织物耐磨性有较大影响。

（5）后整理

树脂整理可使织物耐磨性改善。

三、织物的耐钩丝性

1. 织物的钩丝性

织物中纤维和纱线由于勾挂而被拉出于织物表面的现象称为钩丝。

2. 织物钩丝性的测量方法和指标

织物钩丝性的测量方法包括钉锤式、刺辊式、滚箱式等。如图 5-11 所示。

评定方法：与标准样照对比评级，共 5 级，5 级最好，1 级最差。

① 钉锤式钩丝仪测量方法。

② 刺辊式钩丝仪测量方法。

③ 滚箱式钩丝仪测量方法。

3. 影响织物钩丝性的因素

（1）纤维性状方面

纤维横截面为圆形，织物钩丝性能越严重。

（2）纱线性状方面

纱线或长丝的弹性较好，织物的钩丝现象则较轻微。纱线结构比较紧密的织物，钩丝现象也较轻微。

（3）织物结构方面

组织结构比较紧密、织物表面比较平整的织物不易产生钩丝。线圈长度较短、直密和横密较大的针织物不易产生钩丝。

（4）后整理加工方面

经过热定型和树脂整理的织物，表面比较光滑平整，故钩丝性能可得到一定的改善。

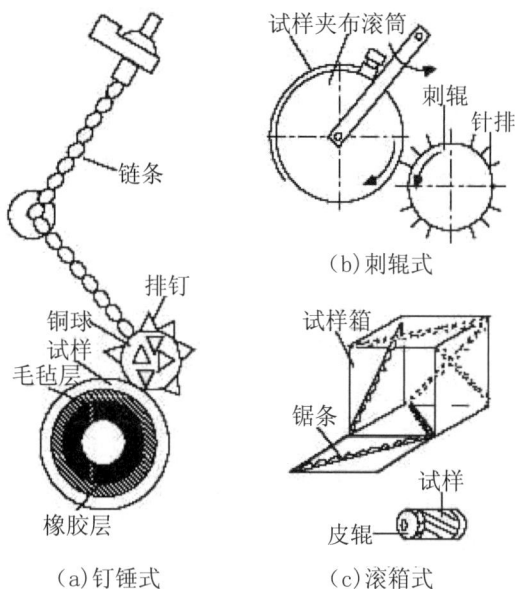

图 5-11 织物钩丝测量方法及机构示意图

四、织物的耐老化性

1. 织物老化现象及作用

（1）现象

织物的老化主要表现在以下几个方面：织物的变脆、弹性下降等力学性质的劣化；织物褪色、泛黄、光泽暗淡、破损、出现霉斑等外观特征的退化；织物原有电绝缘或导电、可导光或变色、可耐高温或易变形、高强高模或高弹性、高吸湿或拒水、吸油或抗污、抗降解或生物相容、阻燃或导热等功能的消失。织物的老化使人们原以为仍旧可用的织物变得无法使用，甚至产生不安全和危害。

（2）作用形式

作用形式包括物理作用、化学作用、生物作用、复合作用等。

2. 单一作用的老化 基本作用机理

（1）物理作用

对力作用来说，主要是织物的塑性变形积累，织物中纤维的断裂、滑移解体所致。

对热作用来说，主要是纤维聚集态结构的变化，即结晶度和取向度的降低、无序区的增加，以及大分子的热降解和滑移增加所致。

对光作用来说，主要是织物中纤维分子的光降解、光氧化和光热转换的热作用所致。

对电磁作用来说，主要是电击穿、电热转换的热击穿、放电的刻蚀和电解作用所致。

对水作用来说,主要是膨胀改变分子间作用力,甚至水解分子的作用所致。

（2）化学作用

化学作用主要是对纤维的分子结构和分子间结构的化学溶解、降解、开键、交联等作用,会改变大分子的聚合度、破坏分子间的相互作用,形成活性较强的低分子物或极性基团,使纤维的物理、化学可及性增大,纤维的结构变得不稳定,甚至被破坏。由此引起纤维的变脆、变色、变形而导致性能失效。自然,织物的性状也随之劣化和最终破坏。

（3）生物作用

生物相容的棉、毛、丝、麻,不仅微生物体可以生存,酶可以发生作用,而且是某些昆虫寄生或食用的物质。菌可产生酶对纤维素、蛋白质分子实施分解;昆虫可直接吞食纤维或分泌污物污染织物,这种老化作用比较复杂,会影响纤维的存在、颜色、性状、力学性质,进而影响织物的外观和性能。生物作用大多发生在有水或潮湿状态下。

3. 复合作用的老化

（1）基本复合作用及结果差异

与单一作用的差异:a. 光热复合作用;b. 光、水、汗复合作用;c. 拉、扭、弯力与海水复合作用。

（2）一般评价方法

复合作用老化的评价方法应该是所有复合作用,如光、热、力、电、磁、声、水、汽、温度、化学溶剂、人体液等,能在同一时空中存在,并作用到织物上。这种测量称为"组合原位(composite-in situ)"测量。

第二部分 综合性、设计性试验

一、试验目的和内容

利用圆盘式织物平磨测试仪,测试机织物的耐磨性。并对织物的磨损性能作出评价。按规定要求测试织物的耐磨性,记录原始数据,完成项目报告。

二、试验条件

Y522 型圆盘式织物平磨仪及砂轮、吸尘器、六角扳手等附件,天平、米尺、画样板、剪刀。织物若干。

三、试验步骤

1. 试样准备

将织物剪成直径为 125 mm 的圆形试样,在试样中央剪一个小孔,共裁 5～10 个试验试样,试样上不能有破损。

2. 操作步骤

（1）方法一

① 将计数器 7 转至零位。

② 试样放在工作圆盘上夹紧,并用六角扳手旋紧夹布圆环,使试样受到一定张力,表

面平整。

　　③ 选用适当的砂轮。轻薄型的织物用细号砂轮,中厚型的织物用中号砂轮,厚重型的用粗号砂轮。然后放下左右支架。砂轮愈粗号愈小。

　　④ 选择适当的压力。加压重量的选择见表 2-1。

　　⑤ 调节吸尘管高度,使之高出试样 1～1.5 mm。

　　⑥ 吸尘管的风量根据磨屑的多少,用平磨仪右侧的调压手轮来调节。

　　⑦ 开启电源开关进行试验,当织物表面出现 1～2 根纱线断裂时,记录摩擦次数。

　　⑧ 当试验结束后,把支架、吸尘管抬起,取下试样,清理砂轮。

　　⑨ 重复上述步骤,直到把 5～10 块试样全部测试完毕。

表 5-1　不同织物的加压重量和适用砂轮种类

织物类型	砂轮种类(砂轮号数)	加压重量(不含砂轮重量)(g)
粗厚织物	A—100(粗号)	750(或 1000)
一般织物	A—150(中号)	500(或 750、250)
薄型织物	A—280(细号)	125(或 250)

　　(2)方法二

　　① 磨损前织物性能测试,根据评价指标需要选以下任一种:

　　a. 用天平称重并记录织物试样的磨前重量。

　　b. 用强力仪测试织物强力。

　　c. 用厚度仪测试织物厚度。

　　② 按方法一的步骤对织物进行规定次数的磨损试验。

　　③ 对磨损试验后的试样进行重量、强力、厚度进行测试,并记录。

四、指标及计算

　　(1)磨断 1～2 纱线所需摩擦次数

　　当织物表面出现 1～2 根纱线断裂时,记录摩擦次数。

　　(2)试样重量减少率

$$试样重量减少率 = \frac{G_0 - G_1}{G_0} \times 100\% \tag{5-1}$$

　　式中:

　　G_0——磨损前试样重量,g;

　　G_1——磨损后试样重量,g。

　　(3)试样厚度减少率

　　在相同的试验条件下试样厚度减少率越大,织物越不耐磨。

$$试样厚度减少率 = \frac{T_0 - T_1}{T_0} \times 100\% \tag{5-2}$$

　　式中:

　　T_0——磨损前试样厚度,mm;

T_1——磨损后试样厚度,mm。

(4)试样断裂强力变化率

在相同的试验条件下试样强力降低率越大,织物越不耐磨。

$$试样强力降低率 = \frac{F_0 - F_1}{F_0} \times 100\% \tag{5-3}$$

式中:

F_0——磨损前试样强力,N;

F_1——磨损后试样强力,N。

测定断裂强力的试样尺寸:长 10 cm、宽 3 cm。在宽度两边扯去相同根数的纱线,使其成为 2.5 cm×10 cm 的试条,在强力仪上测定其断裂强力。

计算精确至小数点后三位,按《数值修约规则》修正至小数点后二位。

思考题

1. 试述织物耐久性涉及范围及讨论的问题。
2. 织物耐疲劳性的基本概念及表征指标。
3. 织物的磨损机理为何? 试举例说明。
4. 织物耐磨性的条件和测量方法及指标。
5. 讨论织物钩丝性产生的机制及抑制方法。
6. 织物的老化对其性能有哪些影响? 影响织物老化的因素是什么? 如何表征?
7. 试述织物物理老化的实质与表现。
8. 举例说明织物化学老化的实质与表现。

本章小结

本章主要介绍了服装材料的力学耐久性,包括验证性试验和综合性、设计性试验两部分,主要介绍了织物的力学耐久性、耐钩丝性以及耐老化性,通过学习及试验操作,要求学生了解织物耐久性涉及范围,熟悉织物耐磨性、耐钩丝、耐老化性的机理,能够用不同仪器对织物耐久性进行测试,是对学生的试验技能的综合训练,培养学生的综合分析能力、试验动手能力、数据处理的能力。

参考文献

[1] 姚穆. 纺织材料学[M]. 北京:中国纺织出版社,2005.

[2] GB/T 21196. 纺织品 马丁代尔法织物耐磨性的测定[S].

[3] 申志恒. 纺织品性能与检测[M]. 西安:西北纺织工学院出版社,1996.

[4] 吴湘济. 棉型服装面料服用性能测试分析[J]. 上海工程技术大学学报,2004,18(1):29-33.

[5] 张红霞. 纺织品检测实务[M]. 北京:中国纺织出版社,2007.

[6] 万融,刑声远. 服用纺织品质量分析与检测[M]. 北京:中国纺织出版社,2006.

[7] 王瑞. 纺织品质量控制与检验[M]. 北京:化学工业出版社,2006.

试验六　服装材料的保形性

> **本章知识点**：1. 织物的抗皱性与褶裥保持性
> 　　　　　　　2. 织物的悬垂性
> 　　　　　　　3. 织物的起毛起球性
> 　　　　　　　4. 织物的尺寸稳定性
> 　　　　　　　5. 综合性、设计性试验

第一部分　验证性试验

一、织物的抗皱性与褶裥保持性

（一）织物的抗皱性

织物在使用过程中，会受到反复揉搓发生塑性弯曲变形，形成褶皱，称为褶皱性。实际上，织物的抗皱性是指除去引起织物折皱的外力后，由于弹性使织物回复到原来状态的性能。因此，也常称织物的抗皱性为折皱回复性或折皱弹性。抗皱性通常是测定反映织物折皱回复能力的折皱回复角，有两种测试方法，分别是垂直法和水平法。

1. 检测原理

将凸形试样在规定压力下折叠一定时间，释压后让折痕回复一定时间，测量折痕回复角（垂直法的折痕线与水平面垂直，水平法的折痕线与水平面平行）。

2. 试验设备、工具与试样

YG541 型织物褶皱性弹性仪（图 6-1），剪刀、尺子、褶皱性试验用布样若干。

图 6-1　YG541 型织物褶皱弹性仪

3. 褶皱弹性仪法试验方法与步骤

① 将样品置于标准大气中调湿,一般调湿至少 12 h。每个样品至少裁剪 20 个试样（经、纬向各 10 个）,测试时,每个方向的正面对折各 5 个。日常试验可测试样正面,即经、纬向对折各 5 个。试样形状和尺寸如图 6-2 所示,试样在样品上的采集部位如图 6-3 所示。试样回复翼的尺寸:长为 20 mm,宽为 15 mm。

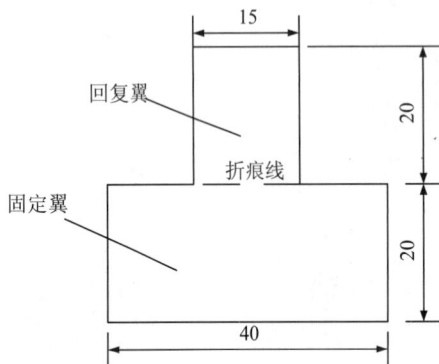

图 6-2　垂直法试样的形状和尺寸　　　图 6-3　垂直法试样采集部位示意图

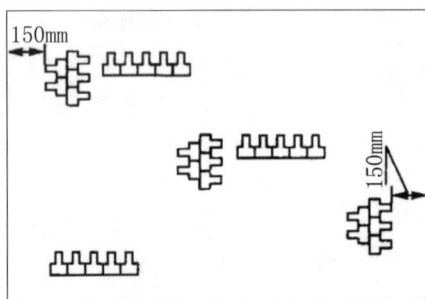

② 打开总电源开关,仪器指示灯亮。按琴键开关,光源灯亮。将试验翻板推倒,贴在小电磁铁上,此时翻板处在水平位置。

③ 将剪好的试样,按五经、五纬的顺序,将试样的固定翼装入夹内,使试样的折叠线与试样夹的折叠标记线重合,再用手柄沿折叠线对折试样（不要在折叠处施加任何压力）,然后将对折好的试样放在透明压板上。

④ 按工作按钮,电动机启动。此时 10 只重锤每隔 15 s 按程序压在每只试样翻板的透明压板上,加压重量为 10 N。

⑤ 当试样承压时间 1 即将达到规定的时间 5 min±5 s 时,仪器发出报警声,鸣示做好测量试样回复角的准备工作。

⑥ 加压时间一到,投影仪灯亮,试样翻板依次释重后抬起。此时应迅速将投影仪移至第一只翻板位置上,用测角装置依次测量 10 只试样的急弹性回复角,读数一定要等相应的指示灯亮时才能记录,读至临近 1°。如果回复翼有轻微的卷曲或扭转,以其根部挺直部位的中心线为基准。

⑦ 再过 5 min,按同样方法测量试样的缓弹性回复角。当仪器左侧的指示灯亮时,说明第一次试验完成。

⑧ 在同样的条件下,对其余样品进行测试。

4. 水平法试验方法与步骤

① 将按图 6-4 裁好的试样长度方向两端对齐折叠,并用宽口钳夹住,夹住位置离布端不超过 5 mm。再将其移至标有 15 mm × 20 mm 标记的平板上,使试样正确定位后,随即轻轻加上 10 N 的压力重锤,加压时间为 5 min±5 s。试样在样品上的采集部位如图 6-5 所示。

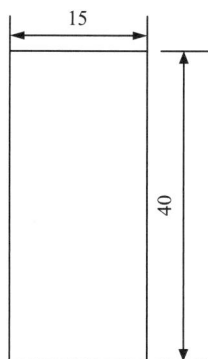

图 6-4　垂直法试样的形状和尺寸

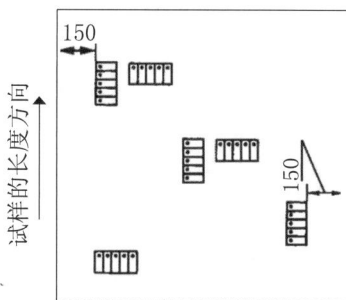

图 6-5　垂直法试样采集部位示意图

② 加压时间一到,即卸去负荷。用夹有试样的宽口钳转移至回复角测量装置的试样夹上,使试样的一翼被夹住,另一翼自由悬垂(通过调整试样夹,使悬垂的自由翼始终保持垂直位置)。

③ 试样卸压后 5 min 读取折痕回复角,读至最临近 1°。如果自由翼轻微卷曲或扭转,则以该翼中心和刻度盘轴心的垂直平面作为折痕回复角读数的基准。

5. 结果计算

分别计算以下各向折痕回复角的算术平均值,计算至小数点后一位,修约至整数位。

① 经向(纵向)折痕回复角,包括正面对折和反面对折。

② 纬向(横向)折痕回复角,包括正面对折和反面对折。

③ 总折痕回复角,用经、纬向折痕回复角算术平均值之和表示。

④ 必要时,可测量和计算各自的缓弹性折痕回复角。

6. 注意事项

① 仪器在正常运转中,不能随便按"手动"按钮,以免破坏程序控制。

② 仪器在测试过程中,如发生停电或故障而引起程序破坏时,应先按装在机壳上的按钮,使电动机回复至原来位置后,再按手动按钮,使步进选线器至原始状态,直至指示灯亮,再重新开始工作。

③在加压时,投影仪不能停留在第一只试样翻板前,以免在释重时影响有机玻璃压板下落。

(二)织物的褶裥保持性

织物经熨烫形成的褶裥(含轧纹、折痕),在洗涤后经久保形的程度称为褶裥保持性。织物的褶裥保持性常采用褶裥保持率指标来表征。

1. 检测原理

将织物试样正面在外对折缝牢,覆上衬布,在定温、定压、定时下熨烫,冷却后在定温、定浓度的洗涤液中按规定方法洗涤处理,干燥后,将其放入评级箱,与标准样照对比,进行目测评级。

2. 试验设备、工具与试样

评级箱、电熨斗、剪刀、尺子、褶裥保持性试验用布样若干。

3. 试验方法与步骤

① 裁剪两块试样，经向 120 mm、纬向 100 mm。

② 将试样正面朝外，沿经向对折，用缝线固定其位置，保证褶裥在同一经纱上。

③ 试样放在熨垫上，上面覆盖 2 层经水浸湿的熨布。

④ 将电熨斗加热至 155℃，待降温到 150℃时，将熨斗压在试样上 30 s，然后拆去缝线。

⑤ 将熨好的试样放在空气中冷却 6 h 以上，再用单层干熨布覆盖试样，压熨 30 s，然后拆去缝线。

⑥ 展开试样，在溶液中浸 5 min(浴比为 1∶50，合成洗涤浓度为 3 g/L，温度为(40±2)℃。提起试样，顺着烫缝轻擦 15 次；再用另一端轻擦 15 次，2 次共约 1 min。然后用 20～30℃的清水漂洗 2 次。用夹子夹住试样，展开一角悬挂晾干。在标准大气条件下调试试样 2 h。

4. 评级

① 由 3 名评级者，各自对试样逐块进行评级。

② 评级时，将试样放入评级箱内，灯光位置应与试样褶裥平行，对比标准样照，评出试样级别。

③ 褶裥持久性分为 5 级。5 级最好(褶裥很明显，顶端呈尖角状)，1 级最差(褶裥基本消失)。

二、织物的悬垂性

织物的悬垂性是指织物因自重下垂且能形成平滑和曲率均匀的曲面的性能。它是衡量纺织品柔软性能的一个指标，悬垂性的两类表示指标为悬垂程度和悬垂形态。悬垂程度指织物在自重作用下，其自由边界下垂的程度。悬垂系数是试样下垂部分的投影面积与其原面积之比的百分率。

1. 检测原理

将规定的圆形试样水平置于圆形夹持盘间，让其自由悬垂，用与水平面相垂直的平行光线照射，得到试样悬垂时的投影图，通过光电转换计算或描图计算求得悬垂系数。

2. 试验设备、工具与试样

光电式织物悬垂性测试仪(图 6-6)，天平、求积仪(分度值小于或等于 10 mg)、钢尺、剪刀、半圆仪、笔、制图纸、各种品种的具有代表性的织物。

3. 试验方法与步骤

① 在样品离布边 100 mm 内，裁取直径为 240 mm 的圆形试样，试样需平整、无折痕。

② 在每块圆形试样的正面，用半圆仪定出经纬向以及经纬向呈 45°的四个点 A、B、C、D，分别与圆心 O 连成半径线，即 OA、OC 代表织物的经向和纬向；OB、OD 代表织物经向和纬向呈 45°夹角方向(图 6-7)。

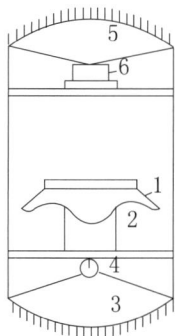

图 6-6　光电式织物悬垂性测试仪示意图

1—试样,2—支柱,3—反光镜,4—光源,5—反光镜,6—光电管

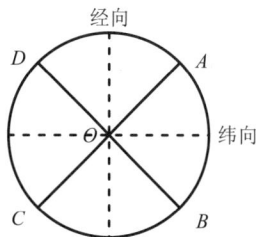

图 6-7　悬垂试样

③ 在每块圆形试样的圆心上剪(冲)一个直径为 4 mm 的定位孔。并将试样放在标准大气中[温度(20±2)℃;相对湿度(65±2)％]进行调湿。

④ 悬垂系数测试方法有三种。

a. 直接读数法:将试样放在试样夹持盘上,使 OA 线与一支架相吻合,加上盖,轻轻向下按 3 次,静止 3 min,记下读数,经调零后依次测出同一块试样的 OB、OC、OD 线与同一支架吻合时的读数。透光明显的织物不适用直接读数法。

b. 描图称重法:剪取与试样相同大小的制图纸和与夹持盘相同大小的制图纸,在天平上称重。将试样放在试样夹持盘上,使 OA 线指向操作者,再依次放上有机玻璃划样块、制图纸以及上盖,轻轻向下按三次,静止 3 min,开始描图,然后剪下图形称重。并按公式 6-1 计算出悬垂系数。

$$F = \frac{G_2 - G_3}{G_1 - G_3} \times 100\%$$　　(6-1)

式中:F——悬垂系数;

G_1——与试样相同大小的纸重,mg;

G_2——与试样投影图相同大小的纸重,mg;

G_3——与夹持盘相同大小的纸重,mg(当选定 G_1 纸片直径为 240 mm,夹持盘直径为 120 mm 时,$G_3 = G_1/4$)。

c. 求积仪法:剪取与试样相同大小的制图纸和与夹持盘相同大小的制图纸,计算它们的面积。将试样放在试样夹持盘上,使 OA 线指向操作者,再依次放上有机玻璃划样块、制图纸以及上盖,轻轻向下按三次,静止 3 min,开始描图,然后剪下图形计算其面积。并按公式 6-2 计算出悬垂系数。

$$F = \frac{A_F - A_d}{A_D - A_d}$$　　(6-2)

式中:F——悬垂系数;

A_F——试样悬垂状态下的投影面积;

A_D——试样面积;

A_d——小圆台面积。

4. 结果计算

计算每份试样的平均悬垂系数,并按数值修约规则修约至整数位。

三、织物的起毛起球性

织物在穿用过程中,受多种外力和外界的摩擦作用。经过多次的摩擦,纤维端伸出织物表面形成毛茸,称为织物起毛。在继续穿用时,茸毛不易被磨断,而是纠缠在一起,在织物表面形成许多小球粒,称为织物起球。

织物起球试验仪器有多种,其设计原理都是以织物实际穿着过程中的起球现象作为模拟依据。国家标准 GB/T4802—2008 中规定了三种织物起球试验方法:即圆轨迹法、马丁代尔法、起球箱法。这三种方法在试样尺寸、受力方式、加压及摩擦时间等方面有一定差异,可根据织物品种加以选择。

(一)圆轨迹法

1. 检测原理

在一定条件下,先用尼龙刷使织物试样起毛,而后用织物磨料使试样起球,将起球后的试样与标准样照对比,评定其起球等级。此方法适合于各种纺织织物。

2. 试验设备、工具与试样

圆轨迹起球仪或 YG502 型织物起球仪(图 6-8)、剪刀、取样器、标准样照和评级箱,机织物、针织物若干。

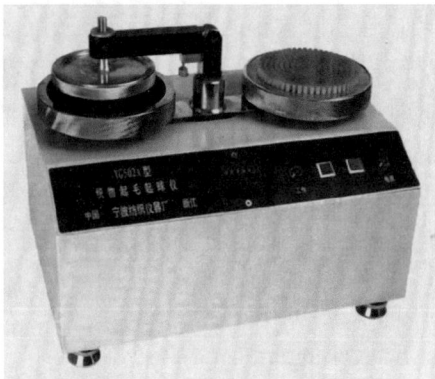

图 6-8　YG502 型织物起毛起球仪

3. 试验方法与步骤

① 裁样:用剪刀或取样器裁取直径为(113±0.5)mm 的试样 5 块,取样应距 10 cm以上,试样上不得有影响试验结果的疵点。

② 选定压力和起毛起球的次数,压力和刷揉次数因织物不同而不同,一般按表 6-1选定。

③ 夹入试样,在仪器上先刷毛后揉球(即先起毛后起球)。

④ 评级:将起球后的试样放入评级箱和标准样照对比,评出等级。

4. 结果计算与说明

计算 5 个试样等级的算术平均数,修约至邻近的 0.5 级。需要时,可用文字加以说明。

表 6-1 起毛起球的次数

样品类型	压力(cN)	起毛次数	起球次数
化纤针织物	590	150	150
化纤机织物	590	50	50
军需服(精梳混纺)	490	30	50
精梳毛织物	780	0	600
粗梳毛织物	490	0	50

(二)马丁代尔法

1. 检测原理

在一定压力下,织物试样与本身织物或标准磨料进行摩擦,摩擦轨迹呈李萨茹曲线。达到规定次数后,试样与标准样照对比,评定织物试样起球级别。此种方法也是目前国际羊毛局规定的用来评定精纺或粗纺毛织物起球的标准方法。该法适用于大多数织物,对毛织物更为适宜,但不适用厚度超过 3 mm 的织物。

2. 试验设备、工具与试样

YG401 织物平磨仪(图 6-9)、剪刀、取样器、标准样照和评级箱,机织物、针织物若干。

图 6-9 YG401N 型织物平磨仪

3. 试验方法与步骤

① 将样品置于标准大气中调湿,一般调湿至少 48 h。在同一块样品上剪取 2 组试样。一组为直径 40 mm 的试样 4 块,另一组为直径 140 mm 的自身磨料织物 4 块,如果 4 块试样未能包含不同的组织和色泽,应增加试样块数。

② 分别将 4 块试样装在仪器夹头上,测试面朝外。当试样不大于 500 g/m² 时,在试样与试样夹金属塞块之间垫一片聚酯泡沫塑料,测试织物大于 500 g/m² 或是复合织物时,则不需垫泡沫塑料。各试样应受到同样的张力。

③ 分别将毛毡和磨料织物放在磨台上,把重锤放在磨料上,然后放上压环,旋紧螺母,把磨料固定在磨台上,4 个磨台上的磨料应受到同样的张力。

④ 把磨头放在磨料上,加上压力锤。

⑤ 预置计数器为 1000,开动仪器,转动摩擦达 1000 次,仪器自停。

⑥ 取下试样,在评级箱内与标准试样对照,评定每块试样的起球等级,精确至0.5 级。

4. 结果计算

计算 4 块试样等级的算术平均数,修约到小数点后 2 位。如小数部分小于或等于0.25,则向下一级靠(如 3.25 级即为 3 级);如大于或等于0.75,则向上一级靠(如 2.85

级即为 3 级),如大于 0.25 而小于 0.75,则取 0.5。

(三)起球箱法

1. 检测原理

起球箱是用于织物在不受压力情况下进行起球的仪器,试验时,将一定规格的织物试样缝成筒状,套在聚氨酯载样管上,然后放入衬有橡胶软木的箱内,开动机器使箱转动,试样在转动的箱内受摩擦。试样箱翻动一定次数后,自动停止,取出试样,评定织物起球等级。该方法适用于毛织物及其它较易起球的织物。

2. 试验设备、工具与试样

YG511N 型箱式起球仪(图 6-10)、剪刀、取样器、标准样照和评级箱,机织物、针织物若干。

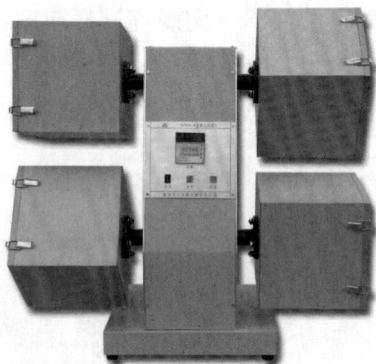

图 6-10　YG511N 型箱式起球仪

3. 试验方法与步骤

① 将样品置于标准大气中调湿 12 小时以上,剪取 114 mm×114 mm 试样 4 块(纵向与横向各 2 块),测试面向里对折后,在距边 6 mm 处用缝纫机缝成试样套。将其翻过来,使织物测试面朝外(图 6-11)。

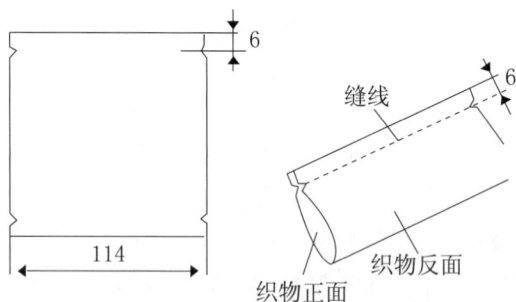

图 6-11　起球箱法试样形态及其尺寸(单位:mm)

② 将试样在均匀张力下套在载样管上。试样套缝边应分开平贴在试样管上。在试样边上包以胶带(长度不超过载样管圆周的一圈半),以固定试样位置并防止试样边松散。

③ 清洁起球箱,箱内不得留有任何短纤维或其它影响试验的物质。

④ 把 4 个套好试样的载样管放进箱内,关好箱盖,把计数器拨到所需转动次数。盖

羊毛织物、粗纺织物为7200 r,精纺织物及其它为14400 r(或根据协议要求)。

⑤ 启动起球箱,当计数器达到所需转数后,从载样管上取下试样,除去缝线,展开试样,在评级箱内与标准样照对比,评定每块试样的起球等级,精确至0.5级。

4.结果计算

计算4块试样起球等级的算术平均值,修约至小数点后2位,然后根据小数值的大小靠整数级。如小数部分小于等于0.25,则向下一级靠;如大于等于0.75,则向上一级靠;如大于0.25而小于0.75,则取0.5。

四、织物的尺寸稳定性

织物的尺寸稳定性是织物在穿着、洗涤、储存等过程中表现出来的长度的缩短或伸长性能。缩水是其中最受关注的现象之一。造成织物尺寸变化的主要原因有遇水后的膨胀收缩、缓弹性收缩、热收缩和蠕变伸长等。

缩水率是表示织物浸水或洗涤干燥后、织物尺寸产生变化的指标,它是织物重要的服用性能之一。缩水率的大小对成衣或其它纺织用品的规格影响很大,特别是容易吸湿膨胀的纤维织物。在裁制衣料时,尤其是裁制由两种以上的织物合缝而成的服装时,必须考虑缩水率的大小,以保证成衣的规格和穿着的要求。

缩水率的测试方法很多,按其处理条件和操作方法的不同可分成浸渍法和机械处理法两类。浸渍法常用的有温水浸渍法、沸水浸渍法、碱液浸渍法及浸透浸渍法等,机械处理法一般采用家用洗衣机,选择一定条件进行试验。

本试验选择以下两种典型的织物缩水率试验方法:

①静态浸水法,参照标准FZ/T40002—1993。

②温和式家庭洗涤法,参照标准FZ/T20010—1993。

(一)静态浸水法

该法适用于测定各种真丝及仿真丝机织物和针织物、其它纤维制成的高档薄型织物经静态浸渍后尺寸的变化。

1.检测原理

从样品上截取试样,经调湿后在规定条件下测量其标记尺寸,然后再经过温水或皂液静态浸渍、干燥,再次测量原标记的尺寸,计算其尺寸变化率。

2.试验设备、工具与试样

织物静态缩水率试验机、缝纫机、水浴箱、试样盘、钢尺、缝线、铅笔、织物若干。

3.试验方法与步骤

① 试液:甲液为清水;乙液为皂液中每升含中性皂片1 g,皂片含水不得大于5%,成分含量按干重计,应符合以下要求:游离碱按碳酸钠计,不大于3 g/kg;游离碱按氢氧化钠计,不大于1 g/kg;脂肪物质总含量不小于850 g/kg。

② 试样的选择应尽可能代表样品。要有充分的试样代表整个织物的幅宽,不可取布端小于1 mm的布样。幅宽在120 cm以上的织物,每块试样至少剪取500 mm×500 mm,各边应与织物长度及宽度方向相平行,长度及宽度方向分别用不褪色墨水或带色细线,各做3对标记,每对标记间距离350 mm,如图6-12所示。如果幅宽小于500 mm,可采用全幅试样,长度方向至少500 mm。必要时,也可采用250 mm×250 mm

尺寸的试样。幅宽小于 500 mm 的,其做标记方法可按图 6-13 规定。并将试样放在标准大气中[温度(20±2)℃;相对湿度(65±2)%]进行调湿,再将试样无张力地平行放在试验台上,测量并记录每对标记间的距离,精确到 1 mm。

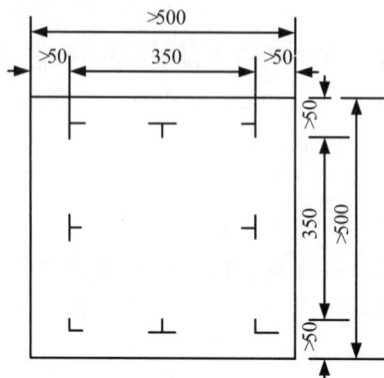

6-12 宽幅织物试样的测量点标记及尺寸(单位:mm)

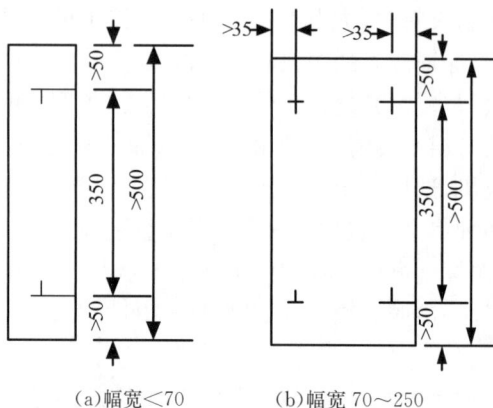

(a)幅宽<70　　　(b)幅宽 70~250

图 6-13 窄幅织物试样的测量点标记及尺寸(单位:mm)

③ 将试验机恒温水浴箱注入甲液或乙液,要求试样全部浸于试验溶液中,升温至(40±3)℃。然后将测量后的试样逐块放在试验盘(网)上,每盘(网)放 1 块试样,使试样浸没在(40±3)℃的溶液中,待 30 min 后取出试样,将试样夹在平整的干布中轻压,吸去水分,再将试样置于平台上摊开铺平,用手除去折皱,注意不要使其伸长或变形,然后晾干。

④ 调湿、测量:先将干燥后的试样放在标准大气中进行调湿,然后将试样无张力地平放在试验台上,测量并记录每对标记间的距离,精确到 1 mm。

4. 结果计算

分别计算试样长度方向(经向或纵向)、宽度方向(纬向或横向)的原始尺寸和最终尺寸的平均值(精确至 1 mm)及尺寸变化占原始尺寸变化值的百分率(精确至 0.1%)。

$$尺寸变化率 = \frac{L_1 - L_0}{L_0} \times 100\% \tag{6-3}$$

式中:

L_0——试验前测量两标记间的距离,mm;

L_1——试验后测量两标记间的距离,mm。

试验结果以负号(一)表示尺寸减少(收缩),以正号(十)表示尺寸增加(伸长)。

(二)温和式家庭洗涤法

本法适用于服用或装饰用机织纯毛、毛混纺和毛型化纤织物。

1.检测原理

将规定尺寸的试样经规定的温和家庭方式洗涤后,按洗涤前后的尺寸计算经纬向的尺寸变化率、缝口的尺寸变化率及经向或纬向的尺寸变化与缝口尺寸变化的差异。

2.试验设备、工具与试样

全自动洗衣机、缝纫机、水浴箱、试样盘、钢尺、缝线、铅笔、织物若干。

3.试试工验方法与步骤

① 裁取 500 mm×500 mm 试样 1 块,分别在试样的经、纬向距布边 40 mm 处的一边折一折口并压烫缝合(图 6-14),140 g/m² 以下织物用 9.7tex ×3(60 英支/3)棉线和 14 号缝纫针,要调整好缝纫机,使 25 mm 距离内有 14 个针孔。

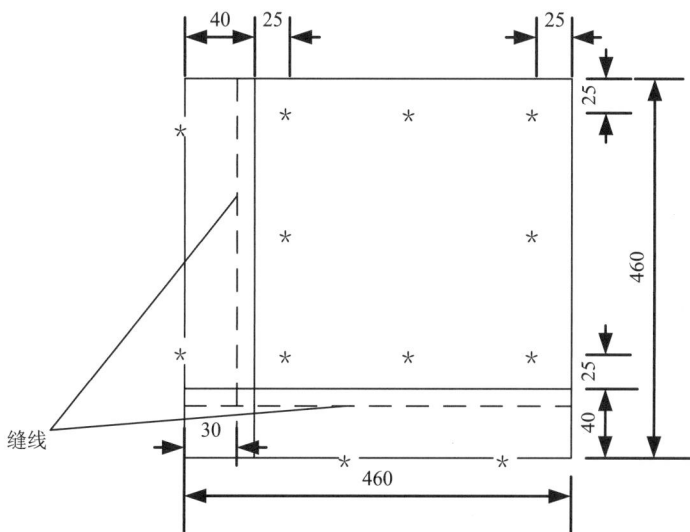

图 6-14 温和式洗涤法试样的测量点标记(单位:mm)

② 用与试样色泽相异的细线,在试样经、纬向各做 3 对标记,折口部位也分别做 1 对标记。

③ 陪试织物选择由若干块双层涤纶针织物组成,每块由 2 片质量各为(35±2) g 和每边(300±30)mm 大小的针织布缝合而成。

④ 将试样在标准大气中[温度(20±2)℃、相对湿度(65±2)%;非仲裁性试验,温度(20±2)℃、相对湿度(65±5)%]平铺于工作台调湿至少 24 h。

⑤ 将调湿后的试样无张力地平放在工作台上,依次测量各对标记间的距离,精确到 1 mm。

⑥ 把试样用洗衣机按规定程序处理 2 次,试样和陪试织物质量共为 1 kg,其中试样不能超过总质量的一半,试验时加入 1 g/L 的洗涤剂(洗涤剂应在 50℃ 以下的水中充分溶解后再在循环开始前加入洗液中),泡沫高度不超过 3 cm,水的硬度(以碳酸钙计)不超过 5 mg/kg。

⑦ 将处理后的试样无张力地平放在工作台上，置于室内自然晾干。

⑧ 按照④和⑤重新调湿和测量。

4. 结果计算

分别计算试样长度方向（经向或纵向）、宽度方向（纬向或横向）的原始尺寸和最终尺寸的平均值（精确至 1 mm）及尺寸变化占原始尺寸变化值的百分率（精确至 0.1％）。

$$尺寸变化率=\frac{L_1-L_0}{L_0}\times100\% \tag{6-3}$$

式中：L_0——试验前测量两标记间的距离，mm；

L_1——试验后测量两标记间的距离，mm。

试验结果以负号（－）表示尺寸减少（收缩），以正号（＋）表示尺寸增加（伸长）。

第二部分　综合性、设计性试验

一、试验目的

了解织物褶裥保持性产生的原因及影响织物褶裥保持性的因素。

二、试验内容

选择 3 块不同布料（机织布、针织布、非织造布），通过改变机洗的循环次数、水的温度及布料的干燥条件，评价织物经反复洗涤后织物上熨烫褶裥的保持性。

三、试验原理

有褶裥的样品经过标准的家庭洗涤，可以用手洗或机洗，改变机洗的循环和温度以及干燥条件，然后在标准光源和观测区域内，将试样与一套参考标准样照比较，根据视觉印象评定折痕的保持性。

四、试验条件

试验仪器设备：自动洗衣机，自动滚筒式干衣机，滴干和挂干的设备，9.5 L 的桶，台秤，熨斗，评级箱，剪刀，尺子。

化学试剂：1993AATCC 标准洗剂和普通洗涤剂。

试验材料：尺寸为 92 cm×92 cm 陪洗布 3 块，分别为缝边的漂白棉布，50/50 涤棉漂白丝光府绸，50/50 涤棉平纹织物。试验样品为 38 cm×38 cm 的机织布、针织布、非织造布各 1 块，每个试样应含有不同的经纱和纬纱，试样上标记好长度方向。

五、试验方法及步骤

（一）手洗

在 9.5 L 的桶里，将（20.0±0.1）g 的 1993AATCC 标准洗涤剂溶解在（41±3）℃的7.57±0.06 L 的水中，然后加入 3 块测试样，洗涤（2.0±0.1）min，试样不要扭或绞，用（41±3）℃的（7.57±0.06）L 的水清洗一次，取出试样，将试样固定两角，并使织物的长度方向与水平面垂直,悬挂在室温下的静止空气中晾干。

(二)机洗

① 按照规定的水位选择水温来洗涤,洗涤的水温要小于 29℃,如水温与要求不符,需记录实际的清洗温度。

② 加入(66±0.1)g 的 1993AATCC 标准洗涤剂,在软水中应减少标准洗涤剂的用量,避免产生过多的泡沫。

③ 加入试样及足够的陪洗布,使其重为(1.8±0.06)kg。设定洗衣机的洗涤程序和时间。

④ 选择不同的干燥方式进行织物干燥。

⑤ 再重复四次选择的洗涤和干燥程序(可以改变洗涤循环、减少洗涤剂的量或水温)。

⑥ 评级前样品应在标准大气下(20±1)℃,(65±2)%调湿至少 4 h。

(三)干燥方式

1. 转筒烘干

将试样与陪洗布一起放入烘干机中烘干,按照一定要求确定烘干温度,对于热敏织物,按照供应商的要求可降低烘干温度,转筒烘干停止后要立即取出试样,避免过干,尤其是轻薄织物容易粘附在烘干机中,不能自由翻滚。

2. 挂干程序

挂干是通过固定两角,使织物的长度方向与水平面垂直,悬挂在室温下的静止空气中至干燥。

3. 滴干程序

滴干是通过固定两角,使织物的长度方向与水平面垂直,悬挂在室温下的静止空气中至干燥。

4. 平铺晾干

摊平试样或成衣在水平的或打孔的晾衣架上,不要拉伸样品,放置在室温下的静止空气中至干燥。

(四)评级

① 三名评级者单独为每个试样评级。

② 评级时,将试样放入评级箱内,灯光位置应与试样褶裥平行,对比标准样照,评出试样级别。

③ 给出试样最接近的数字级别,5 级是褶裥外观最好的,1 级是最差的。

思考题

1. 何谓织物的保形性? 它包括哪些内容?

2. 织物褶裥保持性的测量方法、表征指标及影响因素是什么?

3. 试述织物经反复洗涤过程中,水洗时间和洗涤剂量的变化对织物褶裥保持性的影响?

4. 织物起球试验方法有几种?

5. 影响织物尺寸变化率的因素有哪些?

本章小结

　　本章主要介绍了服装材料的保形性,包括验证性试验和综合性、设计性试验两部分,主要介绍了织物的抗皱性与褶裥保持性、织物的悬垂性、织物的起毛起球性、织物的尺寸稳定性,通过学习及试验操作,要求学生了解织物保形性涉及范围,织物的抗皱性与褶裥保持性、织物的悬垂性、织物的起毛起球性、织物的尺寸稳定性的机理,能够用不同仪器对织物保形性进行测试,是对学生的试验技能的综合训练,培养学生的综合分析能力、试验动手能力、数据处理的能力。

参考文献

[1] 刘静伟. 服装材料试验教程[M]. 北京:中国纺织出版社,2000.

[2] 余序芬. 纺织材料试验技术[M]. 北京:中国纺织出版社,2004.

[3] 张红霞. 纺织品检测实务[M]. 北京:中国纺织出版社,2007.

[4] 万融,刑声远. 服用纺织品质量分析与检测[M]. 北京:中国纺织出版社,2006.

[5] 王瑞. 纺织品质量控制与检验[M]. 北京:化学工业出版社,2006.

[6] 翟亚丽. 纺织品检验学[M]. 北京:化学工业出版社,2009.

[7] 徐蕴燕. 织物性能与检测[M]. 北京:中国纺织出版社,2007.

[8] 杨瑜榕. 纺织品检验实用教程[M]. 厦门:厦门大学出版社,2011.

试验七　服装材料的色牢度检测

本章知识点：1. 染色牢度基本知识
2. 服装材料染色牢度的技术要求
3. 服装材料染色牢度检验的一般规定
4. 耐洗色牢度
5. 耐水色牢度
6. 耐汗渍色牢度
7. 耐摩擦色牢度
8. 耐光色牢度
9. 耐刷洗洗色牢度
10. 耐热压色牢度
11. 耐干洗色牢度
12. 综合性、设计性试验

第一部分　验证性试验

染色服装材料所受外界因素作用的性质不同，就有各种相应的染色牢度，例如日晒、皂洗、气候、氯漂、摩擦、汗渍、熨烫等，它们都有相应的色牢度。服装材料的用途不同或加工过程不同，它们的牢度要求也不一样。例如，作为内衣的服装与日光接触极少，洗涤的机会却很多，因此它们的耐洗牢度要好，而对日晒牢度要求并不高；作为运动员的运动服的材料则必须具有较好的耐日晒、耐皂洗和耐汗渍的色牢度。

染色牢度很大程度上取决于染料的化学结构，此外，还取决于染料在纤维上的状态，以及染料与纤维的结合情况等。为了对材料进行质量检验和评定，参照服装的服用情况，国家制定出一套染色色牢度的测试方法，在实际生产中作为标准实施。当然，服装材料的实际服用情况比较复杂，这些方法只是一种近似的模拟。

一、染色牢度基本知识

1. 耐洗色牢度

耐洗色牢度指服装材料耐皂洗的程度，各类染料的耐洗色牢度相差很大，一般来说，有亲水基团的染料耐洗牢度低于没有亲水基团的染料。例如，非水溶性染料如还原染料、不溶性偶氮染料、硫化染料等都比较耐洗；而水溶性的染料如直接染料、酸性染料，它们在服装材料上的耐洗色牢度较低。纤维的性质与耐洗色牢度也有很大关系，例如涤纶的结构比锦纶紧密，疏水性比锦纶强，同一分散染料在涤纶上的耐洗色牢度比在锦纶上的高。此外,染色工艺对耐洗色牢度的影响也很大,在染色过程中,如果纤维没有染透,浮色没有去尽,也会使耐洗色牢度降低。

2. 耐汗渍色牢度

耐汗渍色牢度指服装材料的颜色耐汗渍的能力。

3. 耐摩擦色牢度

耐摩擦色牢度指服装材料的颜色耐摩擦的能力,分为干摩擦与湿摩擦。有色材料的耐摩擦色牢度主要取决于浮色的多少和染料与纤维结合的情况等因素。

4. 耐熨烫色牢度

耐熨烫色牢度指服装材料的颜色耐一定温度与压力作用的能力。

二、服装材料染色牢度的技术要求

1. 棉印染织物

因所用染料不同,其染色牢度要求也不同,见表7-1。

表7-1 各种染料在棉印染织物上的染色牢度要求

| 类别 | 染料名称 | 耐光 | 耐洗 | | 耐摩擦 | | 耐汗渍 | | 耐刷洗 | 耐熨烫 湿烫沾色 |
			变色	沾色	干摩	湿摩	变色	沾色		
染色布	还原染料	4	3～4	4～5	3	2	4	4～5	3	—
	硫化染料	4	3	3	2～3	1～2	—	—	—	—
	纳夫妥染料	4	3	3	2～3	1～2	—	—	3	—
	活性染料	4～5	3	3	3	2～3	—	—	—	3
	直接铜盐染料	4～5	3	3	2～3	2～3	—	—	—	—
	酞青染料	7	4	4	3～4	2～3	—	—	—	—
	涂料	4	3	3	2～3	1～2	—	—	2	—
印花布	各类染料	4	3	3	2～3	1～2			2	2～3

注:1. 耐光色牢为保证指标;

　　2. 还原染料耐汗渍牢度只考核浅色,不考核深、中色。

2. 精梳涤棉混纺印染织物

根据所用染料不同,染色牢度要求也不同,见表7-2。

表7-2 各种染料在精梳涤棉混纺印染织物上的染色牢度要求

| 类别 | 染料名称 | 耐光 | 耐洗 | | 耐摩擦 | | 耐汗渍 | | 耐刷洗 | 耐熨烫 湿烫沾色 |
			变色	沾色	干摩	湿摩	变色	沾色		
染色布	分散/活性	4	3	3～4	3	2～3	—	—	—	3
	分散/纳夫妥	4	3	3～4	3	2～3	—	—	3	—
	分散/还原	4～5	3～4	4	3	2～3	3～4	4	3～4	3～4
	分散/硫化	4	3	3～4	2～3	2	—	—	—	—
	单染还原	4	3～4	4～5	3～4	3	3～4	4	—	—
	涂料	4	3	3	2～3		—	—	2	—

类别	染料名称	耐光	耐洗		耐摩擦		耐汗渍		耐刷洗	耐熨烫湿烫沾色
			变色	沾色	干摩	湿摩	变色	沾色		
印花布	各类染料	4～5	3～4	4	2～3	2	—	—	—	—
		4	3	3～4	3	2～3	—	—	—	3
		4	3	3～4	2～3	2	—	—	2～3	3

注：1. 耐光色牢为保证指标；

2. 还原染料中只有浅色要求考核汗渍牢度，深、中、浅分档按GB250评定，二级以下为浅色；

3. 规定指标为1～2级者，不允许再低半级。

3. 一般丝织物

适用于评定各类服用的染色、印花桑蚕丝织物及桑蚕丝与其它长丝交织的丝织物的品质。其染色牢度见表7-3。

表 7-3 一般丝织物染色牢度

项目	优等品	一等品	二等品
耐洗:变色 沾色	3～4 2～3	3～4 2～3	2～3 2
耐水:变色 沾色	3～4 2～3	3～4 2～3	2～3 2
耐汗渍:变色 沾色	3～4 2～3	3～4 2～3	2～3 2
耐干摩	2～3	2～3	2

注：耐光色牢度和个别色雕印的印染牢度按合同或协议考核。

4. 精纺毛织物

精纺毛织物染色牢度见表7-4。

表 7-4 精纺毛织物染色牢度

项目	优等品	一等品
耐光:浅色 深色	3 4	3 3～4
耐洗:原样变色 毛布沾色 棉布沾色	3～4 4 3	3～4 3 3
耐汗渍:原样变色 毛布沾色 棉布沾色	3～4 4 3	3～4 3 3

（续表）

项目	优等品	一等品
耐水:原样变色	3～4	3～4
毛布沾色	3	3
棉布沾色	3	3
耐热压（熨烫）:原样变色	3～4	3～4
棉布沾色	3	3
耐摩擦:干摩	3～4	3
湿摩	3	2～3

5. 粗纺毛织物

粗纺毛织物染色牢度见表7-5。

表 7-5　粗纺毛织物染色牢度

项目	优等品	一等品
耐光:浅色	3	3
深色	4	3～4
耐洗:原样变色	3～4	3～4
毛布沾色	3～4	2～3
棉布沾色	3	2～3
耐水:原样变色	3～4	3
毛布沾色	3	2～3
棉布沾色	3	2～3
耐热压（熨烫）:原样变色	3～4	3～4
棉布沾色	3	3
耐摩擦:干摩	3	2～3
湿摩	2～3	2

三、服装材料染色牢度检验的一般规定

1. 取样原则

半成品或成品取样应在距离匹织物两端 2 m 以外，离布边 5 cm 以外处。印花布还应包括同色位的全部色泽，若在一块试样中的各种色泽无法取全时，可分别取数块同样大小的试样，使各种色泽均能包括。

2. 评定原则

材料的变色牢度使用 GB/T 250—2008 评定变色用灰色样卡评定；沾色牢度使用 GB/T 251—2008 评定沾色用灰色样卡评定，评定各种牢度时，试样与样卡应放在同一平面上，样卡放在评定者左方，试样放在评定者右方，眼睛离布面距离应保持在 30～40 cm，评定应在晴天，采用北面光源；采用其它光源时，照度应等于或大于 600 lx，入射光与材料

表面角度约为45°，观察方向大致垂直于材料表面。

3. 评级原则

色牢度是根据试样的变色和贴衬织物的沾色分别评定的。评定变色牢度级别时，原样与试验后布样并置，然后与样卡放在一个平面上进行比较。无论变化性质如何，评级是以试后样与原样两者之间以目测对比色差的大小为依据，以样卡色差程度与试样相近的一级作为试样的牢度等级，也就是灰色样卡所表示的数字即为试样的牢度等级。印花布的各种色泽以最低等级作为代表，只有当试后样和原样间无色差时，才能评为五级。贴衬织物的沾色程度不论是从处理浴中吸收染料或从试样上直接转移的颜色，都是以目测检验贴衬织物与试样接触的一面加以评定的。处理浴的颜色不需考虑。试验中的每种贴衬织物都要评定沾色，缝线针脚处可以不计，方法同变色主评定原则。

变色用灰色样卡分为五级九档，五级为变色牢度最好，表示原样与试后样两者并无区别；一级为变色牢度最差。

沾色用灰色样卡分为五级九挡，五级表示无沾色，四级至一级表示沾色相对递增程度，一级表示沾色最严重。

四、耐洗色牢度

(一)试验原理

耐洗色牢度试验是将纺织品试样与规定的贴衬织物缝合，放入耐洗色牢度试验容器内，按选定的方法，加入配方规定的皂洗液，经皂洗牢度仪机械搅拌规定时间，然后取出进行清洗、干燥。处理完毕后，以评级用变褪色标准灰色样卡或以评级用沾色标准灰色样卡进行比较评级。

(二)试验准备

1. 试验设备与试剂

用SW-12耐洗色牢度试验机、评定变色用灰色样卡、评定沾色用灰色样卡、肥皂或标准合成洗涤剂、二次蒸馏水。

2. 贴衬织物的选择

第一块用试样的同类纤维制成，第二块则由表7-6规定的纤维制成。如果试样为混纺或交织织物，则第一块用主要含量的纤维制成，第二块用次要含量的纤维制成。单纤维贴衬织物的选择见表7-6。

表7-6 单纤维贴衬织物

第一块织物	第二块织物	第一块织物	第二块织物
棉	羊毛	醋纤	黏胶
羊毛、丝	棉	聚酰胺	羊毛或黏纤
黏胶、亚麻	羊毛	聚脂、聚丙烯腈	羊毛或棉

3. 试样

① 如试样是织物，取40 mm×100 mm试样一块，夹于两块40 mm×100 mm单纤维贴衬织物之间，沿四边缝合，形成一个组合试样。

② 如试样是纱线或散纤维，取纱线或散纤维约等于贴衬织物总质量一半，夹于两块

40～100 mm 规定的单纤维贴衬织物之间,沿四边缝合,形成一个组合试样。

（三）试验方法和程序

我国标准《耐洗色牢度试验方法》中列有五个方法,其试液配方和试验条件见表 7-7。按照各种产品标准所指定的方法或按客户制定标准选用。

表 7-7　耐洗色牢度试验参数

条件＼方法	试验温度（℃）	处理时间（min）	皂液组成	备注
方法一	40	30	标准皂片 5 g/L 或 4 g/L 标准洗涤剂	
方法二	50	30	标准皂片 5 g/L 或 4 g/L 标准洗涤剂	
方法三	60	30	标准皂片 5 g/L＋无水碳酸钠 2 g/L 或 4 g/L 皂片＋1 g/L 纯碱	
方法四	95	30	标准皂片 5 g/L＋无水碳酸钠 2 g/L	加 10 不锈钢球
方法五	95	4 h	标准皂片 5 g/L＋无水碳酸钠 2 g/L	加 10 不锈钢球

耐洗色牢度分为五级,一级最差,褪色严重,五级最好。沾色色牢度也分为五级,一级沾色最严重,五级沾色色牢度最好。

1. 试验步骤

（1）试验配方和试验条件

皂片 5 g/L,或合成洗涤剂 4 g/L;温度（40±2）℃;时间 30 min。

（2）步骤

① 接通总电源（在箱体右后侧）,LED 均显示 0。

② 工作状态预置:在 LED 显示 0 时,按"预置"键,LED 显示前次预置的工作室。预热室温度及工作时间如需修改,则按"位选"键后并按"＋""－"键,依次对工作室、预热室温度及工作时间进行预置,预置完毕后再按一次"预置"键,LED 恢复显示 0 后预置结束。

③ 往工作室内加注蒸馏水,水位高度以水位线为准,当注水至规定水位时水位灯亮,示意加热器可以工作。当旋转架未装试样杯时以下面水位线为准,当装上试样杯时,以上面水位线为准。

④ 按"（工作）加热"键,再按"（预热）加热"键,工作室及预热室的蒸馏水开始升温。

⑤ 配制好浴比为 50∶1 的皂液,并放入预热室预热,准备好试样。

⑥ 当工作室及预热室达到规定温度（按国家标准设定为（40±2）℃）时,讯响器给以提示,这时打开门盖,将组合试样放入试样杯,注入预热到（40±2）℃的皂液及钢珠（按照试验方法的需要）,盖好试样杯,逐一将试样杯插入旋转架的孔中,旋转 450°,将试样杯安装在旋转架上（如果不需要全部试样杯,对安装在旋转架每一面的试样杯数量需相同,以保证旋转架的平衡）。按"开/停"键,旋转架开始工作,并开始计时。如需暂停试验,再按一下"开/停"键,旋转架停止转动,LED 保留已运转时间,继续试验时则再按一下"开/停"键,旋转架继续运转至试验结束。

⑦ 当讯响器发出信号时,表示已达到规定时间,这时旋转架停止运转,打开门盖,取

下试样杯,倒出试液、试样及钢珠。

如不连续试验时,关闭总电源。

⑧ 需排水时,将排水管出口挂在水池上,按"排水"键即可排水,排完水后再按"排水"键停止排水。

⑨ 取出的组合试样,用冷的二次蒸馏水清洗两次,然后在流动冷水中冲洗 10 min,挤去水分,展开组合试样,使试样和贴衬仅由一条缝线连接,悬挂在不超过 60℃ 的空气中干燥。用灰色样卡评定试样的变色和贴衬织物的沾色。

(3)试验报告

对试样的变色和每种贴衬织物的沾色级数做出报告,并说明选用的试剂和方法。

五、耐水色牢度

(一)试验原理

耐水色牢度的检测用于检测各类服装材料颜色的耐水浸渍能力,其检验原理为将织物试样与一或二块规定的贴衬织物贴合一起,浸入水中,挤去水分,置于试验装置的两块平板中间,承受规定压力。干燥试样和贴衬织物,用灰色样卡评定试样的变色和贴衬织物的沾色。

(二)试验准备

1. 设备和试剂

① 试验装置:由一副不锈钢架构成,架内配一质量为 5 kg,底部为 60 mm×115 mm 的重锤,并附有尺寸相同,厚度为 1.5 mm 的玻璃或丙烯酸树脂板,使 40 mm×100 mm 的组合试样受压 12.5 kPa。试验时重锤去除,试验装置应仍能保持试样受压 12.5 kPa 不变。如组合试样尺寸不足 40 mm×100 mm,重块施加于试样的压力仍应为 12.5 kPa。

② 烘箱:温度保持在(37±2)℃。

③ 检测用水为三级水。

④ 评定变色用灰色样卡和评定沾色用灰色样卡。

2. 试样准备

试样的制备方法有三种,具体如下:

① 如试样是织物,选用下列两种方法中的一种制备:

a. 取 40 mm×100 mm 试样 1 块,正面与 1 块 40 mm×100 mm 的多纤维贴衬织物相接触,沿一短边缝合,形成一个试样。

b. 取 40 mm×100 mm 试样 1 块,夹在尺寸为 40 mm×100 mm 的 2 块单纤维贴衬织物之间,沿着一条短边缝合,形成 1 块组合试样。

② 如试样是纱线,将纱线编成织物,按织物试样制备;或以平行长度组成一薄层,用量约为贴衬织物总量的一半。按下列两种方法之一制备:一是夹于 1 块 40 mm×100 mm 多纤维贴衬织物及 1 块 40 mm×100 mm 染不上颜色的织物之间,沿四边缝合,形成一个组合试样;二是夹于两块 40 mm×100 mm 规定的单纤维贴衬织物之间,沿四边缝合,形成另一个组合试样。

③ 如试样是散纤维,将其梳理压成一薄层,取其量约为贴衬织物总量的一半。按下列两种方法之一制备:一是夹于 1 块 40 mm×100 mm 多纤维贴衬织物及 1 块 40 mm×

100 mm 染不上颜色的织物之间，沿四边缝合，形成一个组合试样；二是夹于两块 40 mm ×100 mm 规定的单纤维贴衬织物之间，沿四边缝隙合，形成另一个组合试样。

3. 贴衬织物

使用的贴衬织物有两种，任选其一，尺寸均为 40 mm×100 mm，一块是多纤维贴衬织物，另两块是单纤维贴衬织物。单纤维贴衬织物中，第一块用试样的同类纤维制成，第二块则由单纤维制成，单纤维贴衬织物的选择参照表 7-6；如试样为混纺或交织品，则第一块用主要含量的纤维制成，第二块用次要含量的纤维制成。或另作规定。如需要，用一块不上色的织物（如聚丙烯类）。

（三）试验方法和程序

1. 检测方法

在室温下将组合试样置入三级水中完全浸湿，倒去溶液，平置于两块玻璃或丙烯酸树脂板之间，放于预热的试验装置中，受压 12.5 kPa。将带有组合试样的装置放入烘箱内，于 (37 ± 2)℃下处理 4 h 后断开组合试样上除一短边外所有的缝线，展开组合试样，悬挂在不超过 60℃的空气中干燥。

2. 结果评定

① 用灰色样卡评定试样的变色级数和贴衬织物的沾色级数。如用单纤维贴衬织物，即所用每种单纤维贴衬织物的沾色级数。如用多纤维贴衬织物，即所用多纤维贴衬织物类型及每种纤维的沾色级数。

② 写出检测报告。

3. 注意事项

① 每台试验设备可装多至 10 块试样，每块试样间用一块板隔开。

② 发现有风干的试样，必须弃去，重做。

六、耐汗渍色牢度

（一）试验原理

将服装材料试样与规定的贴衬织物合在一起，放在含有组氨酸的两种不同试液中，分别处理后，去除试液，放在试验装置内两块具有规定压力的平板之间，然后将试样和贴衬织物分别干燥，用灰色样卡评定试样的变色和贴衬织物的沾色。

（二）试验准备

1. 设备和试剂

YG631 型汗渍色牢仪，Y902 型汗渍色牢度烘箱及以下试剂。

① $C_6H_9O_2N_3 \cdot HCl \cdot H_2O$。

② NaCl（氯化钠），化学纯。

③ $Na_2HPO_4 \cdot 12H_2O$（磷酸氢二钠十二水合物）或 $Na_2HPO_4 \cdot 2H_2O$（磷酸氢二纳二水合物），化学纯。

④ $Na_2H_2PO_4 \cdot 2H_2O$（磷酸二氢纳二水合物），化学纯。

⑤ NaOH（氢氧化钠），化学纯。

2. 贴衬织物的选择

每个组合试样需两块贴衬织物，每块尺寸为 40 mm×100 mm，第一块用试样的同类纤维制成,第二块则由表 7-6 规定的纤维制成。如试样为混纺或交织织物,则第一块用主要含量的纤维制成,第二块用次要含量的纤维制成。

3. 试样准备

① 测试样品为织物的,取 40 mm×100 mm 试样一块,夹于两块 40 mm×100 mm 规定的单纤维贴衬织物之间,沿一短边缝合,形成一个组合试样。整个试验需两个组合试样。

用印花织物试验时,将试样剪为两半,一半的正面与二贴衬织物每块的一半相接触,剪下的其余一半,交叉覆于背面,缝合二短边。如不能包括全部颜色,需用多个组合试样。

② 测试样品为纱线或散纤维的,取纱线或散纤维约等于贴衬织物总质量之半,夹于两块 40 mm×100 mm 规定的单纤维贴衬织物之间,沿四边缝合,形成一个组合试样,整个试验需两个组合试样。

(三)试验方法和程序

1. 试液配制—试液用蒸馏水配制,现配现用。

① 碱液每升含:

L—组氨酸盐酸盐—水合物($C_6H_9O_2N_3$・HCl_{H_2O})	0.5 g
氯化钠(NaCl)	5 g
磷酸氢二钠十二水合物(Na_2HPO_4・$12H_2O$)	5 g
磷酸氢二纳二水合物($Na_2H_2PO_4$・$2H_2O$)	2.5 g
用 $C(NaOH)=0.1$ mol/L 氢氧化钠溶液调整试液 pH 值至	8

②酸液每升含:

L—组氨酸盐酸盐—水合物($C_6H_9O_2N_3$・HCl・H_2O)	0.5 g
氯化钠(NaCl)	5 g
磷酸氢二纳二水合物($Na_2H_2PO_4$・$2H_2O$)	2.2 g
用 $C(NaOH)=0.1$ mol/L 氢氧化钠溶液调整试液 pH 至	5.5

2. 试验步骤

① 在浴比为 50:1 的酸、碱试液里,分别放入一块组合试样,使其完全润湿,然后在室温下放置 30 min,必要时可稍加按压和拨动,以保证试液能良好而均匀地渗透。取出试样,倒去残液,用两根玻璃棒夹去组合试样上过多的试液,或把组合试样放在试样板上,用另一块试样板刮去过多的试液,将试样夹在两块试样板中间。用同样的步骤放好其它组合试样,然后使试样受压 12.5 kPa。

② 把带有组合试样的酸、碱二组仪器放在恒温箱里,在(37±2)℃下放置 4 h。

③ 拆去组合试样上除一条短边外的所有缝线,展开组合试样,悬挂在温度不超过 60℃的空气中干燥。碱和酸试验使用的仪器要分开。

④ 用灰色样卡评定每一块试样的变色和贴衬织物与试样接触一面的沾色。

3. 试验报告

对酸、碱试液中的试样变色和每一种贴衬织物的沾色级数分别做出报告。

七、耐摩擦色牢度

(一)试验原理

将试样分别用一块干摩擦布和湿摩擦布摩擦,此时染色试样上的染料发生褪色,并沾污白色贴衬织物,用灰色样卡评定白布沾色程度。

(二)试验准备

1.仪器设备及材料

摩擦牢度试验仪;标准棉贴衬布(50 mm×50 mm用于圆形摩擦头,25 mm×100 mm用于长方形摩擦头);待测试样;评定沾色用灰色样卡和二次蒸馏水。

2.试样准备

① 若被测纺织品是织物或地毯,必须备有两组不小于50 mm×200 mm的样品,一组其长度方向平行于经纱,用于经向的干摩和湿摩;另一组其长度方向平行于纬纱,用于纬向的干摩和湿摩。

当测试有多种颜色的纺织品时,应细心选择试样的位置,应使所有颜色都被摩擦到。若各种颜色的面积足够大时,必须全部取样。

② 若被测纺织品是纱线,将其编结成织物,并保证尺寸不小于50 mm×200 mm,或将纱线平行缠绕于与试样尺寸相同的纸板上。

(三)试验方法和程序

1. 试验步骤

① 打开电源开关,利用计数器上的拨盘,设定你所需要的摩擦次数。

② 干摩擦:将试样平放在摩擦色牢度仪测试台的衬垫物上,用夹紧装置将试样固定在试验机底板上(以摩擦试样不松动为准)。将干摩擦布固定在摩擦头上,使摩擦布的经向与摩擦头的运行方向一致。将测试台拉向一侧。按计数器上"清零"按钮,使计数器清零后再按"启动"键,摩擦头在试样上作往复直线运动至设定次数后自动停止。在10 s内摩擦10次,往复动程为100 mm,垂直压力为9 N。分别试验经向和纬向。

③ 湿摩擦:将摩擦布用二次蒸馏水浸透取出,使用轧液辊挤压,或将摩擦布放在网格上均匀滴水,使摩擦布湿润,使其含水量在95%～105%,将测试台拉向一侧,用湿摩擦布按上述方法做湿摩擦试验。摩擦试验结束后,将湿摩擦布在室温下晾干。

④ 摩擦时,如有染色纤维被带出,而留在摩擦布上,必须用毛刷把它去除,评级仅仅考虑由染料沾色的着色。

⑤ 试验完毕后,用评定沾色用灰色样卡分别评定上述干、湿摩擦布的沾色牢度。

⑥ 如做绒类试样的试验,应更换附件中的方形摩擦头。

2. 试验报告

对试样的经向、纬向的干、湿摩擦的沾色级数分别做出报告。

八、耐光色牢度

(一)试验原理

耐光色牢度测试是把试样与一组蓝色羊毛标准(按其在光的照射下的褪色程度分为8级,1级褪色最严重,8级最不易褪色)同时放在相当于日光(D65)的人造光源下按规定条件进行曝晒,然后比较试样与蓝色羊毛标准的变色情况,从而评定出试样的日晒牢度等级。

(二)试验准备

① 仪器设备:耐光色牢度仪(氙弧灯)、评级用光源箱、评级用变褪色标准灰色样卡等。

② 试验材料:蓝色羊毛标准待测试样。

③ 试样准备:试样的尺寸可以按试样数量、设备的试样夹形状和尺寸来确定。若采用空冷式设备,在同一块试样上进行逐段分期暴晒,通常使用的试样面积不小于 45 mm×10 mm,每一暴晒面积不小于 10 mm×8 mm。将待测试样紧附于硬卡上,若为纱线,则将纱线紧密卷绕在硬卡上,或平行排列固定于硬卡上。若为散纤维,将其梳压整理成均匀薄层固定于硬卡上。

试验绒毛织物时,可在蓝色羊毛标准下垫衬硬卡,以使光源至蓝色羊毛标准的距离与光源至绒毛织物表面的距离相同。但必须避免遮盖物将试样未暴晒部分的表面压平。绒毛织物的暴晒面积应不小于 50 mm×40 mm 或更大。

(三)试验方法和程序

耐光色牢度测试方法有日光试验法、氙弧灯试验仪法和碳弧灯试验仪法三种。其中日光试验法最接近实际情况,但试验周期长,操作不便,难以适应现代生产管理的需要。因此在实际工作中一般采用后两种方法。后两种方法使用的是人造光源,虽光谱接近日光,但与日光的光谱还是存在着一定的差异,并且各种光源的光谱也有一定的区别,因而测试结果会受到影响。在遇到有争议时,仍以日光试验法为准。

此处以氙弧灯试验仪法测试耐光色牢度为例。

1. 试验操作步骤

① 将装好的试样夹安放于设备的试样架上,呈垂直状排列。试样架上所有的空档,都要用没有试样而装着硬卡的试样夹全部填满。

②开启氙灯,在预定的条件下对试样(或一组试样)和蓝色羊毛标准同时进行暴晒。其方法和时间以能否对照蓝色羊毛标准评出每块试样的耐光色牢度为准。

方法一:

此方法最精确,一般可在评级有争议时采取。其基本特点是通过检查试样来控制暴晒周期,所以,每块试样需配备一套监色羊毛标准。

将试样和蓝色羊毛标准按照样图 7-1 排列,将遮盖物 AB 放在试样和蓝色羊毛标准的中段 1/3 处。在规定条件下暴晒,不时提起遮盖物 AB,检查试样的光照效果,直至试样的暴晒和未暴晒部分之间的色差达到评级用变褪色标准灰色样卡 4 级。用另一个遮盖物(图 7-1 中的 CD)遮盖试样和蓝色羊毛标准的左侧 1/3 处,继续暴晒,直至试样的暴晒和未暴晒部分的色差达到评级用变褪色标准灰色样卡 3 级。如果蓝色羊毛标准 7 级的褪色比试样先达到评级用变褪色标准灰色样卡 4 级,此时暴晒即可终止。因为当试样具有等于或高于 7 级耐光色牢度时,则需要很长的时间暴晒才能达到评级用变褪色标准灰色样卡 3 级的色差。再者,当耐光色牢度为 8 级时,这样的色差就不可能测得。所以,当蓝色羊毛标准 7 级以上产生的色差等于评级用变褪色标准灰色样卡 4 级时,即可在蓝色羊毛标准 7~8 级的范围内进行评定。

方法二:

本方法的基本特点是通过检查规定为最低限度级标准来控制暴晒周期。将试样与蓝色羊毛标准分别用不透明光盖条 AB 遮去 1/2,如图 7-2 所示。试样与蓝色羊毛标准同时进行暴晒,暴晒时间根据试样所需耐光牢度而定,如试样最低性能要求为 6 级,则将蓝色羊毛标准的 6 级晒至灰色卡的 3 级即可。

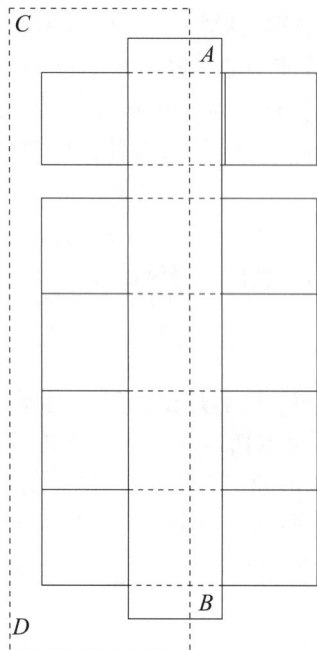

试样和蓝色羊毛标准
AB 第一次遮盖
CD 第一次遮盖

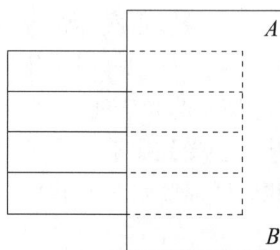

图 7-1 方法一的装样法　　　　　**图 7-2 方法二的装样法**

方法三：

该方法适用于核对与某种性能规格是否一致,允许试样只与两块蓝色羊毛标准一起暴晒,一块按规定为最低允许牢度的蓝色羊毛标准和另一块为更低的蓝色羊毛标准。连续暴晒,直到在后一块蓝色羊毛标准的分段面上达到评级用变褪色标准灰色样卡 4 级(第一阶段)和 3 级(第二阶段)的色差。

方法四：

该方法适用于检验是否符合某一商定的参比样,允许试样只与这块参比样一起暴晒。连续曝晒,直到参比样上达到评级用变褪色标准灰色样卡 4 级或 3 级的色差。

③ 在试样的暴晒和未暴晒部分之间的色差达到灰色样卡 3 级后,停止试验,进行耐光色牢度的评定。

④ 移开所有遮盖物,试样和蓝色羊毛标准露出试验后的两个或三个分段面,其中有的已暴晒过多次,连同至少一处未受到暴晒的,在标准光源箱中比较试样和蓝色羊毛标准的相应变色。

试样的耐光色牢度为显示相似变色(试样暴晒和未暴晒部分间的目测色差)蓝色羊毛标准的号数。如果试样所显示的变色在两个相邻蓝色羊毛标准的中间,而不是近于两个相邻蓝色标准中的一个,则应评判为中间级数,如 4.5 级等。如果不同阶段的色差上得出了不同的评定,则可取其算术平均值作为试样耐光色牢度,以最接近的半级或整级来表示。当级数的算术平均值为 1/4 或 3/4 时,则评定应取其邻近的高半级或一级。如果试样颜色比蓝色羊毛标准 1 更易褪色,则评为 1 级。

2. 试验报告要求

① 记录试验用方法。

② 贴样并标明各试样耐光色牢度的级别。

九、耐刷洗色牢度

（一）试验原理

模拟家庭洗涤实践中的刷洗条件及穿着过程中，特别是湿润状态下头发对衣领的摩刷作用，考察纺织品耐刷洗的能力。具体做法是把纺织品试样浸渍皂液或洗涤剂溶液后，用标准的耐纶刷子往复刷洗至规定次数，然后将试样洗净、干燥。用灰色样卡评定试样的变色。

（二）试验准备

1. 试样准备

剪取 250 mm×80 mm 织物 1 块，长方向为经向。印花织物试验时，如试样的受试面积上不能包括全部颜色，需取多个试样分别试验。

2. 试液配制

用蒸馏水配制每升含 5 g 标准皂片和 2 g 无水碳酸钠的皂液。或用蒸馏水配制每升含 4 g 标准洗涤剂和 1 g 无水碳酸钠的溶液。

（三）试验方法与程序

1. 操作步骤

① 将配制好的皂液或洗涤剂溶液约 250 mL（浴比不小于 50∶1）置于 500 mL 烧杯中，升温至（60±2）℃，然后将试样投入，使之浸没，充分润湿。浸渍 1 min 后，将试样取出，用玻璃棒挤去试样上的多余溶液，平铺于刷洗色牢度仪的平板上，两端用夹持器固定（以刷洗时试样不松动为准）。

② 将锦纶刷子置于试样上，摇动手柄或启动开关，刷子在试样上沿 10 cm 轨迹往复直线刷洗 25 次、50 次或 100 次，每往复刷洗一次为 1 s，刷洗头向下的压力为 9N，每刷洗 25 次后，往试样上添加约 10 mL 溶液，以使其润湿。刷洗完毕后，取下试样，投至 40℃ 左右的蒸馏水中充分洗净，将洗净后的试样悬挂在不超过 60℃ 的空气中干燥。

③ 在进行下一次刷洗试验前，清洁锦纶刷子。

2. 检测结果

用灰色样卡评定织物试样的变色。

3. 试验报告要求

根据刷洗后试样的变色级数对织物的耐刷洗色牢度作出评价。

十、耐热压（熨烫）色牢度

（一）试验原理

服装材料的试样在规定温度和规定压力下的加热装置中受压一定时间，试验后立即用灰色样卡评定试样的变色和贴衬织物的沾色。然后在规定的空气中暴露一段时间后再做评定。

（二）试验准备

1. 设备和材料

① YG605 型熨烫/升华色牢度仪，其加热装置由一对光滑的平行板组成，装有能精

确控制的电加热系统,并能赋予试样(4±1)kPa的压力。

② 平滑石棉板厚3～6 mm。

③ 衬垫采用单位面积质量为269 g/m² 的羊毛法兰绒,用两层羊毛法兰绒做成厚约3 mm的衬垫,也可用类似的光滑毛织物或毡做成厚约3 mm的衬垫。

④ 未染色、未丝光的漂白棉布。

2. 试样准备

① 如试样是织物,取40 mm×100 mm试样一块。

② 如试样是纱线,将它编成织物,取40 mm×100 mm试样一块。

③ 如试样是散纤维,取足够量梳压成40 mm×100 mm的薄层,并缝在一块棉贴衬织物上,以作支撑。

(三)试验方法和程序

1. 试验步骤

① 加压的温度是按照纤维类别和服装材料的组织结构来确定的,如混纺品,建议所用的温度与其中最不耐热的纤维相适应。通常使用下述三种温度:(110±2)℃,(150±2)℃,(200±2)℃。必要时也可采用其它温度,但要在试验报告上注明。

② 经受过任何加热和干燥处理的试样,必须在试验前于标准大气[按GB6529,即温度为(20±2)℃,相对湿度为(65±2)%]中调湿。

③ 不管加热装置的下平板是否加热,应始终覆盖着石棉板、羊毛法兰绒和干的未染色的棉布。

④ 干压:把干试样置于覆盖在羊毛法兰绒衬垫之上的棉布上,放下加热装置的上平板,使试样在规定温度受压15s。

⑤ 潮压:把干试样置于覆盖在羊毛法兰绒衬垫之上的棉布上,取一块40 mm×100 mm的棉贴衬织物浸在水中,经挤压或甩干使之含有自身质量的水分,然后将这块湿织物放在干试样上。放下装置的上平板,使试样在规定温度受压15s。

⑥ 湿压:将试样和一块40 mm×100 mm的棉贴衬织物浸在二次蒸馏水中,经挤压或甩干使之含有自身重量的水分后,把湿的试样置于覆盖在羊毛法兰绒衬垫之上的棉布上,再把棉贴衬织物放在试样上。放下加热装置的上平板,使试样在规定温度受压15s。

⑦ 立即用相应的灰色样卡评定试样的变色。然后将试样在标准大气中调湿4 h后再作一次评定。

⑧ 用相应的灰色样卡评定棉贴衬织物的沾色。要用棉贴衬织物沾色较重的一面评定。

2. 试验报告

试验报告应包括下列内容:

① 注明试验依据的标准编号。

② 注明试样的状况,即:织物、纱线或散纤维。

③ 试验程序(干、湿或潮压),使用的加热装置和加热温度。

④ 试样在试验后立即评定的变色级数以及用标准大气调湿4 h后再评定的变色级数。

⑤ 棉贴衬织物沾色的级数。

十一、耐干洗色牢度

（一）试验原理

将纺织品试样和不锈钢片一起放入棉布袋内，置于全氯乙烯内搅动。然后将试样挤压或离心脱液，在热空气中烘燥，用灰色样卡评定试样的变色。试验结束，用透射光将过滤后的溶剂与空白溶剂对照，用评定沾色用灰色样卡评定溶剂的着色。

（二）试验准备

1. 仪器用具与试样材料

耐洗色牢度试验机；评定变色、沾色用灰色样卡；比色管（直径为 25 mm）。全氯乙烯（储存时应加入无水碳酸钠，以中和任何可能形成的盐酸）。待测织物试样；未染色的棉斜纹布［单位面积质量为(270±70)g/m²，不含整理剂，剪成 120 mm×120 mm 样布］；耐腐蚀的不锈钢片［直径为 30±2 mm，厚度为(3±0.5)mm，光洁无毛边，质量为(20±2)g］。

2. 试样准备

剪取 40 mm×100 mm 试样。将两块未染色的正方形棉斜纹布沿三边缝合，制成一个内尺寸为 100 mm×100 mm 的布袋，将一块试样和 12 片不锈钢圆片放入袋内，缝合袋口。

（三）试验方法与程序

1. 操作步骤

① 设定预热室和工作室水浴温度都为(30±2)℃。

② 把装有试样和钢片的布袋放入试杯内，加入 200 mL 全氯乙烯，预热至 30±2℃。

③ 当耐洗色牢度试验机工作室水浴温度为 30±2℃时，切断电源，把试杯移入工作室内，重新通电，使机器运转 30 min。

④ 当机器发出蜂鸣声响，拿出试杯，取出试样，夹于吸水袋或布之间，挤压或离心去除多余的溶剂，将试样悬挂在温度为(60±5)℃的热空气中烘燥。

2. 检测结果

用灰色样卡评定试样的变色。试验结束后，用滤纸过滤留在试杯中的全氯乙烯溶剂。将过滤后的溶剂和空白溶剂倒入置于白纸前的比色管，采用透射光，用评定沾色用灰色样卡比较两者的颜色。

第二部分　综合性、设计性试验

一、试验目的与要求

了解服装材料染色牢度的技术要求和检测的一般规定。通过本试验，掌握检测服装材料几种色牢度的测试原理和测定方法，以便对所检测服装材料的色牢度质量做出正确的分析与评价，培养综合性试验能力。

二、试验内容

本试验以机织毛织物服装材料为例，测试织物内在质量的染色牢度指标，需要测试的项目需根据产品的最终用途来选择相应的测试项目,测试项目按照前面所说的测试原理和测试方法进行织物色牢度的测试,然后用灰色样卡评定试样的变色和贴衬织物的沾色等级,最后对所测服装面料做出正确等级评定与评价。

三、试验原理和方法

染色服装材料所受外界因素作用的性质不同,就有各种相应的染色牢度。服装面料的染色色牢度评定项目包括:耐皂洗、耐水、耐汗渍、耐日晒、耐刷洗、耐摩擦、耐热压和耐干洗色牢度等。服装面料的色牢度测试结果用级数来表示,一般分为五级,一级染色牢度最差,五级最好。测试试样需测项目根据产品的用途来决定,然后综合对织物的色牢度质量进行评价,得出是优等品、一等品、二等品还是等外品,染色色牢度具体评等指标要求见表7-8。

表 7-8　毛织物染色牢度指标要求

项目		优等品	一等品	二等品
耐洗色牢度(级)≥	原样褪色	4	3～4	3～4
	毛布沾色	4	4	3
	其它贴衬沾色	4	3～4	3
耐摩擦色牢度(级)≥	干摩擦	4	3～4	3
	湿摩擦	3～4	3	～3
耐水色牢度(级)≥	原样褪色	4	3～4	3
	毛布沾色	3～4	3	3
	其它贴衬沾色	3～4	3	3
耐汗渍色牢度(级)≥	原样褪色(酸性)	4	3～4	3
	毛布沾色(酸性)	4	4	3
	其它贴衬沾色(酸性)	4	3～4	3
	原样褪色(碱性)	4	3～4	3
	毛布沾色(碱性)	4	4	3
	其它贴衬沾色(碱性)	4	3～4	3
耐光色牢度(级)≥	≤1/12 标准深度(浅色)	4	3	2
	＞1/12 标准深度(深色)	4	4	3
耐刷洗色牢度(级)≥	原样褪色	4	3～4	3
耐热压色牢度(级)≥	原样褪色	4	4	3～4
	棉布沾色	4	3～4	3
耐干洗色牢度(级)≥	原样褪色	4	4	3～4
	溶剂变色	4	4	3～4

四、试验条件

测试仪器,请参考相关单项检测项目。试验试样是染色机织毛织物(羊毛及其它动物纤维含量 30％以上)服装面料若干和检测标准规定的可供选择的贴衬织物。

五、试验步骤

① 根据产品的用途选择需要检测的项目。

② 准备试样,取样时要考虑取样位置及取样大小。

③ 各单项测试方法：

a. 耐洗色牢度:耐洗色牢度试验按 GB/T 3921—2008 执行。

b. 耐光色牢度:耐光色牢度试验按 GB/T 8427—1998 方法 3 执行。

c. 耐水色牢度:耐水色牢度试验按 GB/T 5713—1997 执行。

d. 耐汗渍色牢度:耐汗渍色牢度试验按 GB/T 3922—1995 执行。

e. 耐热压(熨烫)色牢度:耐热压色牢度试验按 GB/T 6152—1997 执行。耐热压(熨烫)试验中对不同纤维的规定试验温度。麻:(200±2)℃;纯毛、黏纤、涤纶、丝:(180±2)℃;腈纶:(150±2)℃;锦纶、维纶:(120±2)℃。混纺和交织物的规定试验温度采用其中温度低的一种(混纺比例低于 10％不作考虑)。

f. 耐摩擦色牢度:耐摩擦色牢度试验按 GB/T 3920—1997 执行。

g. 耐干洗色牢度:耐干洗色牢度试验按 GB/T 5711—1997 执行。

h. 耐刷洗色牢度:耐刷洗色牢度试验按 GB/T 420—2009 执行。

④ 结果记录与等级评定:根据各项试验结果对测试试样做出分析与评定,并进行讨论、总结。

思考题

1. 什么是耐摩擦色牢度? 湿摩擦试验中试样含水率是多少?

2. 什么是耐干洗色牢度? 测试时应注意什么?

3. 在该试验中,容易造成误判的主要原因是什么? 应怎样提高准确率?

本章小结

本章主要介绍了服装材料的色牢度检验,包括验证性试验和综合性、设计性试验两部分,主要介绍了服装材料染色牢度的技术要求和检测的一般规定。通过本试验,要求学生掌握检测服装材料几种色牢度的测试原理和测定方法,以便对所检测服装材料的色牢度质量做出正确的等级评定与评价,培养学生综合性试验能力。

参考文献

[1] 姚穆. 纺织材料学[M]. 北京:中国纺织出版社,2009.

[2] 刘静伟. 服装材料试验教程[M]. 北京:中国纺织出版社,2000.

[3] 余序芬. 纺织材料试验技术[M]. 北京:中国纺织出版社,2004.

[4] 张红霞. 纺织品检测实务[M]. 北京:中国纺织出版社,2007.

[5] 万融,刑声远. 服用纺织品质量分析与检测[M]. 北京:中国纺织出版社,2006.

[6] 王瑞. 纺织品质量控制与检验[M]. 北京:化学工业出版社,2006.

[7] 翟亚丽. 纺织品检验学[M]. 北京:化学工业出版社,2009.

［8］徐蕴燕. 织物性能与检测［M］. 北京：中国纺织出版社,2007.

［9］杨瑜榕. 纺织品检验实用教程［M］. 厦门：厦门大学出版社,2011.

［10］刑声远. 生态纺织品检测技术［M］. 北京：清华大学出版社,2006.

［11］吴坚,李淳. 家用纺织品检测手册［M］. 北京：中国纺织出版社,2004.

试验八　服装材料的透通性

本章知识点：1. 基本知识
　　　　　　2. 织物的透气性
　　　　　　3. 织物的透湿气性
　　　　　　4. 织物的透水性
　　　　　　5. 织物的透光性
　　　　　　6. 织物的保暖性
　　　　　　7. 综合性、设计性试验

在人们的着装中，服装作为人体与自然气候之间的一道屏障，随着外界气候的变化，人们在仅靠生理调节达不到人体所需的"气候"时，服装辅助人体行为调节，使人体能适应自然气候变化，随着人们生活水平的提高，应该说着装的舒适性成了第一位的要素。

服装的舒适性包括湿、热两方面的内容，即服装与人体和周围环境之间发生热、湿能量交换，从而保证干燥、适宜温度的服装气候。服装的这种对热、湿的效应，可用透通性加以测量与表达。所谓服装材料的通透性是指热、湿、空气气流等通过材料的性能，它包括服装及其材料的吸湿、放湿、运湿性能，服装及其材料的吸水、保水和透水性能，以及服装的隔热保暖性能和含气、运气性能。不同的服装对透通性的要求是有差别的，有的要求保暖性好，有的要求具有防雨性能，还有的则需要很好的防风性能等，以适应不同的使用目的。

第一部分　验证性试验

一、基本知识

织物透过空气的性能称为透气性。织物的透气性能主要与织物内纤维间、纱线间的空隙大小、多少以及织物厚度、织物表面状态有关。即与织物经纬纱线的线密度、捻度和纱线经纬密度、织物后整理等有关。

透湿性是指织物透过水汽的性能，水分子透过织物有三种方式：一是与高湿空气接触的纤维从高湿空气中直接吸湿，水分子由纤维内部传递至织物的另一面，并且向低湿空气中放湿；其次是由织物中纤维与纤维之间、纱线与纱线之间的毛细管作用传递水分；另外一种是水汽直接通过织物纱线或纤维间的空隙，至另一侧弥散放湿。

液态水从服装材料一面渗透到另一面的性能，称为服装材料的透水性。有时采用与透水性相反的指标——防水性来表示服装材料对液态水透过时的阻抗特性。透水性在两方面与舒适性有关：一方面是来自外界的水，如雨水，服装材料应该阻止其到达人体，因而采用防水整理来达到目的；另一方面，人体表面汗液的产生，就应该设法尽快透过服装材料面有效地排出，使人感到舒适。

光线照射不同的织物时，其透射的光是不同的，其透光性主要受被照射织物的色彩、织物的紧密度和厚度影响，浅色明度强织物透光率高于深色明度浅的织物；紧密度较大的织物透光率较小；越厚的织物对光线的吸收越多，透光率越小。

保暖性是服装维持人体热、湿能量平衡，使人体热不向外散发的性能；而与其相反的导热性是服装维持人体热、湿平衡，使人体热能向外散发的性能。保暖性与导热性是服装热传送性能同一事物的两种相反的描述方法，它们对改善皮肤热调节功能、穿着的舒适性具有特殊意义。在有温差的情况下，热量总是从高温向低温传递。在热的传递过程中，服装材料起着关键的作用。

二、织物的透气性

（一）仪器与设备

YG(B)461D 型数字式织物透气量仪。

（二）试样准备

将样品置于标准大气中调湿，一般调湿至少 12 h。试样需准备 10 块以上，每块试样的面积应大于试验圆台，一般剪取边长 15 cm 的方形试样。取样时应避开布边、褶皱和疵点，试样应具有代表性，一般采用梯形备样法。

（三）试验过程

① 选择试验条件，一般试验面积为 20 cm²，压强为 100Pa(服用织物)和 200 Pa(产业用织物)。如上述压强达不到或不适用，经相关方协商后可选用 50 Pa 或 500 Pa，也可选用 5 cm²、50 cm² 或 100 cm² 的试验面积。

② 测试前应先进行仪器校验。

③ 将试样固定在试验平台上，应保证试样平整而不被拉伸、变形，启动吸风机或其他装置，使空气通过试样，调节流量，使压力差逐渐接近规定值 1 min 后或达到稳定值，记录气流量。如使用容量计，为达到所需精度需测定容积约 10 dm³ 以上；使用压差流量计的仪器，应选择适宜的孔径，记录该孔径两侧的压差。

④ 在同样的条件下，对其余样品进行测试。

（四）结果计算

① 计算测定值的算术平均值 Q 和变异系数 CV 值(至最邻近的 0.1%)。

② 按式(1)或(2)计算透气率 R，结果修约至测量范围(测量档满量程)2%。

$$R = \frac{Q}{A} \times 167 (\text{mm/s}) \tag{8-1}$$

或者

$$R = \frac{Q}{A} \times 167 (\text{mm/s}) \tag{8-2}$$

式中：

Q——平均气流量，dm³/min(L/ min)；

A——试验面积，cm^2；

167——由 $dm^3 / min \times cm^2$ 换算成 mm/s 的换算系数；

0.167——由 $dm^3 / min \times cm^2$ 换算成 m/s 的换算系数。

其中式(4-52)主要用于稀疏织物、非织造布等透气率较大的织物。

③ 按式(4-53)计算透气率的 95% 置信区间（及 $R \pm \triangle$），单位和计算精度与 5.2 相同。

$$\triangle = S \cdot t / \sqrt{n} \tag{8-3}$$

式中：

S——标准偏差；

n——试验次数；

t——95% 置信区间、自由度为 $n-1$ 的信度值。

t 和 n 的对应关系见表 8-1。

表 8-1 t 和 n 关系表

n	5	6	7	8	9	10	11	12
t	2.776	2.571	23447	2.365	2.306	2.262	2.228	2.201

④ 对于使用压差流量计的仪器，先从压差—流量图表中查出透气率，然后计算其平均值、CV 值和 95% 置信区间，计算精度同上要求。

（五）注意事项

① 由于使用仪器差别较大，本方法仅做一般性描述，具体操作步骤详见仪器说明书。

② 如仪器经常使用，每星期应检查一次，以保证正常使用；如仪器偶尔使用或移动、修理以后，在试验前要对其进行检查。仪器应定期按规程进行校验。

③ 如织物正反两面透气性有差异时，应注明测试面。

三、织物的透湿气性

透湿量是指在织物两面分别存在恒定蒸汽压的条件下，在规定时间内通过单位面积织物的水蒸气质量。

（一）测试原理

把盛有吸湿剂或水并封以织物试样的透湿杯放置于规定温度和湿度的密封环境中，根据一定时间内透湿杯（包括试样和吸湿剂或水）质量的变化，计算出透湿量。

（二）测试仪器与试剂

试验箱：试验箱温度控制精度为 $\pm 0.5℃$，相对湿度控制精度为 $\pm 2\%$，循环气流速度为 $0.3 \sim 0.5 \, m/s$；透湿杯及附件示意图见《纺织材料试验技术》第 308 页，透湿杯内径为 60 mm，杯深 22 mm，透湿杯、压环、杯盖用铝制成，垫圈用橡胶或聚氨酯塑料制成，乙烯胶黏带宽度应大于 10 mm，固定试样、垫圈和压环的螺栓和螺帽用铝制成；精度为 0.001 g 的天平，干燥器、量筒等；吸湿剂为无水氯化钙（化学纯），粒度为 $0.63 \sim 2.5$ mm，使用前需在 160℃烘箱中干燥 3 h；蒸馏水、标准筛（孔径 0.63 mm 和孔径 2.5 mm 的各一个）。

（三）试样材料

直径为 70 mm，每个样品取 3 个试样（或按有关规定决定数量），当样品需测两面时，每面取 3 个试样,涂层试样一般以涂层面为测试面。

(四)试验步骤

1. 吸湿法

① 试验条件为温度 38℃,相对湿度 90%,气流速度为 0.3～0.5 m/s.

② 向清洁、干燥的透湿杯内装入吸湿剂并使吸湿剂成平面。吸湿剂的填满高度为距试样下表面位置 3～4 mm。

③ 将试样测试面朝上放置在透湿杯上,装上垫圈和压环,旋上螺帽,再用乙烯胶带从侧面封住压环、垫圈和透湿杯,组成试验组合体。

④ 迅速将试验组合体水平放置在已达到规定试验条件的试验箱内,经过半小时平衡后取出。

⑤ 迅速盖上对应的杯盖,放在 20℃左右的硅胶干燥器内平衡半小时。然后按编号逐一称重,称重时精确至 0.001 g,每个组合体称重时间不超过 30 s。

⑥ 拿去杯盖,迅速将试验组合体放入试验箱内,经过 1 h 试验后取出。按⑤中的规定称重,每次称重组合体的先后顺序应一致。

2. 蒸发法

① 试验条件为温度 38℃,相对湿度 2%,气流 0.5 m/s。

② 向清洁、干燥的透湿杯内注入 10 mL 水。

③ 将试样的测试面向下放置在透湿杯上,装上垫圈和压环,旋上螺帽,再用乙烯胶粘带从侧面封住压环、垫圈和透湿杯,组成试验组合体。

④ 将试验组合体水平放置在已达到规定试验条件的试验箱内,经过半小时平衡后,按编号在箱内逐一称重,精确至 0.001 g。

⑤ 经过 1 h 试验后,再次按同一顺序称重。如需在箱外称重,称重时杯子的环境温度与规定试验温度的差异不大于 3℃。

(五)试验结果计算

试样透湿量按式(8-4)计算

$$WVT = \frac{24 \Delta m}{S \cdot t} \tag{8-4}$$

式中:WVT 为每平方米每天(24 h)的透湿量(g/m² · d);T 为试验时间(h);Δm 为同一试验组合体 2 次称重之差(g);S 为试样试验面积(m²)。

算出 3 个试样的透湿量平均值,修约至 10 g/m² · d。

四、织物的透水性

织物能让水分子从它的一面渗透到另一面的能力叫做织物的透水性,无论在衣着上还是工业上均有着重要意义。例如用做雨衣、帐篷、帆布等的织物要求具有防水性能。织物的透水性与织物原料、厚度、结构紧密程度及织物表面的处理情况有关。

(一)试验原理

以织物承受的静水压来表示水透过织物所遇到的阻力。在标准大气条件下,试样的一面承受一个持续上升的水压,直到有三处渗水为止,并记录此时的压力,可以从试样的上面或下面施加水压。

（二）试验设备

YG(B)812D-20 型数字式织物渗水性测定仪，如图 8-1 所示。

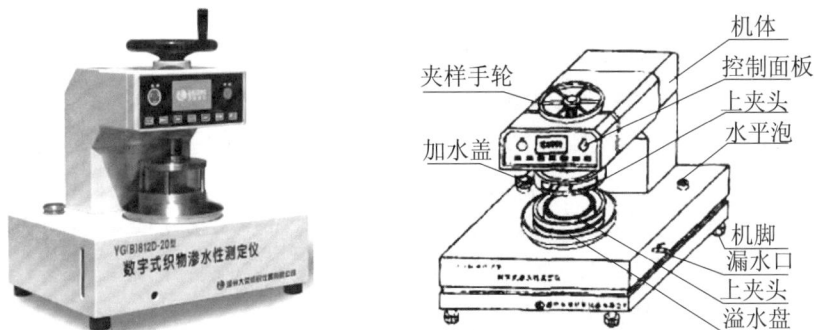

图 8-1 YG(B)812D-20 型数字式织物渗水性测定仪及示意图

（三）试样准备

① 取样后，尽量少用手触摸，避免用力折叠。除了调湿外不作任何方式的处理，在织物的不同部位至少取 5 块试样，尽可能使试样具有代表性。不应在有很深折皱或折痕的部位进行试验。

② 与试样接触的水必须是新鲜蒸馏水或去离子水，温度保持在(20±2)℃或(27±2)℃，选用哪种温度应在试验报告上注明(用较高温度的水，会得出较低的水压值，其影响的大小，因试样不同而已)。

（四）试验步骤

① 每块试样均需用新鲜蒸馏水或去离子水。

② 擦净夹紧装置表面的水，把调湿过的试样夹紧在试验头中，使织物试验面与水接触。夹紧时使水不会在试验开始前因受压而透过试样。然后立刻对试样施加递增的水压，并不断观察渗水的迹象。

③ 记录试样上第三处水珠刚出现时的水压，以 kPa(cm H_2O)表示。读取水压的精确度如下：

$$10 \text{ kPa}(1 \text{ m } H_2O)\text{以下}:0.05 \text{ kPa}(0.5 \text{ cm } H_2O);$$
$$10\sim20 \text{ kPa}(1\sim2\text{m } H_2O):0.1 \text{ kPa}(1 \text{ cm } H_2O);$$
$$20 \text{ kPa}(2\text{m } H_2O)\text{以上}:0.2 \text{ kPa}(2 \text{ cm } H_2O)。$$

④ 不考虑那些形成以后不再增大的微细水珠，在织物同一处渗出的连续性水珠不作累计。注意第三处渗水是否产生在夹紧装置的边缘处，若此时导致水压值低于同一样品的其它试样的最低值，则此数据应予剔除，需增补试样另行试验，直到获得正常结果所必需的次数为止。

（五）结果计算

按照上一节所述方法得到的试验数据，计算其平均值，以 kPa(cm H_2O)来表示每次试验结果及其平均值。

五、织物的透光性

（一）试验原理

当可见光透过试样时，测定一定波长间隔的单色光谱透射比，并计算试样的总光通量透射比。仪器采用平行光束照射试样,用一个积分球收集所有投射光线,以某一波段的光谱能量和该波段的光谱光视效率的乘积作为光通量。

(二)试验仪器

试验仪器应符合下列要求:

① 具有测定光谱透射比的功能。

② 可见光光源,提供波长在 380 ～780 nm 范围内稳定的可见光射线,适合的光源有氙灯或钨灯。

③ 单色仪,适合于在波长 380～780 nm 范围内,以 10 nm 或更小的光谱带宽的测定。

④ 具有通口和光电探测器的积分小球。

⑤ 能产生双光束的光学装置,通过单色仪能发射出两束波长相同,辐射通量近似相等的平行单色光(即样品光束与参比光束)。

⑥ 两束平行光束的入射光线与其光束轴偏转角不超过 5°。

⑦ 仪器应具有在波长为 380～780 nm 范围内按所需要波长间隔进行扫描的功能。

⑧ 试样夹,使试样在无张力状态下保持平整,该装置不应遮挡测试孔。

(三)试验材料的准备

对于匀质材料,距布边 5 cm,每个样品取 5 块有代表性的试样;对于具有不同色泽或结构的非匀质材料,每种颜色和每种结构均试验 5 块试样。试样尺寸应保证充分覆盖住仪器的孔眼。

(四)试验程序

① 参数设定:光束模式采用双光束;波长范围为 380～780 nm;波长间隔 10 nm;平均时间为 0.0125～0.1000 s,推荐 0.05 s。

② 测定未加试样时的光谱透射比,设定其为 100%基线。

③ 测定放置黑板时的光谱透射比,设定其为 0 基线。

④ 放置试样,保持试样平整,使用时面向阳光的织物面应朝向光源。

⑤ 按设定的波长间隔,扫描并记录试样在各波长的单色光谱透射比,以百分率表示,保留 1 位小数。

⑥ 对于匀质材料,以 5 个试样的平均值作为样品的试验结果;对于具有不同颜色或结构的非匀质材料,分别报出各种颜色或结构的平均值。

(五)试验结果计算

按照公式(8-5)计算每个试样对于 CIE 标准光源 D65 的总光通量透射比 τ,以百分率表示。计算 5 个试样的平均值,保留 1 位小数。

$$\tau_t = \frac{\sum\limits_{\lambda=380mm}^{780mm} S(\lambda) \times \tau_t(\lambda) \times V(\lambda) \times \Delta\lambda}{\sum\limits_{\lambda=380mm}^{780mm} S(\lambda) \times V(\lambda) \times \Delta\lambda} \tag{8-5}$$

式中:

τ_t——试样的总光通量透射比,%;

$\tau_t(\lambda)$——试样在波长为时的单色光谱透射比,%;

$S(\lambda)$——CIE 标准照明体 D65 的相对光谱功率分布(参照 FZ/T01009—2008《纺织品

织物透光性的测定》标准附录 A）；

$V(\lambda)$ 为光谱光视效率，等于 CIE 色匹配函数 $y(\lambda)$（参照 FZ/T01009—2008《纺织品织物透光性的测定》标准附录 A）；

$\Delta\lambda$ 为波长间隔，单位为纳米（nm）。

六、织物的保暖性

隔热保暖是冬令纺织品（如服装、床上用品等）及某些产业用纺织品的重要性能。通常用平板式织物保暖仪来测试。该法适用于各种纺织品。

（一）原理

将试样覆盖在平板式织物保暖仪的试验板上，试验板、底板以及周围的保护板都用电热控制相同的温度，并通过通、断电保持恒温，使试验板的热量只能通过试样的方向散发。试验时，通过测定试验板在一定时间内保持恒温所需要的加热时间来计算织物的保暖指标——保温率、传热系数和克罗值。

各保暖指标的含义：

保暖率 Q：无试样时的散热量 Q_0 和有试样时的散热量 Q_1 之差与无试样时的散热量 Q_0 之比的百分率。该值愈大，试样的保暖性愈好。

$$Q=\frac{Q_0-Q_1}{Q_0}\times100\%\qquad(8\text{-}6)$$

式中：Q_0 为无试样覆盖时试验板的散热量（W/℃），Q_1 为有试样覆盖时试验板的散热量（W/℃）。

传热系数 U：纺织品表面温差为 1℃ 时，通过单位面积的热流量。该值愈大，保暖性愈差。

$$U=\frac{U_0\cdot U_1}{U_0-U_1}\qquad(8\text{-}7)$$

式中：U 为试样传热系数（W/m^2·℃）；U_0 为无试样时试验板的传热系数（W/m^2·℃）；U_1 为有试样时试验板的传热系数（W/m^2·℃）。

克罗值 ULO 其物理意义是：当室温为 21℃、相对湿度不超过 50%、气流为 10 cm/s 时，试穿者静坐并保持舒适状态，其服装所需要的热阻。克罗值与传热系数的关系如下：

$$1CLO=\frac{1}{0.155U}\qquad(8\text{-}8)$$

式中：U 为试样的传热系数（W/m^2·℃）。

以上三个指标，均由仪器自动计算并显示。

（二）试样准备

每个样品裁取试样 3 块，尺寸为 30 cm×30 cm，试样应平整、无折皱。如果是纤维类试样，应经过开松处理，铺成厚薄均匀的纤维层，做对比试验时，应使平方米重量一致。调湿和测试的标准大气为温度（20±2）℃，相对湿度（65±2）%，调湿时间为 24 h。

（三）操作步骤

1. 做空板试验（试验板不包覆试样）。

① 按"电源"开关，开机。

② 设置试验参数：

试验板、保护板、底板的温度：上限 36℃，下限 35.9℃。预热时间：一般 30 min，也可视织物厚度和回潮率而定。循环次数：5 次。

③ 按"启动"键。各加热板开始预加热，当温度达到设定值，而且温差稳定在 0.5℃以内时，时间显示器即显示"t，tₙ"。

④ 按"复位"键，随即按"启动"键。"空板"试验开始，并自动进行，直到时间显示器显示"t，tₙ"，表示"空板"试验结束（通常每天开机只需做一次空板试验）。

2. 做有试样试验

① 放置试样。将试样平铺在试验板上（正面朝上或服装面料的外侧朝上），将试验板四周全部覆盖。

② 按"启动"键。开始第一块试样的试验，试验自动进行，直到时间显示器显示"t，tₙ"，表示该块试样试验结束。

③ 取出试样，换第二块。按"启动"键，重复上述过程，直至测完所有试样。

④ 自动打印试验结果。

⑤ 按"清除"键 3 次（因为是 3 块试样），清除前面试验数据（不能多按，否则会清除空板试验的数据）。

第二部分　综合性、设计性试验

一、试验目的

使用 YG(B)812D-20 型数字式织物渗水性测定仪测定水分子从织物一面透过的性能。通过试验了解透水性试验的意义和影响织物透水性的各项因素。

二、试验内容

选择三种不同布料（厚度不同、材料不同、密度不同），通过进行透水性能测试，评价三种织物透水性能的差异。

三、试验原理

织物能让水分子从一面渗透到另一面的能力叫做织物的透水性。透水性无论在民用上还是工业上均有着重要意义。例如用做雨衣、帐篷、帆布等的织物要求具有防水性能。织物的透水性与织物原料、厚度、结构紧密程度及织物表面的处理情况有关。

水分子通过织物的情况有三种：由于纤维对水分子的吸收，使水分子通过纤维内部而达到织物另一面；织物中纤维与纤维之间，纱线与纱线之间的毛细管作用；水压迫水分子通过织物中各空隙。

四、试样准备

取样后，尽量少用手触摸，避免用力折叠。除了调湿外不作任何方式的处理，在织物的不同部位至少取 5 块试样，尽可能使试样具有代表性。不应在有很深折皱或折痕的部位进行试验。

与试样接触的水必须是新鲜蒸馏水或去离子水,温度保持在(20±2)℃或(27±2)℃,选用哪种温度应在试验报告上注明(用较高温度的水,会得出较低的水压值,其影响的大小,因试样不同而已)。

五、试验步骤

① 每块试样均需用新鲜蒸馏水或去离子水。

② 擦净夹紧装置表面的水,把调湿过的试样夹紧在试验头中,使织物试验面与水接触。夹紧时使水不会在试验开始前因受压而透过试样。然后立刻对试样施加递增的水压,并不断观察渗水的迹象。

③ 记录试样上第三处水珠刚出现时的水压,以 kPa(cm H_2O)表示。读取水压的精确度如下:

$$10 \text{ kPa}(1 \text{ m } H_2O)\text{以下}:0.05 \text{ kPa}(0.5 \text{ cm } H_2O);$$
$$10\sim20 \text{ kPa}(1\sim2 \text{ m } H_2O):0.1 \text{ kPa}(1 \text{ cm } H_2O);$$
$$20 \text{ kPa}(2 \text{ m } H_2O)\text{以上}:0.2 \text{ kPa}(2 \text{ cm } H_2O)。$$

④ 不考虑那些形成以后不再增大的微细水珠,在织物同一处渗出的连续性水珠不作累计。注意第三处渗水是否产生在夹紧装置的边缘处,若此时导致水压值低于同一样品的其它试样的最低值,则此数据应予剔除,需增补试样另行试验,直到获得正常结果所必需的次数为止。

六、结果计算和评价

按照上一节所述方法得到的试验数据,计算其平均值,以 kPa(cm H_2O)来表示每次试验结果及其平均值。比较所选择织物的透水性能优劣。

思考题

1. 织物透气性测试的原理是什么?
2. 织物的透湿气性测试方法主要有哪些? 有何异同?
3. 影响织物透水性的因素有那些? 何种织物需要考虑透水性?
4. 织物的色彩、织物的紧密度和厚度对其透光性有何影响?
5. 织物保暖性能测试的工作原理是什么?

本章小结

本章主要介绍了服装材料的通透性,包括验证性试验和综合性、设计性试验两部分,主要介绍了织物的透气性、透湿气性、透水性、透光性和保暖性等,通过学习及试验操作,要求学生了解织物通透性涉及范围,熟悉织物通透性的原理及测试评价方法,能够用不同仪器对织物通透性进行测试,是对学生的试验技能的综合训练,培养学生的综合分析能力、试验动手能力、数据处理的能力。

参考文献

［1］姚穆. 纺织材料学［M］. 北京：中国纺织出版社，2009.

［2］余序芬. 纺织材料试验技术［M］. 北京：中国纺织出版社，2004.

［3］FZ/T 01009-2008，纺织品 织物透光性的测定［S］.

［4］张红霞. 纺织品检测实务［M］. 北京：中国纺织出版社，2007.

［5］万融，刑声远. 服用纺织品质量分析与检测［M］. 北京：中国纺织出版社，2006.

［6］王瑞. 纺织品质量控制与检验［M］. 北京：化学工业出版社，2006.

［7］翟亚丽. 纺织品检验学［M］. 北京：化学工业出版社，2009.

［8］刑声远. 生态纺织品检测技术［M］. 北京：清华大学出版社，2006.

［9］吴坚，李淳. 家用纺织品检测手册［M］. 北京：中国纺织出版社，2004.

［10］徐蕴燕. 织物性能与检测［M］. 北京：中国纺织出版社，2007.

［11］杨瑜榕. 纺织品检验实用教程［M］. 厦门：厦门大学出版社，2011.

试验九　服装材料的热感舒适性

本章知识点：1. 服装材料热感舒适性的基本知识
　　　　　　　　2. 服装材料热感舒适性的评价方法
　　　　　　　　3. 综合性、设计性试验

　　服装的基本功能之一是保持人体在热环境中的热平衡和热舒适。人体热舒适性依赖于服装的湿热传递性能、环境气候和人体体力活动。因此，服装材料的热感舒适性主要围绕人—服装—环境来进行研究。美国供暖、制冷与空调工程师协会标准（ASHRAE Standard 55—1992）将"热舒适"（thermal comfort）这一术语定义为：热舒适是对热环境表示满意的意识状态。

　　服装面料的热舒适性即指服装面料对人体与外界热能交换的调节能力。当外界气候寒冷时，需要服装面料具有较好的保温性能以御寒；当外界气候炎热时，则需要服装面料具有较好的散热性能。因此，服装材料的热感舒适性不仅需要满足人体生理状态的要求，同时，作为一种主观感觉，穿着舒适与否对人们日常生活、工作影响很大。由于服装需要在各种乃至极限环境下保持身体正常的热生理状态，是环境、服装、人体之间生物热力学的综合平衡，因此，服装材料的热感舒适性是所有服装舒适性中最重要的一个方面，换句话说，服装的一个重要任务是支持人体的热调节系统，使人体即使处于较大的环境变化和剧烈的体育运动中，仍能保持体温处于正常范围。正确估计和评价服装材料的热舒适性指标对服装设计者和穿用者而言都有重要的意义。

　　国内外学者在该领域已经取得了大量的研究成果，确定了多种衡量服装热感舒适性评价方法，主要有物理指标评价法、生理指标评价法和心理指标评价法。

第一部分　验证性试验

一、基本知识

　　传热（或隔热）性能是服装面料最主要且最基本的要求之一。它总是与其周围环境在物理、感官、生理及信息获取等方面处于动态相互作用状态，这些过程的交互式发生，决定了穿衣者的热舒适状态。其中，物理过程为人体感觉组织提供了信号或刺激，这些感觉组织受到信息，产生神经生理脉冲，并将这些脉冲传送给大脑（神经中枢），于是大脑开始调节出汗速率、血流甚至发颤带来的热量。大脑将感觉信号进行加工处理，使各种单个感觉的主观反应进一步评估过去的经历和愿望与对照加以权衡，当然这些经历和愿望受许多因素的影响,如环境、生理状态、社会文化背景以及人的心理状态等。因此,热舒适状态是在所有这些物理、生理和心理过程的综合基础上穿衣者的主观感知和判断。

目前国际上对各种功能服装新产品的研制开发或性能的评价,比较普遍使用五级评价系统。以下主要以服装的热舒适性为例阐述五级评价系统。

(一)材料试验

材料试验是指利用仪器对织物的热阻性能进行检测。通过面料试验,了解面料热舒适性的物理指标,为后续的试验提供客观依据。

(二)假人试验

由于服装是人穿的,所以用真人穿着服装来研究服装热阻从理论上来说是最合理的,但进行这样的生理性试验在实践中有许多不便之处。首先需要很好的测定人的真实散热量,其次要测定真人的皮肤表面温度,更重要的是真人的重复性差,受个人生理、心理因素和个体差异的影响,试验结果误差较大,所需人力、物力也较大。此外,人体试验在某些极端环境测试中(如高、低温等)还有一定的危险性,因此,目前国际上已普遍采用暖体假人来测试。暖体假人系统用以模拟人体、服装和环境之间的热湿交换过程,能在设定的环境条件下,方便地测试服装整体或局部的热性能参数,其优点是精确度高,重复性好,尤其可在真人无法试验的极端环境条件下,进行服装的热学性能测试试验。目前,暖体假人已在服装隔热保温性能评价、保暖机理研究和职业防护服装开发中发挥了重要的作用。

(三)人体穿着试验

使用假人测量服装的热传递性能虽然具有许多优点,但是它毕竟不能完全代替真人,因为假人没有温度感觉和体温调节机能,不会说话、无感情变化,假人的表面也很难模拟真人的皮肤特征,出汗和活动功能的模拟也是很有限的,服装材料的热感舒适性通常需要在穿着状态下加以研究,因此人体穿着试验是服装舒适性研究的一个重要方法。着装试验通常在人工气候室中进行。人工气候室是能试验温湿度、雨、雪、风、日照等气候现象的人为模拟室。在进行人体穿着试验时,人体状态一般有三种,即静态(如静坐)、动态(如慢跑、踏车运动等)、静动态(静坐-慢跑-静坐)。穿着状态一般有裸体、穿衣、单层与多层穿着等。测定的常规项目包括以下几个方向:

① 测试环境因素。如:气温、湿度、风速、辐射热、气压等。

② 测试服装因素。如:面料纤维种类、重量、厚度、服装表面积、衣下空气层、衣内温湿度、服装上滞附的汗液量、服装表面温湿度、热流量等。

③ 测试与人体生理反应相关的指标。如:体温、皮肤温度、心率、血压、能力代谢率、汗液量、脑电波等。

④ 记录人体感觉。如:身体局部或全身的冷暖感、舒适感、着装心理感觉等。

⑤ 计算服装的热阻。

(四)现场穿着试验

在实地场合用有限或大量的人员试穿服装,这类穿着试验主要应用于消费者的评估、市场检验或服装细节、型号的基础研究,获得更多关于产品最终用途的特殊信息。

(五)大规模穿着试验

大规模进行人体穿着试验,全面综合评价服装性能,为服装产品定型提供依据。

二、物理指标评价

根据人体活动所产生的热量与外界环境作用下穿衣人体的失热量之间的热平衡关系,分析环境对人体舒适的影响及满足人体舒适的条件。

(一)材料的导热系数

材料传递热的性质称为传热性,可用导热系数来表示。导热系数是指在稳定传热条件下,1 m厚的材料,两侧表面的温差为1度(K,℃),在1 s内,通过1 m²面积传递的热量,用λ表示,单位为瓦/平方米·度[W/(m²·℃)]。导热系数与材料的组成结构、密度、含水率、温度等因素有关。λ值越小,表示材料的导热性越差,保暖性越好。表9-1是常见纺织材料的导热系数。

羊毛织物的导热系数比其它纤维小,这是因为羊毛纤维中含有很多固有的卷曲,所以可以做成含气量大的织物。另外,卷曲化纤短纤维和毛型锦纶具有后天赋予的卷曲性能,比原来的织物柔软、强度大、传热性小,而且保温性能良好。

表9-1 常见纺织材料的导热系数(室温20℃测量)

材料	导热系数[W/(m²·℃)]	材料	导热系数[W/(m²·℃)]
棉	0.071~0.073	涤纶	0.084
羊毛	0.052~0.055	腈纶	0.051
蚕丝	0.05~0.055	丙纶	0.221~0.302
黏胶纤维	0.055~0.071	氯纶	0.042
醋酯纤维	0.05	空气	0.027
锦纶	0.244~0.337	水	0.697

服装材料的保温性随着穿着次数、洗涤次数的增加而下降。尤其是棉法兰绒、法兰绒及其它起毛面料,使用初期含气量都很大,保温效果好,而在使用过程中毛逐渐磨掉,气孔缩小,保温能力下降,但是可以通过重新磨毛、剪毛恢复。

对毛制品来说,用蒸汽蒸或将被褥在阳光下晒,表面状态就能恢复原样或蓬松起来,给人一种柔和感,因为经过这种处理后含气量增加了,随之提高了保温性能。内衣类织物一旦被汗或污物弄脏,织物的传热性就增加,人就会感到冰凉。这是因为污物堵住气孔,降低了含气量,由此可见,内衣的洗涤对保温性很重要。

(二)服装热阻

服装热阻是指在单位时间内人体通过服装与环境之间的传导散热量,它和人体与服装外表面的温度差、散热面积成正比,与服装的厚度成反比。

$$Q=\lambda ST\frac{\Delta t}{L}$$

式中:Q——单位时间通过织物的导热量,J;

λ——服装的导热系数,W/(m²·℃);

S——服装的总面积,m²;

T——时间,h;

Δt——服装内外表面温度差,℃;

L——服装厚度,m。

（三）克罗值

为了确切地了解服装保暖性的定量关系,1941 年,美国耶鲁大学约翰·皮尔斯试验室的生理学家 Gagge 等在《科学》杂志上发表了一篇文章,提出了通用的服装热阻定量单位,即"克罗值"。即在温度 21℃、相对湿度小于 50%,风速低于 0.1 m/s 的室内,一个健康的成年人静坐时保持舒适状态时所穿服装的热阻为 1clo,即 1 个保暖单位。此时人体平均皮肤温度为 33℃,其新陈代谢率为 58.15。

克罗值是目前国际上的一个通用指标,取"clothing"单词的前三个字母命名。与其它描述服装热阻的物理单位相比,该单位将人的生理参数、心理感觉和环境条件相结合,容易被非专业人员理解和接受,表 9-2 是男女各式常见服装的克罗值。

克罗值以下列公式计算:

$$I = \frac{5.55 A_s(t_s - t_a)}{Q_g - I_a}$$

式中,I 是克罗值,5.55 是热阻与隔热值的变换常数;A_s 为人体皮肤面积(m^2);t_s 为平均皮肤温度;t_a 为环境气温(℃);Q_g 为通过服装的导热量(J/S);I_a 是边界空气的隔热值(若风速不超过 0.1,为 0.8~0.85clo)。

表 9-2 男女各式常见服装的克罗值

服装种类		克罗值	
男装	短裤	0.05	
	汗衫	0.06	
		薄	厚
	衬衣:短袖	0.14	0.25
	长袖	0.22	0.29
	运动衫:短袖	0.18	0.33
	长袖	0.20	0.37
	毛线背心	0.15	0.29
	夹克上衣	0.22	0.49
	长裤	0.26	0.32
	袜子:短	0.04	
	长	0.10	
	鞋:凉鞋	0.02	
	便鞋	0.04	
	靴子	0.08	
女装	胸罩和短裤	0.05	
	裙:半身	0.13	
	全身	0.19	
		薄	厚
	短袖衬衣	0.10	0.22
	运动衫:短袖	0.15	0.33
	长袖	0.17	0.37
	毛线衣:短袖	0.20	0.63
	长袖	0.22	0.69
	短罩衫	0.20	0.29
	夹克上衣	0.17	0.37
	长裤	0.26	0.44
	袜子:短	0.01	
	长	0.02	
	鞋:凉鞋	0.02	
	便鞋	0.04	
	靴子	0.08	

三、生理指标评价

服装材料热舒适性的生理评价是指通过人体在特定的活动水平和环境下,以穿着不同材料的服装对人体生理参数的变化来评价服装舒适性的一种测量方法,是对服装材料热舒适性的客观评价。

服装生理学评价指标有体核温度(一般使用直肠温度作为体核温度)、皮肤温度、平均体温、代谢热量、出汗量、心率、血压、脑电波等。

(一)体核温度

生理学上所说的体温是指体核温度,即机体深部包括心、肺、脑和腹部器官的温度,又称深部温度。体核温度比体表温度高,且比较稳定。由于机体深部血液温度不易直接测量,往往以直肠温度、口腔温度、腋窝温度等来代替体核温度。直肠温度比较接近于内部器官的平均温度,其平均值为 37.5℃,正常范围在 36.9~37.9℃。口腔温度反映颅内血流温度,但它易受呼吸气流的影响,所以比直肠温度低 0.2~0.3℃,平均值约为 37.2℃,正常范围在 36.7~37.6℃。腋窝温度比口腔温度低 0.3~0.5℃,平均值为 36.8℃左右,正常范围为 36~37.2℃。

(二)皮肤温度

人体体表的温度通常称为皮肤温度,皮肤温度可随着人体的活动水平、环境气候和着装情况的不同而发生变化,这种变化是为了维持体内温度的相对稳定,是一种很重要的体温调节功能。

人体皮肤血管的收缩或扩张会导致皮肤温度降低或升高,因此,皮肤温度是反映人体冷热应激程度以及人体与环境之间热交换状态的 1 个重要生理参数。一般认为,在普通室温环境中处于安静状态以及在气温较低的环境中进行轻度活动的人,额头和躯干部的皮肤温度为 31.5~34.5℃,并且没有不舒适的感觉。当衣着部位与裸露部位的皮肤温度相差小于 2℃时,明显感觉热;当相差 3~5℃时,感觉舒适。胸部和脚的皮肤温度相差超过 10℃,就感觉凉,而胸部和脚的温度相差小于 5℃则感觉热,表 9-3 是在安静状态皮肤温度与主观感受的对应关系。

表 9-3 在安静状态皮肤温度与主观感受的对应关系

皮肤温度(℃)	主观感觉	皮肤温度(℃)		主观感觉
任何一处达到 45±2	剧烈痛	手的温度	脚的温度	
超过 35	热	20	23	冷
31.5~34.5	舒适	15	18	极冷
30~31	凉	10	13	疼痛
28~29	寒颤性冷	2	2	剧烈疼痛
低于 27	极冷			

(三)平均温度

当把人体视为一个热源而讨论人与环境的热交换时,需要包含人体体内温度和皮肤温度的人体平均体温,称之为平均体温。平均体温由体核温度和平均皮肤温度按一定的百分比构成。一般来说,当受试者体力劳动产热量相当大,而体表容易散热时,其体核温度可明显高于其正常体核温度,皮肤温度明显低于舒适皮肤温度,但被试者感觉良好。在这种情况下,单用体核温度或皮肤温度就不能反映机体的热状态,必须采用平均体温评价机体内的热负荷程度。人体平均体温最高不能超过 38.5～38.6℃。

（四）代谢热量

生物体从环境摄取营养物转变为自身物质,同时将自身原有组成转变为废物排出到环境中。能量代谢是指生物体与外界环境之间能量的交换和生物体内能量的转变过程。可细分为:一方面机体不断从外界环境中摄取营养物质,合成机体自身成分,并储存能量,称为同化作用;另一方面机体分解自身成分,释放其中的能量,供机体生命活动需要,最后将代谢产物排除体外,称为异化作用。在新陈代谢的过程中,既有物质的代谢,也有能量的代谢,两者是相互联系在一起的。但是在研究人体与环境的热交换时,更加关心的是能量的代谢,它是伴随物质代谢所发生的能量的释放、转移、储存和利用的过程。因此,狭义的新陈代谢主要是指机体通过分解自身的成分所释放的能量的过程。

人体新陈代谢率是影响人体热舒适的一个重要的因素。在热中性环境温度下,人体的新陈代谢率最低,基本保持稳定;在冷环境温度中,为保持人体热平衡,人体内产生热,新陈代谢率会增加;而在热环境中,人体也会通过体温调节活动来维持热平衡,这时人体的呼吸、循环等生理功能处于较高水平,新陈代谢率也较高。

（五）出汗量

出汗量又称失水量,包括通过服装蒸发掉的汗量、从皮肤表面流淌掉的汗量以及服装吸汗量。人体出汗有两种:一种是不显性出汗,另一种是显性出汗。正常人体的组织间液直接渗出皮肤或者是体内水分通过皮肤角质层扩散到体表继而蒸发后散发到大气中,这种排汗方式为不显性出汗。当环境温度升高或活动强度增大时,人体通过辐射和对流途径散发的热量不足以带走代谢产生的热量,为维持体热平衡,汗腺开始分泌汗液,即显性出汗。一般认为皮肤温度达到 34 ℃时,人体开始启动出汗机制。研究表明:人体在热舒适时,应有最佳的排汗率。通常,当人体显性出汗时会感到热,不舒适,因此,排汗率可作为判断舒适与热不舒适的指标。

出汗量是评价着装人体热耐受的一项主要生理指标。人体能忍受的最大限度失水量不能超过体重的 6%。在国际标准化组织(ISO)中规定人体出汗速度警告限值为 288.9 g/(m² · h),危险限值为 433.3 g/(m² · h),否则会有生命危险。

（六）心率变异性

心率是指心脏在单位时间(1 min)内跳动的次数,是掌握运动强度、着装条件、舒适性、心理变化等影响的最好指标。

在应用动态心电图的过程中,人们发现心跳的脉搏之间的时间间隙不一致,这种心率节奏快慢随时间所发生的变化称为心率变异性(Heart rate variability, HRV),是分析逐个心动周期的细微的时间变化及其规律的基础。

人体对服装的热感舒适性还受自主神经系统(交感神经与副交感神经系统)支配,心率变异性分析正是医学上一种用来评价自主神经系统功能和平衡性的有效方法。

在心率变异性频域分析中,低频段与高频段的功率比值 FL/FH 是一个很重要的指标。它反映了交感神经与迷走神经的相对均衡性。FL/FH 增加表明交感神经活动增强,迷走神经活动受到抑制;其值减少则表明交感神经活动减弱,迷走神经活动增强。而交感神经兴奋会引起体温调节活动(发汗、皮肤血管收缩)的产生。当人体处于不舒适状态时,其 FL/FH 显著高于处于舒适状态时的值,表明较强的交感神经活动(导致体温调节活动增强)对人体热不舒适感觉的产生起重要作用。因此,FL/FH 可为评判人体热舒适与不舒适提供有效的生理依据。

(七)血压

血压指血管内的血液对于单位面积血管壁的侧压力,即压强,它是推动血液在血管内流动的动力。由于血管分动脉、毛细血管和静脉,所以,也就有动脉血压、毛细血管压和静脉血压。通常我们所说的血压是指动脉血压。当血管扩张时,血压下降;血管收缩时,血压升高。当心室收缩时,血液从心室流入动脉,此时血液对动脉的压力最高,称为收缩压(systolic blood pressure,SBP)。当心室舒张时,动脉血管弹性回缩,血液仍慢慢继续向前流动,但血压下降,此时的压力称为舒张压(diastolic blood pressure,DBP)。

(八)脑电波

活的人脑总会不断放电,称为脑电(Electroencephalo gram,简称 EEg),也叫作自发电位,脑电的产生与变化是大脑神经活动的实时表现。大脑活动时的电波变化称为脑电波,它是大脑皮层大量神经元的突触后电位总和的结果。通过医学仪器脑电图描记仪将人体脑部自身产生的微弱生物电放大记录而得到的曲线图称为脑电图。人对热舒适的一种自主反应,受中枢神经的支配,因此,脑电波可以反映人体的热舒适程度。

脑电波包含四个周期性节律:δ 波(频率<4 Hz,电压 20~200 μV),当人在婴儿期或智力发育不成熟、成年人在极度疲劳和昏睡状态下,可出现这种波段;θ 波(4~7 Hz,10 μV),成年人在意愿受到挫折和抑郁时以及精神病患者这种波极为显著,但此波为少年(10~17 岁)的脑电图中的主要成分;α 波(8~13 Hz,20~200 μV),它是正常人脑电波的基本节律,如果没有外加的刺激,其频率是相当恒定的,人在清醒、安静并闭眼时该节律最为明显,睁开眼睛或接受其它刺激时,α 波即刻消失;β 波(14~35 Hz,5~10 μV),当精神紧张和情绪激动或亢奋时出现此波,当人从睡梦中惊醒时,原来的慢波节律可立即被该节律所替代。

四、心理指标评价

心理指标评价方法着重分析人的主观感觉,它是对客观评价方法的补充及检验。人类对服装和外部环境的感觉涉及所有相关的感官过程并且已形成一系列的概念。为了了解心理过程,我们需要用主观方法测量这些感觉。主观测量是一个人观点的直接测量,是与完成测量值有关的唯一因素。因为没有物理仪器能客观地测量着装者的想法或感受,那么获得主观感觉的唯一方法是应用心理学标尺。

心理学标尺是一种由指定"数字"组成而赋予物体或事件特征的测量,依据反映某方面真实性的原则进行。在社会学及市场研究中,已广泛地使用心理学标尺获得消费者的观点并研究其态度及偏好。这里的术语录"数"(number)并不一定对应于靠物理工具(仪器)获得的客观测量值的"真实"数字。这些数字未必能进行加、减、乘、除。它们是代表物体特征的符号。这些数字的本质含义取决于物体的本质特征及数字所代表的测量属性的具体选定原则。这些原则是主观的,并不是来自于无可争辩的自然规律。

（一）标尺类型

有四类数字或测量标尺：类别、顺序词、区间（等距）及比例标尺。从类别标尺到比例标尺，数字的规则变得更具约束性，同时增加了这些数字的计算操作性。

类别标尺由用于分类物体的数字组成。一个名义数字可作一类的标签，例如，我们可以选定"0"为男性，"1"为女性。数字"1"不具有比数字"0"位置高的含义。类别标尺的规则是所有同一类的物体具有相同的数字，没有两类不同的物体具有相同的数字。类别数据中能实行的惟一算术操作是在每一分类内部的计数，类别数字之间不能进行有意义的加、减、乘、除。

顺序标尺由用于划分物体等级的数字或其它象征组成，分等级依照物体特性及其在特性中的相对位置而定。顺序数据表示物体在确定特征标 r 的相对位置，而非两物体间的差异量值。可以使用众数或中位数，但不可用平均值，非参数统计可应用于分析顺序数据。区间标尺由用于划分物体等级的数字组成，物体等级划分测量属性标尺上数字之间具有相同的距离。但测量的零点和单位均是不固定的，是主观的。因此，区间（间隔）数据能够表示出所测属性物体的相对位置和两物体间的差异量值。所有的统计方法都可用于分析区间标尺数据。

比例标尺代表用于划分物体等级的数字。比例分按标尺上数字等距离代表所测量属性的等距离见存在有意义的零点。和区间标尺一样，全范围的统计方法可用于分析比例标尺数据。

四类心理学标尺的描述和应用的分析方法总结于表 9-4 中。在服装舒适性研究中，已经应用了所有四类心理学标尺。类别标尺可代用于如性别、年龄和生活场所等属性的代号。顺序标尺用于获得所考虑面料或服装的等级。最常用的标尺为区间标尺，已广泛地用来获得各种服装特性的感觉。比例标尺主要可应用于物理仪器所产生的数据。

表 9-4　心理学标尺类型

标尺	原则	用法	可应用的统计方法
类别（性别、年龄、生活场所等）	决定平等	分类、分级	运算、众数、百分数、x^2 检验，二项式检验
顺序（用于获得所考虑用面料或服装的等级）	决定平等、相对位置	等级	中位数、双向方差分析、秩序、相关性、其它非参数统计方法
区间（最常用的标尺）	决定平等、相对位置、差异量值	指数、态度、测量知觉	平均差、标准差、全范围统计方法
比例（主要可应用于物理仪器所产生的数据）	决定平等、相对位置、带有有意义零点的差异量值	销售、花费、许多客观测量	全范围统计方法

（二）评价指标

在热舒适性主观评价技术中应用频率较高的评价指标有：感觉温度 ST（subjective temperature）、有效温度 ET（effective temperature）、不快指数 DI（discomfort index）、4 h 出汗率 4WR（4 hours sweet rate）、热应力指数 HSI（heat stress index）、预测平均热反应

指标 PMV-PPD(predicted mean vote-predicted percenta ge of dissatisfied)、热平衡准则数 HB(heat balance)等。

（三）Natick Mc ginnis 热舒适标尺

目前,常用于热舒适性研究的是美国陆军 Natick(纳蒂克)装备研究所的研究人员 John Mc ginnis 设计的一个 13 级的强度标尺(表 9-5),这种标尺既可以用于热应力评价,也可以用于不同气候条件下的安全评价,具有较高的可靠性。

表 9-5 Mc ginnis 热舒适主观评价等级

等级	我现在感觉	等级	我现在感觉
1	无法承受的冷	8	温暖感觉舒适
2	冻僵了	9	温暖,感觉不舒适
3	非常冷	10	热
4	冷	11	非常热
5	凉爽,感觉不舒适	12	几乎不能承受的热
6	凉爽但相当舒适	13	极热而烦躁,无法承受
7	舒适		

（四）其它评价标尺

除上述几种常用的服装热舒适性评价标尺外,还有一种比较实用且简单的标尺,可以用来评价所穿服装的热舒适性(表 9-6)。

表 9-6 热感主观标尺

标尺感觉值	−2	−1	0	1	2	3	4	5
感觉特征	凉	稍凉	舒适	稍暖	暖	稍热	热	很热

第二部分 综合性、设计性试验

一、试验目的

1. 熟悉试验所用服装面料的导热系数、性能,为进行试验做好充分的准备。
2. 了解并熟悉评价服装面料热感舒适性的方法,并能对常用面料进行分析评价。

二、试验内容

综合前述的服装材料的热感舒适性的物理指标评价法、生理指标评价法、心理指标评价法,采用五级评价系统对服装材料的热舒适性进行评价。通过理论学习及试验操作,使学生了解不同的服装材料热感舒适性的评价方法和评价系统,能够全面、综合地对服装材料的热感舒适性进行评价。

三、试验原理和方法

（一）试验原理

服装材料传热（或隔热）的性能是与其周围环境在物理、感官、生理及信息获取等方面处于动态相互作用状态，这些过程的交互式发生，决定了穿衣者的热舒适状态。其中，物理过程为人体感觉组织提供了信号或刺激，这些感觉组织收到信息，产生神经生理脉冲，并将这些脉冲传送给大脑（神经中枢），于是大脑开始调节出汗速率、血流甚至发颤带来的热量。大脑将感觉信号进行加工处理，使各种单个感觉的主观反应进一步评估过去的经历和愿望与对照加以权衡，当然这些经历和愿望受许多因素的影响，如环境、生理状态、社会文化背景以及人的心理状态等。因此，热舒适状态是在所有这些物理、生理和心理过程的综合基础上穿衣者的主观感知和判断。

（二）试验方法

试验方法采用物理指标法、生理指标法和心理指标法。物理指标评价法根据人体活动所产生的热量与外界环境作用下穿衣人体得失热量之间的热平衡关系，分析环境对人体舒适的影响及满足人体舒适的条件；生理指标评价法是以穿着不同材料的服装对人体生理参数的变化来评价服装舒适性的一种测量方法，是对服装材料热舒适性的客观评价；心理指标评价方法着重分析人的主观感觉，它是对客观评价方法的补充及检验。

四、试验条件

试验仪器设备包括平板仪、温度计、血压计、脑波仪、多通道生理仪、假人等。
试验材料为服装面料若干块及其制成的服装。

五、试验步骤

选择棉类、麻类、毛类、丝类织物各 1 块，并制成统一款式服装。先测试其导热系数、热阻，后根据生理指标评价法和心理指标评价法对其成衣款式进行五级评价系统测试。主要步骤有：①对服装材料进行物理指标测量；②对制成的成衣进行假人试穿测量；③在人工气候室进行人体试穿测量，主要内容包括人体主要生理指数的变化及心理评价的尺度；④在所需场景下进行人体试穿测量，主要内容包括人体主要生理指数的变化及心理评价的尺度；⑤进行大规模的人体试穿测量，内容包括人体主要生理指数的变化及心理评价的尺度，并将所有被试的数据进行总结分析，得出不同材料服装的热舒适性。

> **思考题**

1. 名词解释：热舒适、克罗值、导热系数。
2. 服装舒适性的五级评价系统包含哪些内容？
3. 服装材料热感舒适性的生理指标评价包含哪些内容？请举例说明。
4. 设计心理测量标尺需要考虑哪些因素？

> **本章小结**

本章主要介绍了服装材料的热感舒适性评价试验，包括验证性试验和综合性、设计性试验两部分。主要介绍了物理指标评价法、生理指标评价法和心理指标评价法三种评价方法和材料试验、暖体假人试验、人体穿着试验、现场穿着试验和大规模穿着试验等五级评价系统。通过学习及试验操作，要求学生了解不同的服装材料热感舒适性的评价方法和评价系统，能够全面、综合地对服装材料的热感舒适性进行评价，在理论与实践结合的基础上，使学生对服装材料的热感舒适性有一个全面的了解。

参考文献

［1］香港理工大学纺织及制衣学系，香港服装产品开发与营销研究中心. 服装舒适性与产品开发［M］. 北京：中国纺织出版社，2002.

［2］陈东生. 服装卫生学［M］. 北京：中国纺织出版社，2000.

［3］肖红. 服装卫生舒适与应用［M］. 上海：东华大学出版社，2009.

［4］张渭源. 服装舒适性与功能［M］. 北京：中国纺织出版社，2011.

［5］杨明英，薛金增，闵思佳等. 服装热湿舒适性的评价方法［J］. 科技通报. 2002，18（2）：105-109.

［6］周永凯，张建春. 服装舒适性与评价［M］. 北京：北京工艺美术出版，2006.

［7］黄建华. 服装的舒适性［M］. 北京：科学出版社，2008.

［8］张辉. 服装工效学［M］. 北京：中国纺织出版社，2009.

［9］［韩］成秀光. 服装环境学［M］. 金玉顺，高绪珊，译. 北京：中国纺织出版社，1999.

试验十 服装材料的压感舒适性

本章知识点：1. 服装压感舒适性的基本知识
2. 主观压感舒适性评价
3. 客观压感舒适性评价
4. 综合性、设计性试验

第一部分 验证性试验

一、基本知识

服装压力指的是人体穿着服装后来自服装的压力。造成这种压力的因素主要有三种：第一种压力指的是服装自身重量产生的压力，这种压力也叫重量压，在秋冬季的服装、老龄人群服装、婴儿服装和极地用的服装中，这种压力尤为显得明显；第二种压力指的是由服装内装的弹性带、外面系的绳带或是因为服装围度太小而引起的压力，也就是集束压，其中日本的腰带、西欧的紧身胸衣以及现代的紧身衣裤等是产生这种压力的代表服装；第三种指的是当人体发生运动时，服装和人体部位之间形成了动态接触，服装为了符合人体的变化，其面料产生了形变，由该形变引起的内应力包括拉伸、剪切、压缩和弯曲应力，会对人体的接触部位产生束缚，导致皮肤不同程度的变形，刺激皮肤深处的压觉点，使人体感受到服装压力，被称之为面压。人体穿着服装后，产生的服装压力是上面所述的一个或者是几个力一起作用的结果。早在 1968 年，S. M. Ibrahim 以具有双向拉伸性能的织物制作的保型性服装为研究对象，对该服装进行了多方面的性能测试，在测试服装面料物理机械性能的同时，首次采用压力传感器获得了保型性服装在静态和动态状况下对人体产生的压力以及压力的分布规律，并首次提出了服装压力的概念。迄今为止，服装压力的理论研究经历了三个重要阶段：第一阶段，牛顿第三定律和 Coulomb 摩擦定律被视为服装与人体之间产生力学作用的主要理论基础，在此阶段，人体被视为刚性体或是简单的弹性体，研究范围只涉及到人体与服装的总接触力和总摩擦力；第二阶段赫兹接触定律被看作压力研究的里程碑，该研究阶段假定接触体是具有小变形的弹性半间距体，并且接触面积很小，近似为椭圆形，并忽略接触边界的摩擦作用，基于这个理论，人们可以研究人体局部位置在静态接触过程中的压力分布规律；数字化估算是服装压力研究的第三个阶段。

关于服装舒适性的研究始于 20 世纪 40 年代，迄今为止已有相当多的研究报道。服装舒适性是一个复杂而又模糊的概念，人体穿着服装后的舒适感觉是人的一种主观现象。服装舒适性研究主要包括热湿舒适性、触觉舒适性和压力舒适性。早期，关于服装舒适性的研究多是热湿舒适性方面的，并已取得突破性成果，其中最重要的是保温值（克罗值，clo)概念的提出，目前保温值已被广泛应用于军服的热湿舒适性的分类与设计。武德科克(A. H. Woodcock)于 1962 年就提出了服装透湿指数的概念，并将其作为热条件下衡量服装舒适与否的评价指标。保温值和透湿指数两大指标的提出为服装舒适性领域的形成和发展奠定了基础。随着研究的深入，学者们发现服装压力同样是评价服装舒适性的重要指标。服装压力舒适性是指人穿着服装后，来自服装本身的物理机械信号作用并刺激人的皮肤，该刺激信号从皮肤中的神经末梢传递给人的神经系统末梢，此时刺激信号被转换成人的神经系统可以识别的神经信号，再经神经末梢传递给大脑，然后人的大脑根据心理与生理过程对刺激信号形成了感觉，进而穿着者对所穿着的服装造成的物理机械刺激形成了一个综合的主观压力舒适感觉评判。人体的不同部位对压力舒适范围的要求是不同的，M. Nakahshi 等则通过试验对腿部舒适服装压进行了评估，试验结果得出大腿、小腿和踝部的舒适服装压力分别为：0.58 kPa，0.97 kPa，0.81 kPa；临界服装压力分别为：1.08 kPa，1.85 kPa，1.67 kPa。不同种类的服装，其压力舒适阈值也是各不相同的，H. Makabe 通过研究塑裤的服装压力，得出塑裤的舒适压力阈值为 4.00～5.33 kPa。同时，H. Makabe 也对女性调整型腹带的压感舒适性做了一定的研究，发现女性调整型腹带的舒适值是 2.46 kPa。

因此，服装压力舒适性是一个相当复杂的系统，它涉及到多个方面的内容，受到物理、心理和生理等方面因素的影响。许多研究发现，服装对人体造成的服装压力与服装压感舒适性之间具有很高的相关性。人体着装后，身体所承受的服装压力能够直接影响到人的穿着舒适性，特别是一些贴身穿的紧身衣、泳衣、内衣等，而它们的压感舒适性又显著影响着服装的整体舒适性。

影响服装压力大小的因素主要有人体自身因素和服装因素两个方面。

从人体自身的角度来说，通过研究发现，人体的曲率半径、人体的弹性模量、软组织结构、脂肪含量、运动幅度等都会对服装压力产生很大的影响。

服装压力与被测部位曲率半径间的反比例关系可通过拉普拉斯定律表述为：

$$P = \frac{T}{R} \tag{10-1}$$

式中：T——服装面料的拉伸力；

　　　R——人体曲率半径；

　　　P——服装压力。

拉普拉斯定律起源于薄膜渗透平衡理论，Cheng 等最早将拉普拉斯定律应用于解释人体与服装之间的压力作用。

H. Morooka 等在提出胸衣的下胸围压力值与压力舒适感之间的相关性时，测试并比较了静态与常规动态状态下穿着胸衣时的压力值，发现服装压力受人体的运动幅度、姿势以及呼吸等因素的影响，同时比较了同一个测试点的压力值与不同受试人体的 BMI 之间的关系，说明压力与人体脂肪含量有相关性。

从服装方面来说，对服装压力影响的因素主要有款式结构、服装材料及服装尺寸等几个方面。J. Hafner 等通过研究发现，由人体的动作和姿势的改变而引起的服装压力的变化与服装面料本身的性能有着一定的关系。其中，服装面料的拉伸性能是影响服装压力大小的重要因素之一，它主要取决于服装面料的弹性模量、剪切模量、摩擦性能、弹性回复性能以及应力松弛等性能。服装压力与面料拉伸性能之间的关系也可以应用拉普拉斯定律来表述,如式(10-1)所示。当服装面料的拉伸性能较差时,服装面料为了适应人体姿势变化而产生的滑移将受到阻碍,从而使得人体能感受到较大的着装压力。因此,当服装的款式与尺寸相同时,由越难拉伸的面料制作的服装对人体产生的服装压力越大。除面料的拉伸性能外,织物的蠕变性能也对服装压力产生一定的影响。

当服装的面料相同时,服装的款式结构是影响服装压力大小的重要因素。

尺寸规格较小的服装对人体产生的压力要大于大尺寸服装,越贴体的服装对人体产生的压力越大,这与服装宽裕率的大小有关,如紧身衣、束带等对人体的压力作用明显大于同等号型的其它类型服装。由芳、张欣从服装结构的角度进行了紧身服的宽裕量、弹性模量与服装压感关系的相关研究,以服装的宽裕量作为服装合体程度的指标,以服装面料弹性模量作为弹性性能的指标,二者可以较为客观地预测服装的穿着压感舒适性。

二、服装压感舒适性的主观评价法介绍

(一) 主观评价法

服装压感舒适性的主观评价法是用于研究服装压力舒适性的重要方法之一。主观评价法同时也被称为感官评价法,该方法是以人的主观感觉为依据,按照服装压力舒适性的定义,用人的感官作为检查工具,进而完成对服装穿着感觉的鉴别和测量。影响服装舒适性的大量因素是服装和外部环境的刺激,通过多渠道的感觉反应与人脑联系起来所形成的。服装压力舒适性的主观评价也是一个复杂的过程,不同的受试者的输出心理和生理物理量是具有一定差别的,因此,对于具有同样压力舒适性的服装,不同的受试者在心理和生理上的反应却可能是不同的。主观评价注意事项如下:

① 主观评价测试者的主观公正性。

② 每个人的习惯、喜好、经历等各方面都会存在不同,这会造成每个人对同样事物会有不同的主观感受,因此,要想获得公正的主观评价,需要进行大量的测试值。

③ 因为个体主观感受的差异,所以对获得的主观评价数据进行分析难度较大。在对测量数据统计分析时,应将心理学定律、试验技术和数学方法结合起来进行分析。

④ 主观评价所获取的数据具有不一致性,因为个人的反应受到大量心理、生理、社会及环境因素的影响。

尽管主观评价技术具有一定的不确定性,但是这种方法能够解决客观测量所不能解决的许多问题,可以比较公正地反映出着装人体对服装的真实感受,因此在服装舒适性的研究领域被广泛应用。

主观评价应包含有以下六个因素:

① 一个或一组评定属性。

② 属性的相关描述。

③ 属性的等级评价范围。

④ 属性的定量表征。

⑤ 相应的数据处理。

⑥ 主观评价等级和客观测量的结果相比较。

（二）主观评价的理论基础

主观评价的主要依据是心理物理学中比较有影响的三个定律。

（1）Weber 定律

1834 年，Ernst Weber 提出了 Weber 定律，即刺激阈限（刚刚能注意到的差异）与刺激信号大小成比例：

$$\Delta S_p / S_p = K \tag{10-2}$$

式中，K 为人察觉刺激并且辨别感觉能量的常数。

（2）Stevens 指数定律

1953 年，Stevens 发明了一种量值估算法，作为研究主观感觉强度与物理刺激强度间关系的试验程序，即 Stevens 指数定律，

$$R_s = a \cdot S_p^b \tag{10-3}$$

式中，a 为比例因子，b 为刺激属性的指数特征。

（3）Fechner 定律

1860 年，Fechner 提出使用"刚刚能注意到的差异"作为单位来测量心理感觉，Fechner 假设感觉量值 R_s 随物理刺激量值 S_p 的对数的增加而增加，即为 Fechner 定律，

$$R_s = K \log S_p \tag{10-4}$$

式中，K 为由刺激阈限决定的比例常数，代表触发感觉的最低物理值。

（三）心理学测量标尺

主观测量是一个人观点的直接测量，目前用的比较多的方法是心理学标尺法。心理学标尺是一种由指定的"数字"组成并赋予物体或者事件特征的测量，根据反应某些方面的真实性原则进行的。这里的术语"数字"不一定是对应于借助物理工具或仪器而得到的客观数字。这些数字不能进行各种加、减、乘、除运算，它们仅仅是代表物体特征的符号，其本质含义是由物体的本质特征以及数字代表的测量属性具体选定原则来决定的。指导怎样选择数字的这些原则组成了每一种标尺的准则。Hollies 为心理学标尺总结出了 6 条基本要素。

① 常见及公认的需测量的感官属性。

② 描述属性的语言（术语）。

③ 用来表示属性水平的评价标尺。

④ 利用比例标尺进行属性的测量。

⑤ 合适恰当的数据处理。

⑥ 客观测量值与同一属性心理学标尺的比较。

早在 1960 年，Tor geson 已把用于主观测量的心理学标尺进行了分类，具体心理学标尺类型见表 10-1。标尺所采用的数据处理方法及其依据的数学基础见表 10-2。

表 10-1　心理学标尺类型

	无原始起点	有原始起点
无距离	顺序标尺	有原始起点的顺序标尺
有距离	等距标尺	比率标尺

表 10-2 标尺的数据处理方法和数学基础

标尺	涉及内容	数学基础	数据处理方法
类别标尺	同类量	$x'=x''$	用数字来表示类别符号
顺序标尺	大小顺序	$x'=f(x)$	顺序排次、中位数
等距标尺	等距相差	$x'=ax+b$	标准差、平均值
比率标尺	等比量	$x'=ax''$	变异系数、平均值

常用的心理学标尺有很多,例如 Hollies 四级标尺、Hollies 五级标尺、Hollies 主观舒适评分表以及 Fritz 的语义差异标尺等,以下详细地对这几个常用心理学标尺进行说明。

(1) Hollies 四级标尺

在 Hollies 四级标尺中,分别用数字"1、2、3、4"表示的舒适范围是"全部的、明确的、适度的、局部的"。

(2) Hollies 五级标尺

Hollies 五级标尺中,分别用数字"1、2、3、4、5"表示舒适的等级是"完全不舒适、不舒适、舒适、较舒适和完全舒适"。

(3) Hollies 主观舒适评分表

Hollies 对服装舒适性心理学标尺进行了进一步的研究,在恒温恒湿的试验室内进行着装试验时,使用了主观舒适评分表,该评分表是在 Hollies 五级标尺的基础之上进一步细化而得到的。进行着装测试时,受试者每隔一定时间就要对表中所使用的感觉术语进行舒适程度的评分,评分标准按照 Hollies 五级标尺中的分值进行。Hollies 主观舒适评分表的形式见表 10-3,表中 A_1、…、A_n 表示舒适性术语;评分值按 Hollies 五级标尺分值填写,分别用数字"1、2、3、4、5"表示舒适的等级是"完全不舒适、不舒适、舒适、较舒适和完全舒适"。

表 10-3 主观舒适评分表

舒适性评价术语	进行测试时的时间间隔(min)					
	0	30	60	90	120	…
A_1						
…						
A_n						

(4) Fritz 的语义差异标尺

在服装舒适性主观评价过程中,语义差异标尺也是非常常用的。语义差异标尺是由一系列的两极比例尺所组成的,每一个标尺都是由一对反义词或一个极端词加一个中性词组成,在两词的中间,加入五级或七级程度比例尺。最著名的语义差异标尺是 Fritz 的语义差异标尺,见表 10-4,最左列和最右列是一对反义词或一个极端词加一个中性词,中间分成五级或七级,两端表示两极,中间表示处于两极的中间程度。

表 10-4 Fritz 的语义差异标尺

感觉特征	极值	非常	一定程度	二者都不	一定程度	非常	极值	感觉特征
柔软	3	2	1	0	1	2	3	毛糙
光滑	3	2	1	0	1	2	3	粗糙
凉爽	3	2	1	0	1	2	3	热
轻	3	2	1	0	1	2	3	重
细	3	2	1	0	1	2	3	粗
脆	3	2	1	0	1	2	3	柔韧
油腻	3	2	1	0	1	2	3	吸湿
天然	3	2	1	0	1	2	3	人造
极薄	3	2	1	0	1	2	3	蓬松
紧贴	3	2	1	0	1	2	3	飘扬
易碎	3	2	1	0	1	2	3	弹性
花	3	2	1	0	1	2	3	素
悬垂好	3	2	1	0	1	2	3	刚硬
瘙痒	3	2	1	0	1	2	3	柔滑
硬挺	3	2	1	0	1	2	3	柔软

三、服装压感舒适性的客观评价法介绍

（一）客观评价法

服装压力舒适性的客观评价法指的就是服装压力值的客观测量，它是服装压力舒适性评价的基础和依据，靠采用服装压力测量仪器来完成。应用客观评价法评价服装压力舒适性的基本思想是先采用客观的服装压力测量仪器测量服装压力，然后通过合适的数学方法将试验数据进行处理，从而将测量的服装压力转换为评价服装压力舒适性的指标。该方法的优点是试验数据是采用客观仪器进行测量而得到的，简单方便，且不受人的主观因素影响，可靠性比较高，缺点是评价手段太过机械化，没有考虑人的主观评价因素。

（二）服装压力客观测量仪器

服装业发达的国家从 20 世纪初就已经开始致力于服装压力测试装置的研究了，经过许多专家学者的努力，到目前为止，已经取得了很多重要的研究成果，其中主要有：液压式压力测试装置、应变片式传感器压力测试装置、气压式压力测试装置、弹性光纤压力测试系统、Flexiforce 压力测试系统等。

1. 液压式压力测试装置

液压式压力测试装置指的是用水压力计或水银压力计测量服装压力值。该装置的感压部位是一个接触面积为 20 cm² 左右的扁平的椭圆状的橡皮球，橡皮球一端连接的是橡皮管，另外一端连接的是斜面水银压力计或者是 U 型水银压力计，液压式压力测试装置如图 10-1 所示。液压式压力测试装置的原理是内置空气的感压部件受到压力作用后，

使管内的空气压强与大气产生一定的差值,然后读取单管内水柱或者是水银柱的高度变化或是 U 型管两侧出现的高度差值,就得到了测量的服装压力值。该测试装置的优点就是该方法简便直接,缺点就是该装置的感压部件橡皮球的内容积和厚度过大,当测量人体曲率半径较小的部位时,会出现一定的难度,当测量紧身胸衣和有伸缩性的内衣等压力比较大的衣服时,过大的感压部件会使服装出现变形情况,影响了压力测量的精确度。另外,还需注意的是该装置在测试压力前应先打开送气用气囊的橡皮管和橡皮球连接处的阀门,使得送气气囊能对水银管充气,以对仪器进行调零。

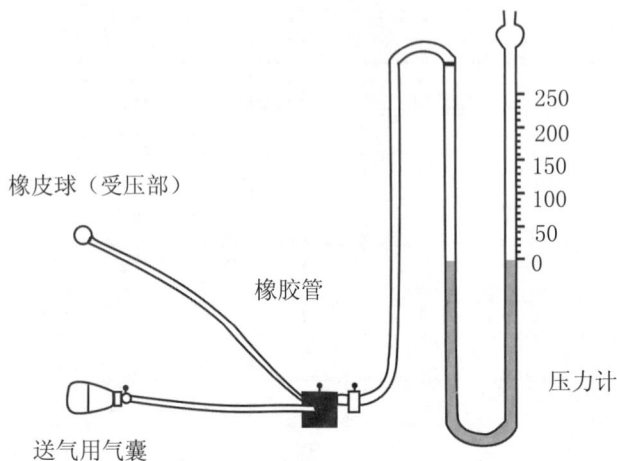

图 10-1 液压式压力测试装置

2. 应变片式传感器压力测试装置

应变片式传感器压力测试装置主要有半导体应变片式(压阻式)和金属电阻应变片式两种传感器作为触力传感器来测试服装压力的大小。该测试装置的测量原理是将作为感压部件的应变片式触力传感器(厚度是 1.1～1.5 mm,长度或直径是 4～6 mm)黏附于所测部位,该处的服装压使得应变片产生了形变,因此,服装压力的变化被作为电压、电阻的变化形式被检测出来。这种测试方法由于应变片的体积微小,测试的结果精度比较高,但是应变片传感器容易受到服装面料、人体曲率及人体表面压缩硬度等因素的影响,而传感器的不易弯曲也导致了动态情况下的压力测量比较困难。韩国 Tech Storm 公司应用应变片式传感器法设计开发了 CPMS 服装压力测量系统,该系统被用来检测、分析和处理内衣、运动服和汽车驾驶员座椅给予人体的压力,为设计的舒适性提供了技术支持。

3. 气压式压力测试装置

气压式压力测试装置是结合液压式压力测试法和应变片式压力测试法的优点开发得到的一种压力测试装置。该方法的工作原理是将 1 个厚度约 2 mm 的气囊黏贴于拟测部位作为感压部件,该感压部件将感应到的服装压力值输入到跟其相连接的应变片式压力传感器输入端,传感器输出端就会有电压信号输出,这种信号再通过专门的电压放大器处理,从而服装压力的变化通过电压的变化被检测出来。气压式压力测试装置的主系统如图 10-2 所示,气压式压力测试装置的测试示意图如图 10-3 所示。

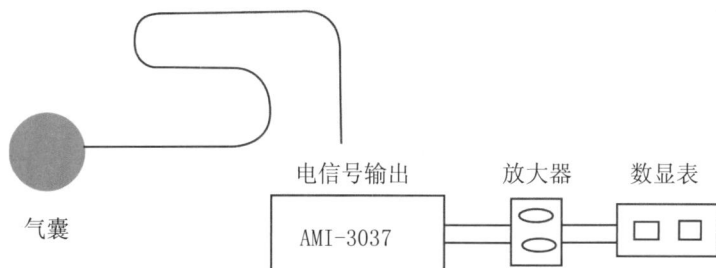

图 10-2　气压式压力测试装置的主系统

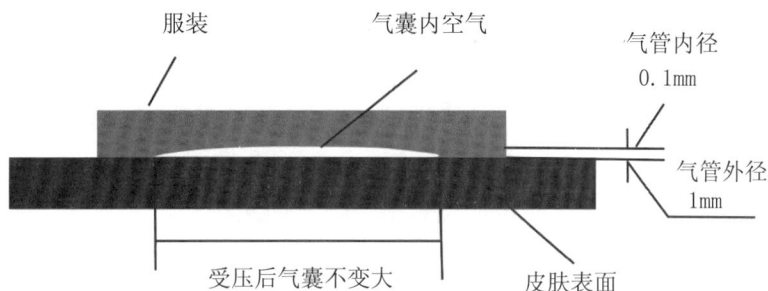

图 10-3　气压式压力测试装置测试示意图

　　该压力测试装置的感压部件采用的材料是柔软易弯曲变形的低弹性性能的材料,并且作为感压部件的气囊可以根据测试部位的不同,制作成圆形或圆角矩形等形状。这种测试方法的优点是受构造复杂的人体的伸长特性与服装材料的刚柔性的影响比较小,并且定量程度高,可以进行动态的测量。

　　4.弹性光纤压力测试装置

　　弹力光纤压力测试装置是用于测试袜口压力的,其测试原理是测量时将弹力光纤(图 10-4)放置于袜口和腿模型的中间,通过氦氖激光发生器产生的入射光进入到光纤后并都反射回核心。然而,当弹力光纤受到外力作用,发生扭曲变形后,通过核心的射线在数量上就会产生变化而导致外射光线在数量上的相应减少。外射光线通过硅胶探测元件的作用被转换成电能,它的电信号的强度通过电子伏特计测量出来,进而弹力光纤的输出电压通过硅制的光电二级管、放大器和记录器读出来。输出电压与所受外力之间有着一定的回归关系,并且相关性比较好。其压力测试系统如图 10-5 所示。

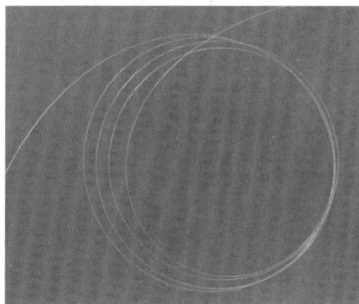

图 10-4　弹力光纤

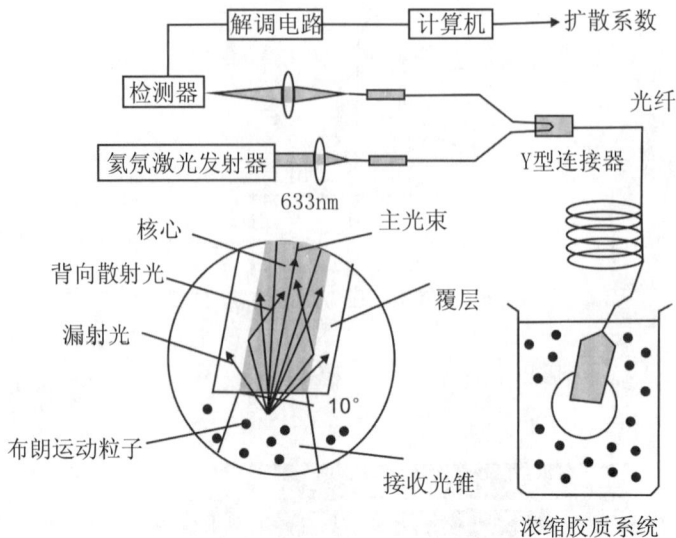

图 10-5 弹性光纤压力测试装置

弹力光纤压力测试装置光纤传感器的灵敏度比较高,频带也宽,动态测量的范围大,方便与计算机系统的结合,并且体积较小、结构简单,非常适合用于服装压力的测量。

5. 压敏半导体结合银质导线薄膜传感器压力测试系统

压敏半导体结合银质导线薄膜传感器压力测试系统是美国 Tekscan 公司在压力图谱测量技术方面的研究成果,该压力测试系统可作为压力分布测量与分析的仪器被广泛地应用于各个研究领域。作为压敏半导体结合银质导线薄膜传感器的一种,Flexiforce压力传感器由两层聚酯薄膜组成,薄膜上铺设有银质导体,并且还涂上了一层压敏半导体材料。这两层薄膜通过压合形成了传感器,该传感器的厚度为 0.127 mm,并且可以弯曲。银质导体从传感点到传感器的连接端。在电路中传感点起电阻的作用,输出电阻的倒数与外力成正比例关系。Flexiforce 压力传感器几乎能够测量所有的接触面间的服装压力值,并且,由于该传感器相当轻薄,置入到接触面时不会导致压力值的混乱,能较为真实地测试出压力数据。但在实际应用中发现,当测量的曲面半径小于 32 mm 的时候,测试仪器的灵敏度会降低。所以,普遍认为基于 Flexiforce 压力传感器的压力测试装置更为适应静态状况下的测量,但在测量精度要求不高的情况下,也可以进行动态测量。Flexiforce 压力传感器的形状如图 10-6 所示。

图 10-6 Flexiforce 压力传感器

6. 智能化的虚拟仪器测量技术

智能化的虚拟仪器压力测量技术指的是以计算机作为核心,将传统压力测量仪器与计算机软件技术有机结合,使测试者能够使用图形界面来操作计算机,利用软件产生出激励信号来实现压力的测试功能,进而完成对服装压力测试过程的控制及数据处理。这种集计算机技术、通信技术和测量技术于一体的模块化仪器即构成一个虚拟仪器环境,是现代仪器发展的新方向。软件和硬件平台两大部分组成了虚拟仪器系统,其中硬件平台包括 I/O 接口设备和计算机。I/O 接口设备分别是串行口仪器、VXI 总线仪器模块、PXI 总线仪器、gPIB 总线仪器板、DAQ 和数据采集卡。实际应用中,可根据情况选用六种硬件设备中的任意一种,但无论选择了哪一种,都需要应用软件将硬件和通用计算机结合起来,图 10-7 显示了其数据采集系统。其中,软件是整个虚拟仪器系统的关键,软件分别由虚拟仪器软件开发工具、I/O 接口仪器驱动程序及应用程序等 3 个部分构成。其中软件开发工具可以使用图形化的编程语言,包括有 LabVIEW、LabWindows/CVI、HP-VEE 等。这种将测试技术、通信技术与计算机技术融于一体的模块化仪器组成了虚拟仪器环境,是指引现代仪器发展的一个新方向。并且,这种基于虚拟仪器技术的压力测试装置还能够比较精确地测试着装人体在运动状态下的服装压力变化。

传感器信号 ⇒ 信号调整电路 ⇒ 数据采集电路 ⇒ 计算机通信电路 ⇒ 计算机

图 10-7 虚拟仪器的数据采集系统

基于虚拟仪器技术的压力测试方面,应用最为广泛的是美国 NI 公司开发的 Labview 虚拟仪器,它带有大量的内置功能,能精确地完成仿真、仪器控制、数据采集、测量分析以及数据显示等一系列任务,并且它的图形化的编程语言非常直观、灵活、高效,能够集成很多驱动和仪器,使系统性能呈现最优化。基于 Labview 的服装压力测试系统如图 10-8 所示。

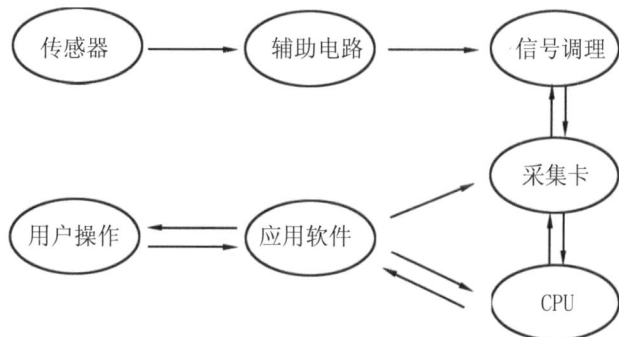

传感器 → 辅助电路 → 信号调理

信号调理 ↔ 采集卡

用户操作 ← 应用软件

应用软件 → 采集卡

采集卡 ↔ CPU

应用软件 ↔ CPU

图 10-8 Labview 服装压力测试系统

第二部分 综合性、设计性试验

一、试验目的

了解并熟悉服装压感舒适性评价的方法,并能对服装压感舒适性进行评价。

二、试验内容

综合前述的服装压感舒适性评价方法,对各种服装(文胸、运动背心、袜子等)的压感舒适性进行主客观评价。

三、试验设计

（一）主观试验设计

1. 试验服装选择

选择试验用的服装（文胸、运动背心、袜子等）。

2. 试穿者的选取

选择与试验设计要求的体型相符的试穿者。

3. 主观压感测试部位的确定

为了找出主观压感测试的部位，在试验前，需先做大量的预试验，找出压感比较明显的部位，作为试验的压感测试部位。

4. 压力舒适感主观评价标准及问卷调查表

以 Hollies 五级标尺作为主观评价标准为例，将主观压感舒适级数分为 5 个等级，即：很不舒适、较不舒适、中等舒适、较舒适、非常舒适，分别用数字 1、2、3、4、5 表示，主观压感舒适量值如图 10-9 所示。

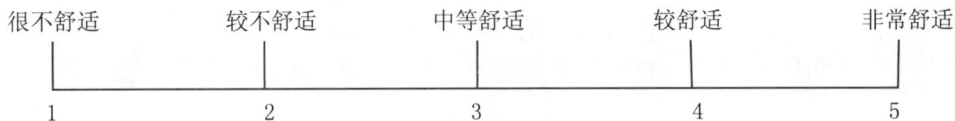

很不舒适	较不舒适	中等舒适	较舒适	非常舒适
1	2	3	4	5

图 10-9 主观压感舒适量值

注：1 表示弹力运动背心很紧，压感很强，压力舒适性很差，感觉很不舒服。

2 表示弹力运动背心比较紧，压感比较强，压力舒适性比较差，感觉比较不舒服。

3 表示弹力运动背心稍紧，压感合适，压力舒适性合适，感觉合适。

4 表示弹力运动背心松紧度比较恰当，压感较恰当，压力舒适性比较好，感觉比较舒服。

5 表示弹力运动背心松紧度非常恰当，压感非常恰当，压力舒适性很好，感觉很舒服。

在设计主观问卷调查表时，为了便于对数据的管理及查询，可以在表头对服装和受试者进行编号，并记录受试者的一些基本体型信息。想对服装压感舒适性进行面面俱到的评价是比较困难的，在以前的研究中，相当多的国内外学者也只是选择了其中一些因素来对服装压力舒适性进行主观评价研究，其中相当多的研究都发现服装压力造成的压迫感与穿着压力舒适性之间的相关系数是最高的，因此，在服装压感的主观评价中，我们可以只对由服装压力造成的压迫感所引起的各部位压感舒适性进行主观评价。主观问卷调查表设计见表 10-5。

5. 试验过程设计

试验在安静的室内进行，室内温度为 (20 ± 2)℃，湿度为 (65 ± 3)％，无风。在进行主观穿着试验前，先由主试人向受试者讲解主观评价标尺，再将压感舒适性主观评价问卷调查表发给各位受试者阅读，使受试者对试验及相关知识有所了解。为了减少因个体外因导致的试验差异，所有受试者的试验均由同一个主试人进行。每位受试者均分别穿上试验用服装，然后对各部位的压感舒适性进行评价。当受试者穿上服装后，先站立 10 min，然后根据自己的真实感受，在对应的压感级数上打"√"。

表 10-5 主观问卷调查表

主观问卷调查表

主试人填写：

受试者编号：_____ 服装序号：_____ 测试时间：_____

姓名：_____ 身高：_____ 体重：_____ 胸(腿)围：_____

下面由受试者填写，填写前请仔细阅读填写说明。

填写说明

穿上服装后，调整到舒适状态，站立 10 分钟后，请根据自己的实际感受进行填写。下面是测试项目的具体意义：

压迫感：指穿着服装后，感觉到服装对身体各部位的压迫感觉。

将主观压感舒适级数分为 5 个等级，即：很不舒适、较不舒适、中等舒适、较舒适、非常舒适，分别用数字 1、2、3、4、5 表示。

理解测试项目的含义后，根据自己的真实感受，在对应的压感级数上打"√"。

	很不舒适	较不舒适	中等舒适	较舒适	非常舒适
部位的压感舒适性	1	2	3	4	5
部位的压感舒适性	1	2	3	4	5
......	1	2	3	4	5
部位的压感舒适性	1	2	3	4	5
部位的压感舒适性	1	2	3	4	5
部位的压感舒适性	1	2	3	4	5

（二）客观试验设计

1. 试验仪器

目前，被广泛应用于各研究机构，用以研究服装卫生学、体育运动学以及人体工程学的压力测试仪器多为气压式压力测试装置。气压式服装压力测试系统的硬件装置由两部分组成，即压力测试系统的气路和电路。

压力测试系统的气路：为了采集由于服装作用在人体上所造成的压力响应信号，通过一个密闭式的气路系统，气压式服装压力测试装置测试了系统的气压输入及传压，进而组成了一个密闭气体回路。压力测试系统气路始端的感压元件是一个体积小、厚度薄、蠕变小、没有弹性伸长及回缩的微气囊，受到压力作用后，感压元件通过微细的导管将感受到的压力传导到整个测试系统的气体输出端，形成了气体回路。

压力测试系统的电路：气压式服装压力测试系统应用压力传感器作非电量服装压的变换元件，从而将由传感器输出的电压信号通过放大电路的处理后显示出来，采用压阻式压力传感器作为测试元件，输入端的服装压力变化使得应变片发生了变形，从而导致了压敏电阻的阻值产生变化，造成电压的输出变化，再通过应变片将服装压力转换成电压输出。

日本 AMI TECHNO CO. LTD 应用气压式服装压力测试原理设计制作了 AMI3037-5 系列气囊式接触压测定仪,该仪器被广泛应用于各种科研机构,如图 10-10 所示。

图 10-10　AMI3037-5 系列气囊式接触压测定器

2. 受试者、试验服装及客观压力测试点的选择

受试者、试验用服装及客观压力测试点的选择均与压感舒适性主观评价试验中的相同。

3. 试验过程设计

试验在安静的室内进行,室内温度为 $(20\pm2)\,^\circ\!\mathrm{C}$,相对湿度为 $(65\pm3)\%$,无风。受试者进入室内先休息 10 min,然后穿上试验用的服装,先站立 10 min,然后由主试者开始测量各部位的服装压力值。测量时,压力传感器被放置于受试者的皮肤表面与服装的里层面料之间,当服装压力值比较稳定时开始记录,每个测量点的压力值应多重复几次,其平均值可作为该点最终的服装压力值。

思考题

1. 怎样对某一特定的服装进行压感舒适性的主观评价?
2. 怎样对某一特定的服装进行压感舒适性的客观评价?

本章小结

本章主要介绍了服装的压感舒适性评价,包括基本知识介绍和综合性、设计性试验两部分,主要阐述了服装压感舒适性的基本知识、服装压感舒适性的主观评价法和服装压感舒适性的客观评价法。通过学习及试验操作,要求学生了解怎样对某一特定服装进行压感舒适性的主、客观评价。训练了学生的试验动手能力、培养了学生的综合分析能力以及数据处理能力。

参考文献

[1] 刘红,陈东生,魏取福. 服装压力对人体生理的影响及其客观测试[J]. 纺织学报,2010,31(3):138-142.

[2] 陈东生. 服装卫生学[M]. 北京:中国纺织出版社,2000.

[3] 孟振华. 针织服装压力舒适性的测试与研究[D]. 天津:天津工业大学,2006.

[4] S. M. Ibrahim. A psycho1ogical scale for fabric stiffness[J]. Journal of Tex-

tile Institute，1985，76(6)：442-449.

[5] 宋晓霞，冯勋伟. 服装压力与人体舒适性之关系[J]. 纺织学报，2006，27(3)：103-105.

[6] Y. Li. Clothin g comfortable and its application[J]. Textile Asia，1998，29(7)：29-33.

[7] N. R. S. Hollies and R. F. goldman. Clothin g comfort：interaction of thermal，ventilation，construction and assessment factors[M]. Michi gan：Ann Arbor Science Publisher Inc，1977：1-10.

[8] A. H. Woodcock. Moisture transfer in textile systems：Part II[J]. Textile Research Journal，1962(32)：628-633.

[9] 蒋培清，谌玉红，唐世君. 服装热湿舒适性的研究方法综述[J]. 北京纺织，1998，5(10)：24-26.

[10] 王强，陈东生，魏取福. 服装压对人体影响的研究现状与前景[J]. 纺织学报，2009，30(4)：139-144.

[11] 罗晓菊. 无缝内衣对青年男体压力舒适性影响的研究[D]. 杭州：浙江理工大学服装设计与工程，2008.

[12] M. Nakahashi and H. Morooka. An estimation of the comfortable and critical clothin g pressure values on le gs，and an analysis of factors affectin g those values[J]. Journal of the Japan Research Association for Textile End Use，2000，41(9)：45-51.

[13] H. Makabe. A study of clothin g pressure developed by the girdle[J]. Jpn Res Assn Tex End Uses，1991，32(9)：424-438.

[14] H. Makabe，H. Momota and T. Mitsuno et al. Effect of covered area at the waist on clothin g pressure[J]. Sen'i gakkaishi，1993，49：513-521.

[15] 罗晓菊. 无缝内衣对青年男体压力舒适性影响的研究[D]. 杭州：浙江理工大学服装设计与工程，2008.

[16] 周晴，徐军. 运动内衣穿着压力舒适的主观评定[J]. 纺织学报，2004，25(6)：63 - 64.

[17] 吴济宏，于伟东. 针织面料压迫舒适性的评价回顾[J]. 武汉科技学院学报，2006，3：1- 4.

[18] 元铁. 针织内衣的压力研究[D]. 天津：天津工业大学，2008.

[19] J. C. Y. Chen g，J. H. Evans and K. S. Leun g，et al. Pressure therapy in the treatment of post-burn hypertrophic scar - A critical look into its usefulness and fallacies by pressure monitorin g[J]. Burns，1984，10(3)：154-163.

[20] H. Morooka，R. Fukuda and M. Nakahashi，et al. Clothin g pressure and wear feelin g at under-bust part on apush-up type brassiere[J]. Sen i gakkaishi，2005，61(2)：53-58.

[21] J. Hafner，I. Botonakis and g. Bur g. A comparison of multilayer banda ge systems durin g rest，exercise，and over 2 days of wear time[J]. Arch Dermatol，2000，136(7)：857-863.

［22］S. ghosh，A. Mukhopadhyay and M. Sikka，et al. Pressure mappin g and performance of the compression banda ge/garment for venous le g ulcer treatment［J］. Journal of Tissue Viability，2008，17(3)：82-94.

［23］由芳，张欣. 紧身服的宽裕量及弹性模量与服装压感的关系［J］. 西北纺织工学院学报，2000，14(2)：133-137.

［24］张渭源. 服装舒适性与功能［M］. 北京：中国纺织出版社，2005.

［25］N. R. S. Hollies. Psycholo gical Scalin g in Comfort Assessment in Clothin g Comfort. Michi gan：Ann Arbor Science Publishers［J］. Inc，1977：107-120.

［26］徐杰，钱晓明，徐先林，等. 服装压力测试方法的探讨［J］. 针织工业，2008 (9)：35-39.

［27］陈红娟. 针织物服装压力测试系统研究与开发［D］. 上海：东华大学纺织工程，2005.

［28］崔立明，陈东生. 服装压力测试技术的现状［J］. 国际纺织导报，2007(4)：75-77.

［29］李东平，夏涛，李俊. 服装压力测试方法的研究进展［J］. 纺织导报，2007 (12)：98-100.

［30］陈东生，崔立明. 服装压测试系统的开发［J］. 纺织学报，2008，29(3)：72-75.

试验十一　服装材料的肤感舒适性

> **本章知识点：** 1. 基本知识
> 　　　　　　　 2. 织物刺痒感评价
> 　　　　　　　 3. 织物黏附感评价
> 　　　　　　　 4. 织物接触冷暖感评价
> 　　　　　　　 5. 综合性、设计性试验

第一部分　验证性试验

一、基本知识

服装在穿着过程中，经常与人体皮肤接触。接触中，服装（织物）作用于皮肤所产生的接触感觉，或舒服、或不舒服通常称为肌触感。肌触感是由机械性刺激或热量传递两种因素造成的。它包括触感（手感）、冷暖感、润湿感、刺痒感、黏附感等。

二、织物刺痒感评价

服装（织物）与皮肤接触所产生的不舒适感觉中，刺痒感是让人们讨厌的一种。特别是粗梳毛织物所引起的刺痛和皮肤瘙痒感，使其在服用和装饰等应用方面受到很大的限制。服装穿着过程中的刺痒感属于织物触觉舒适性的范畴，触觉舒适性取决于织物与人体之间的相互力学、物理作用及生理、心理反应，直接决定人们对穿着织物的感觉和接受度。织物触感舒适性主要表现为衣着重量和松紧对人体产生的局部服装压，以及织物表面毛羽和纤维接触人体皮肤产生的微观刺激作用，而后者产生的刺扎、乱拉、拨动、摩擦和纠缠的综合感觉统称刺痒感。刺痒感往往发生在毛类、麻类或含有粗短纤维的织物中。研究表明，刺痒感来源于纤维的刺扎作用，是由粗硬纤维对表皮下层神经末梢的机械刺激引起，但并非与简单的纤维突起的数量有关，突起纤维的硬度才是影响织物刺痒感的主要因素。人体至少需要 0.75 mN 的压力才能触发刺痛感觉，且织物表面毛羽在弯曲屈服前的支撑载荷超过激发阈值即会产生刺痒。减少刺痒感的途径可通过烧毛、剪毛、挤压、起毛等处理表面纤维方法来完成。

目前，刺痒感的评价主要包括主观法和客观法。

1. 主观评价法

较为成熟的检测方法主要有：前臂试验和穿着感受评价。

前臂刺扎试验是一种简单易行的主观评价方法，由澳大利亚人进行。它利用了生理、心理学中的分级概念研究刺痒感。试验是将织物置于被测者的前臂上，同时测试者用另一只手轻压织物，并对已分类织物按 1~10 级的刺痒感进行评分。

穿着感受评价是根据专用语言描述,把刺痒感划分为 0~5 个等级,选择一定数量和年龄范围的健康有文化素质的评价员,在规定时限内试穿,然后分别给出评价等级,最后统计加权平均得出织物刺痒感的等级评定。

2. 客观评价法

客观评价法是以纤维的抗弯刚度、粗硬纤维的含量和织物粗短毛羽量三要素为基础间接地表征织物的刺痒感。

我国标准 FZ/T 30004—2009《苎麻织物刺痒感测定方法》就是一种典型的客观评价法。其原理是通过测试一定面积织物(单面)毛羽部分的压缩性质,以布面毛羽部分压缩的特征值(分界压力和压缩比功)客观表征织物可能引起的刺痒感程度。试样的分界压力值和压缩比功值与试样刺痒感程度呈正相关关系,即分界压力或压缩比功越大则刺痒感越强。

该测试方法采用织物单面压缩测试仪测试,其由压力传感器和织物试样支撑与预加张力系统组成,如图 11-1 所示。1 为测试盘,2 为织物试样,3 为张力夹,4 为支撑杆,5 为织物固定夹,6 为下夹持器。圆形测试盘面积为 10 cm²,传感器压力计精度为 0.1cN,织物固定夹要在整个试样宽度上握持试样,支撑杆内装有滚动轴承,便于织物预加张力在试样上的分布。测试盘与试样支撑架之间的相对运动可通过支撑架上行或试样夹下行实现。

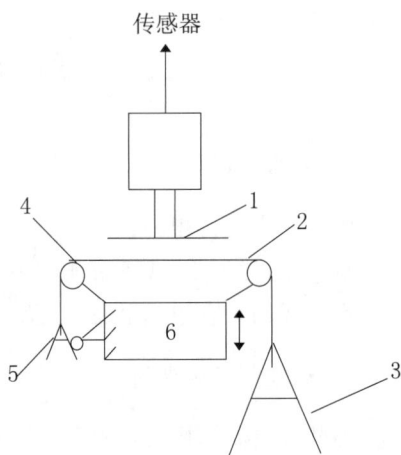

图 11-1 织物刺痒感测试原理图

测试步骤如下:

取 30 cm×7.5 cm 的试样 10 块,试样应平整,无褶皱和影响试验结果的疵点。将准备好的试样自然悬挂,避免毛羽部分受到挤压或织物褶皱。在测试盘表面平整包覆或黏附一层薄乳胶膜,乳胶膜厚度为 0.2 mm。调整布面支撑架或测试盘的位置,使测试盘与布面保持平行。用平板搭在两根支撑杆上,手动操作测试盘与支撑架接近,校正测试盘与平板间距平行。校正后紧固测试盘及试样支撑架。

设定压力计数据采集步长(d),每毫米压缩动程采集数据不少于 20 对。设定压缩速度为 20 mm/min~30 mm/min,压缩动程为织物厚度(包括毛羽长度)加上 4 mm。将试样反面(即与皮肤接触的一面)向上,一端夹持在织物固定夹上,跨过两根支撑杆,另一端夹上张力夹,机织物预加张力 200 cN,针织物 50cN。每块试样测试 1 次。

开机预热 30 min 后,压力计校正并清零,依次对试样进行测试。结果以压缩位移(D)-压力(P)数据对存储在压力计或计算机中。

去除数据对中压力值为 0 的无效数据对。利用有效数据对生成织物单面压缩曲线,包括毛羽部分压缩曲线、织物主体压缩部分曲线和过渡部分压缩曲线。曲线绘制可采用 Excel,Origin,SPSS 等常用数据分析软件进行。

根据生成的压缩曲线,确定织物主体压缩部分的大致起点(一般为 3 cN 左右)。采用截距法确定毛羽压缩部分的分界点,即用织物主体压缩部分拟合直线与横轴(压缩位移)的交点作为毛羽压缩部分曲线分界点,将毛羽部分压缩曲线分离出来。如图 11-2 所示。分界点处压缩位移所对应的压力即为分界压力(Pc)。主体压缩部分的直线拟合可采用常用数据分析软件进行,如 Excel,Origin,SPSS 等,拟合方法均采用最小二乘法拟合。

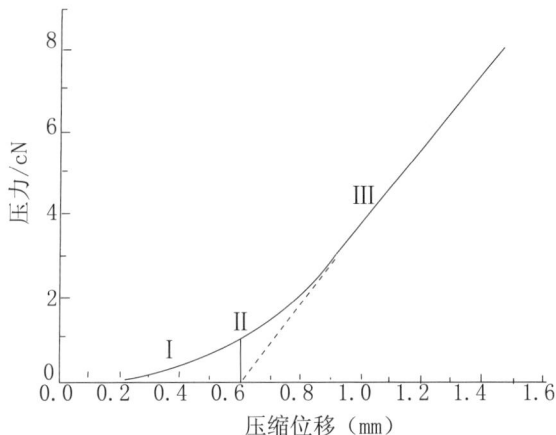

图 11-2　毛羽压缩部分压缩分界点确定示意图

其中:

Ⅰ——毛羽部分压缩曲线;

Ⅱ——过渡部分压缩曲线;

Ⅲ——织物主体压缩部分曲线。

平均分界压力按下式计算。

$$\overline{P}_c = \frac{\sum\limits_{i=1}^{10} P_{cj}}{10} \tag{11-1}$$

式中:

$\overline{P}_c$——试样 10 次压缩测试的分界压力平均值,cN;

P_{cj}——第 j 次压缩测试的分界压力值,cN。

压缩比功计算:

由于采集的压缩位移-压力数据对是离散数据对,每个毛羽压缩部分压缩功即可通过毛羽压缩阶段采集的每个数据对形成的小矩形面积的累加来近似计算,在数值上即为毛羽压缩阶段所有采集数据对的压力和与数据采集步长的乘积。计算 10 次测试的压缩功。

压缩功计算方法见下式:

$$W_j = d \cdot \sum_{i=1}^{n} P_i \tag{11-2}$$

式中:

W_j—— 某试样第 j 次压缩测得的毛羽压缩部分压缩功,cN·mm;

d—— 数据采集步长,mm;

n—— 毛羽压缩阶段采集的数据对的个数;

P_j—— 第 i 个数据对对应的压力值,cN。

单面压缩的压缩比功 R_{uj} 按式(11-3)计算,压缩比功平均值 $\overline{R}_w$ 按式(11-4)计算。

$$R_{uj} = \frac{W_j}{D_j} \tag{11-3}$$

$$\overline{R}_w = \frac{\sum\limits_{i=1}^{10} R_{uj}}{10} \tag{11-4}$$

式中:

R_{uj}——试样第 j 次单面压缩毛羽部分的压缩比功,cN;

D_j——第 j 次压缩毛羽压缩阶段的压缩位移,即分界点处对应压缩位移,mm;

$\overline{R}_w$——某试样 10 次压缩的平均压缩比功,cN;

j ——试验次数。

三、织物黏附感评价

某些织物在人体出汗时易黏附在皮肤上,由此产生一种令人不快的黏附感。目前除主观评价方法外,已开发出一种可测织物黏附指数 iK 的仪器,其中间装有一块表面粗糙度与人体皮肤粗糙度相符的细孔烧结板,把试样牵引到该板上,用一个机动滴定管计量导入水,以使烧结板表面保持均匀的湿度。测量传感器与一个牵拉装置连接,用它可调节拉伸力,使试样向经向和纬向运动,由这两个测量值来确定黏附指数 iK。与实际穿着结果相比较,织物的黏附指数 iK 越高,其黏附感越大。各种织物在出汗皮肤上的黏附性研究表明,合成纤维织物的黏附性比棉织物大,特别是聚酯长丝织物在皮肤上的黏附性要比棉织物强得多。

四、织物接触冷暖感评价

服装(织物)与人体皮肤接触时,由于两者的温度不同和热量传递,导致接触部位的皮肤温度下降或上升,从而与其它部位的皮肤温度呈现一定差异,这种差异由神经传至大脑所形成的冷或暖的判断及知觉,称为服装(织物)的冷暖感。服装(织物)冷暖感的产生要经历热量传导、感温神经末梢的神经刺激与信息传递和大脑的心理判断及知觉产生三个阶段。冷暖感的持续过程非常短暂,这是因为一方面温度感觉有适应现象,即刺激温度保持恒定时,温度感觉会逐渐减弱(称为不完全适应),甚至完全消失(称为完全适应)。研究表明人体皮肤完全适应的温度范围为 12~42℃,它包含了日常服装(织物)穿着前温度范围的绝大部分。另一方面由于织物与皮肤的热交换,织物因吸收(或释放)了皮肤热量,其温度会缓慢上升(或下降),而皮肤温度也会因皮肤深处与皮肤表面很快达到热平衡而停止下降(或上升)并随后有所回升(或下降),结果导致温差逐渐减少。生理学家认为,当人体处于热平衡时,感觉舒适的皮肤平均温度在 33.4~33.5℃。身体任何部位皮肤温度与皮肤平均温度的差在 1.5~3.0℃ 范围内,人体感觉不冷不热,若温度差超过 ±4.5℃ 范围,人体将有冷暖感。

一般,织物的导热率越高,越有利于人体皮肤表面热量迅速传至织物其它部位,相应产生冷感;反之,织物导热率越低,则相应会产生暖感。若用不同纤维织制组织结构完全相同的织物,则随着纤维导热率的增大,它们的温度感觉将从暖向冷过渡。相反,若用相同纤维织成不同组织结构的织物,则在判断温度感觉时,还需要考虑其表面状态。当织物表面较光滑,结构较紧密时,它与皮肤接触的表面积较大,热量传递容易,通常具有冷感,当织物绒毛较多、结构较稀疏时,其表层"拟静止空气"含量较高,而导热率较低或者说织物与皮肤接触表面积大大减少,热量转移比较缓慢,故具有暖感。此外,对于吸湿性强的纤维织物,当着装人体从低湿环境进入高湿环境时,必然要吸湿,使其导热率大大增强,又会给人带来冷感。

随着服装舒适性和织物一系列关系的揭示,越来越多的评价试验方法相继问世。主要有为四类:

① 恒温法。在等温热体的一面放置测试织物,热体的其它各面均有良好的隔热性能,测定保持热体恒温所需的能量。

② 冷却速率法。用测试样品将热体完全包覆,让热体自然冷却,根据冷却速率可确定织物的隔热性能。

③ 热流计法。将所测织物夹在热源和冷源两平板之间,冷源和热源之间保持不同的温度,用薄的圆平板热流传感装置置于各层试样中测量它的温度梯度,进而测定其隔热性。

④ 热波传播测定法。该方法与单脉冲测量技术有关,由温度梯度所引起的一系列热波通过测试样品,根据热波的衰减来计算通过样品的热流。

目前,常用的测试方法为恒温法。所用仪器又可分为蒸发热板法(A 型仪器)和静态平板法(B 型仪器)。具体为将试样覆盖于电热试验板上,试验板及其周围和底部的热护环(保护板)都能保持相同的恒温,以使电热试验板的热量只能通过试样散失;调湿的空气可平行于试样上表面流动。在试验条件达到稳态后,测定通过试样的热流量来计算试样的隔热性能。其指标可用热阻(R_{ct})、克罗值(clo)和热导率来表征。

热阻值指试样上下表面的温差与垂直通过试样的单位面积的热通量之比。这种干热通量能够以传导、对流或辐射的方式传递。热阻值的单位是平方米·开氏温度/瓦特($m^2 \cdot k/W$),它表示纺织品或其复合物在稳定的温度梯度下、在规定面积内传递的干热通量。

克罗值指在气温 21℃,相对湿度小于 50%,风速不超过 0.1 m/s 的室内,一个人在安静状态下,感觉舒适时所需衣服的保温值。克罗值类似于衡量房间隔热效果的 R 值。

蒸发热板法所用仪器——吸湿排汗测试仪如图 11-3 所示;该仪器由具有温度和给水控制的测试部分、具有温度控制的热护环、气候室三个部分组成。吸湿排汗测试仪气候室内的多孔电热试验板如图 11-4 所示,吸湿排汗测试仪的测试区构造如图 11-5 所示。

静态平板法所用仪器——平板式保温测试仪如图 11-6 所示。

测试步骤如下:

备样:至少准备三块试样。试样必须完全覆盖测试单元和热保护装置的表面,一般取 35 cm×35 cm。测试试样前,必须在规定的温度和相对湿度的环境中,调湿至少 12 h;若厚度大于 3 mm 但小于 5 mm,应先调节试样板高度,使试样放置在测试板上时,试样的上表面与测试平台平齐;若试样厚度大于 5 mm,需要采用增加附加框架的方法来防止热量和蒸汽从侧面散发。另外,如果试样含有松散的填充物或厚度不匀,例如被子、睡袋、羽绒服等,试样也应放置在一个附加的框架上,框架的高度大约与试样不受外力放置时的高度一样,其内边尺寸为(L+2b)。(注:L 为试验板的金属板各边尺寸,b 为保护板宽度)。

图 11-3 吸湿排汗测试仪

图 11-4 多孔电热试验板

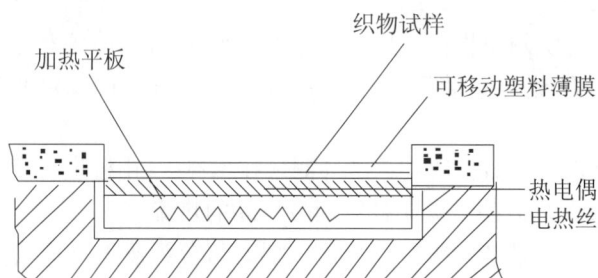

图 11-5 吸湿排汗测试仪的测试区构造图

图 11-6 平板式保温测试仪

在测试热阻值时,需要对热量在边缘处的散失进行修正。热阻值和试样厚度之间线性关系的偏差按公式 $\{1+(\Delta R_{ct}/R_{ct,m})\}$ 进行修正,$R_{ct,m}$ 为通过测试匀质材料(如泡沫)多层叠加(最终达到被测试样的厚度 d)所测定的热阻值,$\Delta R_{ct}=R_{ct,a}-R_{ct,m}$($R_{ct,a}$ 为理论测定值,$R_{ct,m}$ 为实际测定值)。修正后热阻如下:

$$R_{ct}=R_{ct,m}\times[1+(\Delta R_{ct}/R_{ct,m})] \tag{11-5}$$

测试:可使用 A 型和 B 型两种仪器。

(1)A 型仪器——吸湿排汗测试仪

仪器气候室参数设定:

测试板温度	35.0 ℃
保护板温度	35.0 ℃
气候室空气温度	20.0 ℃
气候室气流速度	1 m/s
气候室相对湿度	65 %

① 打开电脑热阻测试软件。

② 按下仪器上的"RUN"按键,将仪器与电脑测试软件相连。

此时试验箱中未放置任何样品,即进行空白试验。仪器自动将监测数据传输到电脑中软件中,当所有设置参数达到设定值并稳定后,测试软件中的测试值显示绿色,否则为红色(即绿色为有效数据,红色为不可采用数据)。

③ 待绿色的测试数据连续采集到四组以上时,可停止试验,取其最后三组平均值作为空白试验热阻值。

④ 将空白试验测试结果输入到软件中的"空白值"位置。这时相应的热阻测试结果均同时减去该空白值。

⑤ 打开测试箱门,将调湿好的样品轻轻覆盖在金属铜板上,并在试样四周边缘加贴三层胶带,注意这一过程应尽量保证试样自然伸直但不伸长,并要求尽量贴合在金属铜板上。

⑥ 关闭试验箱门,仪器自动将测试数据传输到电脑软件中。与上述取值方式相同,绿色数值表示数据可取,红色数据表示数据不可取。待绿色数据连续采集到四组以上可停止试验,仪器软件可自动计算出平均值,该值即为该块样品的热阻。

⑦ 重复⑤和⑥步骤,直至完成三块试样的测试。取三块试样的热阻平均值为该样品的热阻值。

(2)B型仪器——平板式保温仪

设定试验板、保护板、底板的温度均为35℃。开机预热,待试验板、保护板、底板的温度均达到设定值并保持稳定时,可进行试验。

有样试验前需先进行空白试验。即试验板上不放任何样品,开始测试,待达到设定时间,仪器自动测试,自动记录出空白试验的各项值。

然后将调湿好的待测试样放入仪器试验板上进行有样测试,放样时需使样品服贴于试验板上。待试验板、保护板、底板的温度均达到35℃后,开始测试,仪器自动记录各项测试值,并自动扣除空白值,计算出试样的保温率、克罗值、热传导系数等试验结果。

其中热阻与克罗值和热导率可进行如下换算(为试样厚度,mm):

克罗值

$$clo = R_{ct}/0.155 = 6.451 \cdot R_{ct} \tag{11-6}$$

热导率

$$k = 10^{-3} \cdot d/R_{ct} \tag{11-7}$$

第二部分　综合性、设计性试验

一、试验目的

了解服装材料接触冷暖感的评价体系和常用检测方法。通过试验,掌握服装材料接触冷暖感的检测原理和检测方法,并能对相关指标进行换算。

二、试验内容

采用服装保暖材料喷胶棉为原料,测试其厚度并计算蓬松度,并根据其所测得的保温性能分析蓬松度与样品保温性能的关系。

三、仪器和材料

（一）试验仪器
平板式保温仪、钢板尺、电子天平、30 cm×30 cm 的透明塑料板等。
（二）试验材料
喷胶棉全幅 2 m,厚度应至少 5 cm。

四、试验步骤

① 将待测样品置于标准大气下充分调湿,并于该条件下测试。
② 开启平板式保温仪预热 30 min 后完成空白试验。
③ 裁取待测喷胶棉若干块,尺寸为 30 cm×30 cm。
④ 取试样 1 块,称量质量后,用钢板尺沿四角分别测试其高度并记录,根据所得高度结果计算该样品的蓬松度。
⑤ 将试样正面朝上平铺于平板式保温仪测试区,四周用胶带密封防止热量散发,稳定后测试其保温性能,记录结果,重复以上步骤,完成 3 块样品的测试。
⑥ 另取一块样品,将其置于塑料板下用适量负荷压缩一定时间(如 1 min),待其完全回复后,用钢板尺测试四角高度,并计算此时其蓬松度。
⑦ 将该试样正面朝上平铺于平板式保温仪测试区,四周用胶带密封防止热量散发,稳定后测试其保温性能,记录此时结果。重复以上步骤,完成 3 块样品的测试。
⑧ 按上述步骤重复,得到一组保温性能与蓬松度的数据。
⑨ 根据上述数据,绘制关系曲线,分析总结。

思考题

1. 织物刺痒感影响因素有哪些? 如何评价?
2. 服装材料的接触冷暖感中采用恒温法测定时,静态平板法和蒸发热板法在测试时有什么异同?

本章小结

本章主要介绍了服装材料的肤感舒适性基本知识和试验,包括验证性试验和综合性、设计性试验两部分,分别从熨烫性、可缝性及接缝性能方面介绍了服装材料制衣加工性能的评价指标和检测方法。通过学习和试验操作,使学生了解各评价指标的定义及影响因素,熟悉其对应的测试方法及适用范围,能够选择合适的检测方法对服装材料制衣加工性能进行检测和评价,以培养学生该方面的综合分析能力、试验动手能力及数据处理能力。

参考文献

[1] 刘静伟. 服装材料试验教程[M]. 北京:中国纺织出版社,2000.

[2] 马大力,张毅,王瑾. 服装材料检测技术与实务[M]. 北京:化学工业出版社,2005.

[3] 王明葵,杨瑜榕. 纺织品检验实用教程[M]. 厦门:厦门大学出版社,2011.

[4] FZ/T 30009—2009. 苎麻织物刺痒感的测定方法[S].

[5] 戚媛,于伟东. 织物刺痒感的认识和评价[J]. 青岛大学学报,2005(6):44-49.

试验十二　服装材料的风格与评价

本章知识点: 1. 织物的手感与触觉风格
　　　　　　　 2. 织物的光泽与视觉风格
　　　　　　　 3. 综合性、设计性试验

第一部分　验证性试验

一、织物的手感与触觉风格

(一) 基本知识

人体在接触服装时,通过皮肤的接触点感受到柔软或硬挺、光滑或粗糙、疲软或弹性。柔软、光滑、柔润和有弹性的织物使人体感觉到舒适。这些感觉是织物通过对皮肤接触点的刺激而引起的大脑知觉反应。

1. 纺织品对皮肤的刺激的分类

(1)瞬时接触刺激

人体皮肤在接触织物时,会有凉或暖的感觉。这种凉爽或温暖的触觉与织物和皮肤的接触面积有关。因为织物的温度小于皮肤的温度,所以皮肤与织物接触面积大则感觉凉爽,接触面积小则感觉温暖。光滑、密实、表面平整的织物会使人感觉到凉爽,因为这样的织物与皮肤的接触面积大,接触部位的皮肤温度下降会给大脑形成冷的知觉。表面有毛羽的短纤维织物、表面有毛绒的织物和松软、低密度的织物就会给人温暖的感觉。长丝织物则触感阴凉。涤纶丝、棉丝、蚕丝针织物都有光滑凉爽的触觉,棉纱、棉/氨纶、绢丝织物表面有毛羽,腈纶、羊毛织物的纱线蓬松,因此都有温暖的触觉。

(2)刺痒的感觉

柔软细腻的触觉给人舒适温馨的感觉,这与纤维的细度、刚度有关。粗糙和硬涩的织物在外力的作用时会挤压和摩擦人体皮肤,纤维直径大于 $30\sim40~\mu m$,并且具有一定刚度,就能够刺进皮肤,使人产生刺痛和刺痒感。蚕丝是常用纤维中最细的,$100\sim300$ 根平行排列宽度才 $1~cm$,棉纤维要 $60\sim80$ 根平行排列才 $1~cm$,这么细的纤维头端伸出织物表面,对人的皮肤没有任何刺激,贴身使用蚕丝和棉针织物会感觉到很舒适。毛织物、麻织物,羊毛织物纤维粗细不一,40 根纤维平行排列为 $1~cm$,粗的纤维会刺激皮肤,就会使人感觉到刺痒,羊毛织物要经过柔软整理后才能贴身使用。经过树脂整理、防羽整理的寝具、衣物都会使人产生刺痒感。

（3）湿黏附的刺激

人由于运动而出汗，或者由于天气炎热而出汗，衣服被濡湿而粘附在皮肤上，会限制人体的活动和皮肤的透气性能，使人闷热而不舒适。

（4）整理剂的刺激

经过抗皱、阻燃、防污和增白等功能整理的服装面料能释放出游离甲醛，不仅会产生刺激性气味，还会引起瘙痒、浮肿、红斑、丘疹等皮肤疾患。经过荧光增白整理的服装，如果荧光增白剂的浓度较大，容易黏附在皮肤上，也会刺激皮肤而引起皮炎。

（5）染料的刺激

染料或化学品与织物结合若没有达到足够的染色牢度，在汗渍、水、摩擦和唾液的作用下，染料会从织物上脱落，通过皮肤或食道影响人的健康，并刺激皮肤。

（6）洗涤剂的刺激

家用纺织品洗涤后，合成洗涤剂的残留会刺激皮肤而引起皮肤的不适，含镍洗涤剂使用不当或清洗不净，也会引起皮肤的过敏反应。

（7）污物的刺激

由于人体渗出汗和分泌液，加上皮屑脱落，长期使用穿着的衣服会附着汗垢和污物，这些脏污发生氧化、分解，生成氨等刺激性物质，刺激皮肤。汗与皮脂在皮肤表面形成的酸性保护膜能够抑制皮肤表面的微生物繁殖，氨的产生会弱化保护膜，促进霉菌繁殖，成为某些皮肤病的诱因。脏污的分解和微生物的繁殖，还会产生臭味，影响人的情绪。

（二）触觉与手感检测

人们购买衣服时，除了观察纺织品的外观效果，就是用手去触摸，这时服装材料会给人手一种刺激，反映到大脑，就会产生各种的感觉，这就是所说的手感，或者称为狭义的织物风格。广义的织物风格是一个包含物理、生理和心理因素的非常复杂的抽象概念，视觉风格是织物的材质、肌理、花型图案、色彩和光泽等织物表面特征，刺激人的视觉而产生的生理和心理的综合反应。触觉风格即手感，也是狭义的织物风格。

手感，是人手触摸、抓捏织物时，织物的某些物理学性能通过人的大脑所产生的生理和心理综合效果。触摸的手感检测会有一些人为因素影响，会因人的喜好而有差异，也会由于人体皮肤的敏感程度而产生差异。通过对手摸织物所包含的力与织物变形的分析可知，织物的手感与织物微小变形时的力学性能密切相关，可以通过对织物的伸长、剪切、弯曲、压缩、表面摩擦、厚度和重量的检测来评价。

1. 检测标准

目前，对纺织品的触觉与手感检测还没有专用标准，国内一般采用纺织行业标准FZ/T01054.2—1999《织物风格试验方法 表面摩擦性能试验方法》，FZ/T01054.3—1999《织物风格试验方法 交织阻力试验方法》，FZ/T01054.4—1999《织物风格试验方法 弯曲性能试验方法》，FZ/T01054.5—1999《织物风格试验方法 起拱变形试验方法》，FZ/T01054.6—1999《织物风格试验方法 平整度试验方法》，FZ/T40001—1992《丝织物平滑度试验方法 斜面滑动法》，台湾标准CNSL 3048《织物硬挺性检验法》。国际上有美国试验与材料协会标准ASTM D 4032—94《织物硬挺度试验方法》，英国国家标准BS 3356—90《织物硬挺度试验方法》等。

2. 检测原理

（1）手感

日本川端教授把织物风格分成三个层次，精选 200 种织物，由专家用感官评价出织物的基本风格值 HV 和综合风格值 THV，然后用 KES 检测系统，测量织物的基本物理量，建立基本物理量与基本风格之间的转换公式 1 和基本风格值与综合风格值的转换公式 2，用 KES 检测系统测量织物的十几项物理指标，利用公式 1 和公式 2 计算 HV 和 THV，然后进行织物的风格评价，THV 值越大，织物的综合风格越好。织物风格的评价原理如图 12-1 所示。

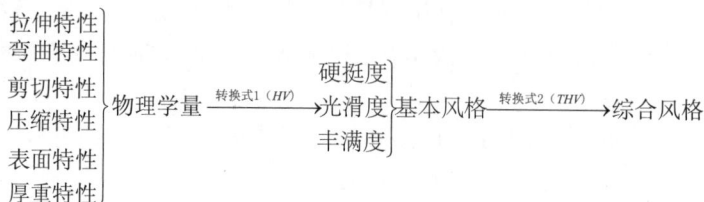

$$\left.\begin{array}{l}\text{拉伸特性}\\\text{弯曲特性}\\\text{剪切特性}\\\text{压缩特性}\\\text{表面特性}\\\text{厚重特性}\end{array}\right\}\text{物理学量}\xrightarrow{\text{转换式1}(HV)}\left.\begin{array}{l}\text{硬挺度}\\\text{光滑度}\\\text{丰满度}\end{array}\right\}\text{基本风格}\xrightarrow{\text{转换式2}(THV)}\text{综合风格}$$

图 12-1　织物风格的评价原理

（2）接触冷暖感

人体皮肤接触织物时，由于存在温度差异和热量的传递，使接触部位的皮肤温度发生变化，由大脑做出织物冷暖的判断。接触冷暖感的产生要经过热量的传递、感温神经末梢的生理刺激与信息传递以及大脑的判断三个阶段。接触冷暖感的持续时间较短，即刺激温度保持恒定时，冷暖感会逐渐减弱或消失，所以，接触冷暖感是由织物接触皮肤初期从身体中获取的热量衡量的。表面光滑、结构紧密的织物与人体皮肤的接触面积大，由于织物的温度低于人体温度，人体的热量容易传递，所以给人以冷的感觉。表面毛绒、结构松散的织物与人体皮肤接触面积小，通常有温暖的感觉。影响接触冷暖感的因素有织物的热传导率、织物的表面状态和织物的含水率等。

（3）接触滑爽感

织物表面光滑或粗糙的感觉与织物表面的摩擦系数密切相关。动、静摩擦系数小则织物触感滑爽，动、静摩擦系数大则织物有粗糙感。动摩擦变异系数的大小与试样的原料粗细、捻度和织物结构有关。动摩擦变异系数和动摩擦系数可以综合评价织物的手感，若动摩擦变异系数和动摩擦系数均小，织物手感滑腻；若动摩擦变异系数大，动摩擦系数小，则织物手感滑爽；若动摩擦变异系数和动摩擦系数均大，则织物手感粗糙。

3. 检测方法

（1）手感检测

川端 KES 风格检测系统由拉伸—剪切检测仪 FB1、弯曲检测仪 FB2、压缩检测仪 FB3 和表面检测仪 FB4 及微处理机组成。川端 KES 风格检测系统测量的物理指标见表 12-1。采用风格仪测定织物弯曲性能的相关指标，可以得出织物手感柔软、活络或是硬挺、滞涩。织物的弯曲性能主要由弯曲刚性和活络率两项指标来评定。

测量方法是将一块矩形试验材料弯曲成为纵向的瓣状环，然后一个平面由上向下压，使环瓣的两侧弯曲应力和应变逐渐增加，同时，试样在受压的过程中，各种摩擦以及塑性变形在恢复的过程中会出现相关现象。

表 12-1 川端 KES 风格检测系统测量的物理指标

力学性能	仪器	指标	单位	代号	风格含义
拉伸性能	FB1	拉伸线性度	—	LT	柔软感
		拉伸功	$(cN \cdot cm)/cm^2$	WT	变形抵抗能力
		拉伸弹性	%	RT	变形回复能力
弯曲能力	FB2	弯曲刚度	$(cN \cdot cm^2)/cm$	B	身骨(刚柔性)
		弯曲滞后矩	$(cN \cdot cm)/cm$	$2HB$	活络、弹跳性
剪切性能	FB1	剪切刚度	$cN/(cm^2 \cdot deg)$	G	畸变抵抗能力
		0.5°剪切滞后矩	cN/cm	$2HG$	畸变回弹性
		5°剪切滞后矩	cN/cm	$2HG5$	畸变回弹性
压缩性能	FB3	压缩线性度	—	LC	柔软感
		压缩功	$(cN \cdot cm)/cm^2$	WC	蓬松感
		压缩回弹性	%	RC	丰满感
表面性能	FB4	平均摩擦系数	—	MIU	光滑、粗糙感
		摩擦系数平均差	—	mmD	滑糯、硬涩感
		表面粗糙度	—	SMD	表面粗糙、匀整
厚重性能	FB5	0.049 kPa 下厚度	mm	T	厚实感
		单位面积质量	mg/cm^2	W	轻重感

①活络率：在试样环瓣受压变形及恢复过程中，从织物弯曲滞后曲线中取 3 个位移值的回弹力平均值对抗弯力平均值之比的百分率为试样的活络率。活络率越大，表示织物的手感活络、弹性感好；活络率小，试样手感呆滞。

②弯曲刚性：在环瓣受压变形的弯曲滞后曲线的线性区域内，抗弯力之差与瓣状环中心点的位移之比为试样的弯曲刚性。弯曲刚性大，试样手感刚硬；弯曲刚性小，试样手感柔软。

③弯曲刚性指数：是试样弯曲刚性与织物表观厚度的比值，是试样弯曲刚性的相对指标。

（2）硬挺度检测

织物的手感与其硬挺度密切相关，硬挺度大的织物手感比较粗硬，硬挺度小的织物手感柔软。织物硬挺度的检测方法与刚柔性检测方法有些类似，台湾标准 CNS L 3084《织物硬挺性检测法》主要介绍两种检测方法。

方法一：悬臂法

试验仪器：一光滑水平台面，规格为 38 mm×150 mm，下面连接与水平台面呈 41.5°的斜面，水平台面上有一压重量尺。

试样规格：剪取经纬向各 4 条 25 mm×150 mm 试样，24 h 预调湿。

试验方法：将试样放置在水平台面上，试样头端与水平台面平齐，然后压上压重量尺。将试样与压重量尺缓慢向前滑动。当试样头端滑至与斜面接触时，停止滑动，读取压重量尺的刻度。重复 4 次试验，取平均值为伸出长度 A。

计算结果：

$$弯曲长度＝A/2 \tag{12-1}$$

$$抗弯刚度＝W×(\frac{A}{2}) \tag{12-2}$$

式中：

A——伸出长度，cm；

W——试样单位面积质量，g/cm²。

方法二：心形法

试验仪器：一适当高度支架，上面可以挂置两规格为 27 mm×75 mm，厚度为 3 mm 的窄条；长度重量尺。

试样规格：取经纬向各 4 条 25 mm×150 mm（弯曲长度<2 cm）或 25 mm×250 mm（弯曲长度>3 cm）试样条，在上述规格之上再加 5 cm 长度用于加持试样。

试验方法：将试样呈心形对折，用两窄条加持后以胶带固定，然后挂于支架上。试样为心形自由垂直悬挂 1 min 后，读取扁条顶部到试样环底之间的距离。将试样小心取下，然后翻到试样反面，重复上面试样步骤，读取平均值为织物环长度，又称为柔软度。织物的环长度越长，织物越柔软。

（3）接触冷暖感检测

接触冷暖感采用最大热流束法测量织物刚接触皮肤初期从身体中获取的热量来检测。

试验仪器：KSEF-TLⅡ型精密热物性能测试仪。

试验方法：将温度检测箱 T-BOX 放置在热源箱 BT-BOX 上，温度检测箱中有只能一面传导热量的铜板。使温度检测箱 T-BOX 的温度达到热源箱 BT-BOX 的温度 T_1。迅速把 T-BOX 与检测织物接触，织物吸收热量后，在织物表面产生温度 T_2（$T_2<T_1$）。立即测量由 T-BOX 铜板向织物转移的热量 Q，该值是对铜板温度 t 的微分，也是时间的函数，以此模拟信号作为皮肤表层热传导延迟时间的常数，经过以 2 s 为一次比例因素的低通滤波器，即形成最大峰值 Q_{max}，图 12-2 为铜板放热时的最大热流束 Q_{max} 与接触冷暖感的关系。图 12-3 为 25℃条件下不同织物与 37℃铜板接触时铜板表面的温度变化。表面有毛羽的服装面料没有使铜板温度下降，因此与麻、丝面料相比，具有温暖感。

（4）接触滑爽感检测

织物接触滑爽感检测方法主要有两种，即织物风格仪测定法和斜面滑动法。

方法一：按照 FZ/T 01054.2—1999《织物表面摩擦性能试验方法》，采用织物风格仪测定织物表面的摩擦性能，评定织物触觉的滑爽或粗糙程度。

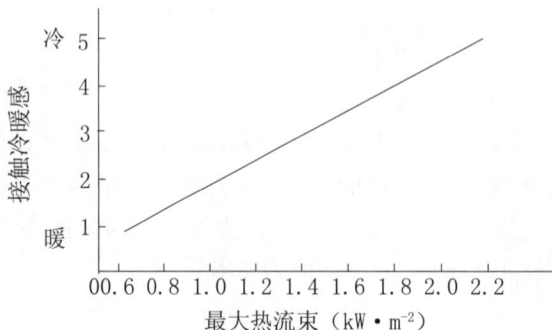

图 12-2　最大热流束与接触冷暖感的关系

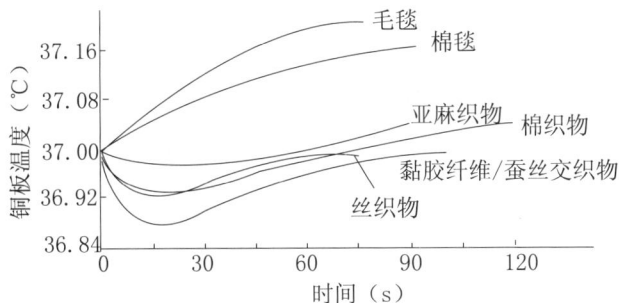

图 12-3 织物与铜板接触时温度变化

试验仪器：YG-821 型织物风格仪，试样为不同规格织物。

试验方法：织物表面摩擦性能试验是把两块相同的试样叠合在一起，将下面的试样固定，然后在一定的正压力和速度下，测定上面试样水平移动时摩擦力的变化。图 12-4 为织物摩擦试验示意图。

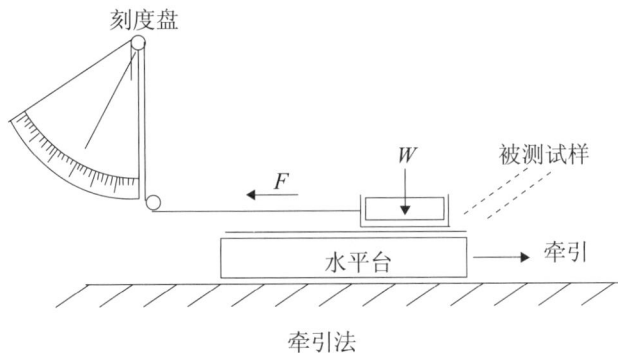

图 12-4 织物摩擦试验示意图

移动调速手柄至"摩擦"档上，使横梁的升降速度为 48 mm/min，然后拧紧。将摩擦试验用的滑轮架固定在工作台上。将方形磨头上的牵引线与其另一端的小针绕过滑轮，把线嵌入滑轮槽，并且插入压板工作面中间的小孔，用螺钉固定。打开工作台前面箱盖，在磨头的挂盘上装卸砝码，按照被测织物的类型调整试验正压力：一般织物为 153cN，低弹和丝绸织物为 112cN，针织物为 112cN 或 74cN。将移位显示器上的复零开关拨向"复零"，装好记录纸。将负荷超载保护设定在负荷传感器最大容量的 90%～95%，磨头位移设定在摩擦动程为 40 mm 的两个控制点 0 与 40 mm 上，压板位移至 40 mm 后返回原位。接通电源、力显示器、位移显示器、记录仪、打印机电源，预热 30 min。将 30 mm×105 mm 的试样剪成不同规格的两块（30 mm×77 mm，30 mm×28 mm）。将较长的一块放在工作台上的夹钳内，使试样伸出钳口 65～70 mm，在逆时针方向拧转手柄固定试样。将短的一块布样覆在其上，然后把磨头压在短的试样上，放置布样和磨头时，注意相互平行。按动"向上"开关，传感器通过牵引线和滑轮逐步拖动磨头向右移动，当红色指针移动超过蓝色打印指令针时，打印机将试验中的摩擦力变化记录下来。当磨头位移距离到40 mm 时，记录仪的指针回到零位，打印机停止于原位，一次试验结束。

结果计算：

$$动摩擦系数 \ \mu_k = \sum_1^n f_1/nW \qquad (12\text{-}3)$$

$$静摩擦系数 \ \mu_a = f_{max}/W \qquad (12\text{-}4)$$

$$动摩擦系数的变异系数 \ CV_\mu = \sqrt{\dfrac{\sum\limits_1^n f_1{}^2 - \dfrac{(\sum\limits_1^n f_1)^2}{n}}{(n-1)\overline{f}^{\,2}}} \times 100\% = \dfrac{\sigma}{\overline{f}} \times 100\% \qquad (12\text{-}5)$$

式中：f_1——试样的动摩擦力，cN；

n——取样次数

W——试样的正压力，cN；

f_{max}——试样最大静摩擦力，cN；

$\overline{f}$——试样平均动摩擦力，cN；

σ——试样动摩擦力的均方差，cN 。

计算动摩擦系数、静摩擦系数、动摩擦系数的变异系数保留小数三位。

方法二：采用斜面法测定织物的表面光滑性能，也可以按照标准 FZ/T40001—1992《丝织物平滑度试验方法 斜面滑动法》测定长丝织物的表面光滑性能。试验示意图见 12-5。

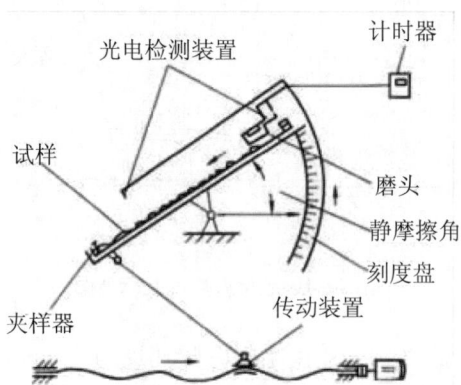

图 12-5　丝织物平滑度测试仪结构示意图

丝织物平滑度测试：

剪取经、纬向试样各 5 条，规格为 105 mm×35 mm，预调湿 24 h。

调节仪器工作台呈水平状态，将试样正面向上夹在夹样器中，沿试样试验方向施加 68.6 cN 预张力。

校准计时器零位和量角显示。

将试样器放置在工作台上固定，将 156 g 的磨头压在试样顶端，磨头底面钢丝排列与试验方向垂直。

启动仪器，自动恒速倾斜工作台以 1.5°/s 的速度开始倾斜，磨头克服试样表面摩擦力开始下滑，读取静摩擦角（即磨头下滑时平台与水平方向的夹角）和磨头滑到平台底部的时间。

结果计算：动摩擦系数、静摩擦系数和动摩擦变异系数，以下面公式计算求得：

$$u_k = \tan\alpha - \frac{2L}{gt^2\cos\alpha} \tag{12-6}$$

$$u_s = \tan\alpha \tag{12-7}$$

$$CV_{\mu k} = \frac{\sigma}{\mu_k} \times 100\% \tag{12-8}$$

$$\delta = \sum_1^n \frac{(\mu_{k1} - \mu_k)^2}{n-1} \tag{12-9}$$

式中：α——试样摩擦角，（°）；

t——磨头滑动时间，s；

L——摩擦滑移距离，40 mm；

g——重力加速度，9.8 m/s^2；

μ_k——平均滑动摩擦系数；

δ——动摩擦系数的标准差。

一般织物的平滑度测试：

一般织物的平滑度测试采用织物平滑度摩擦测试仪，结构如图 12-6 所示。与丝织物平滑度测试不同点是在负荷与织物接触部分也要包覆同样的织物，调节倾斜板的角度，读取负荷开始下滑时斜面的倾角 θ。

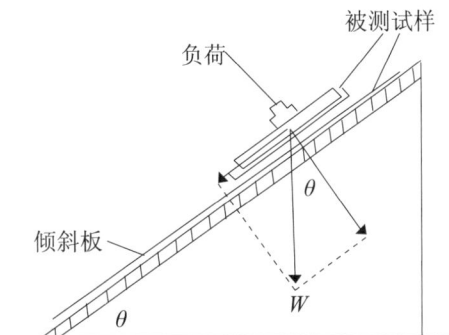

图 12-6　织物平滑度摩擦测试仪示意图

（5）检测报告要求

检测报告应包括试样名称、仪器型号、原始数据及织物手感、硬挺度、滑爽感、冷暖感的评价指标以及测量结果。

二、织物的光泽与视觉风格

（一）基本知识

织物的光泽与织物的视觉风格有关，它是评价织物外观质量的重要内容之一。织物光泽的要求，按织物用途而异。织物光泽是正面反射光、表面反射光以及来自内部的散射反射光共同作用的结果。影响光泽的因素很多。从纤维的形态结构、纱线的形态结构一直到织物形态的任何变化，都会改变织物的光泽。细而言之，纤维的中横向形态、表面结构以及内部的层状结构；纱线中纤维的排列状态、捻度、捻向、毛羽以及棉结杂质和条干均匀度；织物组织、经纬纱的屈曲波高、浮长线长短；后整理中的烘毛、剪毛、压光以及棉、毛织物的丝光整理等都会影响织物的光泽,在分析织物光泽测试结果时务必注意。

织物的光泽可用感官目测评定,但易受人为影响,误差较大,近年来发展为用仪器定量测评。本试验采用 YG814-Ⅱ型(带有微机数据处理)织物光泽仪,它适用于测定具有各种织纹结构及不同颜色的织物光泽。对绒毛织物不适用。

(二)光泽与视觉风格检测

1. 测试原理

织物光泽的测试原理如图 12-6 所示。光源发出的平行光以 60°入射角照射到试样上,检测器分别在 60°角位置上,测得来自织物的正反射光和漫反射光,经过光电转换和模数转换用数字显示光强度,以对比光泽度(即正反射光强度与漫反射光强度的比值)表示织物的光泽度。

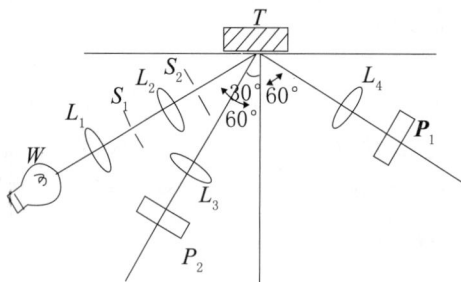

图 12-6　织物光泽测试原理示意图

2. 试样

在每块样品上随机裁取 3 块试样,尺寸均为 100 mm×100 mm。试样表面应平整、无明显疵点。试样的调湿与测试都应该在标准大气下进行。非仲裁试验可在常温下进行,但环境温度必须低于30℃。

3. 试验程序

① 校准仪器,开机预热 30 min。将暗筒放在仪器上位测量口上,调整仪器零点。换上标准板,调整仪器,使读数符合标准板的数值。

② 将试样的测试面向外,平整地绷在暗筒上,然后将其放置在仪器的测量口上。

③ 旋转样品台 1 周,读取 g_s 最大值及其对应的 g_g 值。

4. 结果计算

$$织物光泽度\ G_c = \frac{G_s}{\sqrt{G_s - G_g}} \times 100\%$$

(12-10)

式中:G_s——织物正反射光光泽度,%;

　　　G_g——织物正反射光光泽度与漫反射光光泽度之差,%。

计算三块试样的平均值,按数值修正法保留一位小数。

5. 检测报告要求

检测报告应包括试样名称、仪器型号、原始数据、织物光泽度。

第二部分　综合性、设计性试验

一、试验目的

1. 了解织物的光泽与视觉风格检测方法，熟悉试验仪器的操作，为进行试验做好充分的准备。
2. 了解并熟悉测定织物的光泽方法，并能对各种常用面料进行检测。

二、试验内容

选择三块不同布料（机织布、针织布、非织造布），通过检测织物的光泽，对织物的光泽度进行评价。

三、试验原理和方法

（一）试验原理

光源发出的平行光以 60° 入射角照射到试样上，检测器分别在 60° 角位置上，测得来自织物的正反射光和漫反射光，经过光电转换和模数转换用数字显示光强度，以对比光泽度（即正反射光强度与漫反射光强度的比值）表示织物的光泽度。

（二）试验方法

在每块样品上随机裁取 3 块试样，尺寸均为 100 mm×100 mm。试样表面应平整、无明显疵点。试样的调湿与测试都应该在标准大气下进行。非仲裁试验可在常温下进行，但环境温度必须低于 30℃。

四、试验条件

试验仪器设备：YG814-Ⅱ型（带有微机数据处理）织物光泽仪、镊子、剪刀等。
试验材料为服装面料若干块。

五、试验步骤

（一）校准仪器

开机预热 30 min。将暗筒放在仪器上位测量口上，调整仪器零点。换上标准板，调整仪器，使读数符合标准板的数值。

（二）试样准备

将试样的测试面向外，平整地绷在暗筒上，然后将其放置在仪器的测量口上。

（三）读数

旋转样品台 1 周，读取 G_s 最大值及其对应的 G_g 值。

（四）结果计算

$$G_c = \frac{G_s}{\sqrt{G_S - G_g} \times 100\%} \tag{12-11}$$

式中：

G_s——织物正反射光光泽度，％；

G_g——织物正反射光光泽度与漫反射光光泽度之差，％。

计算三块试样的平均值，按数值修正法保留一位小数。

（五）评级并打印检测报告

检测报告应包括试样名称、仪器型号、原始数据、织物光泽度。

思考题

1. 服装材料触觉与手感的评价指标有哪些？简述影响这些评价指标的因素。

2. 影响织物光泽的因素有哪些？

本章小结

本章主要介绍了服装材料的风格与评价，包括验证性试验和综合性、设计性试验两部分，主要介绍了织物手感与风格及其评价方法、织物光泽与视觉风格及其评价方法，通过学习及试验操作，要求学生了解服装材料的风格与评价，熟悉不同面料的特征，能够选择合适的方法对服装面料的手感、光泽等进行评价，是对学生的试验技能的综合训练，培养学生的综合分析能力、试验动手能力、数据处理以及查阅资料的能力。

参考文献

[1] 姚穆. 纺织材料学[M]. 北京：中国纺织出版社，2009.

[2] 刘静伟. 服装材料试验教程[M]. 北京：中国纺织出版社，2000.

[3] 吴坚，李淳. 家用纺织品检测手册[M]. 北京：中国纺织出版社，2004.

[4] FZ/T01097—2006《织物光泽测试方法》[S]。

[5] 万融，刑声远. 服用纺织品质量分析与检测[M]. 北京：中国纺织出版社，2006.

[6] 王瑞. 纺织品质量控制与检验[M]. 北京：化学工业出版社，2006.

[7] 徐蕴燕. 织物性能与检测[M]. 北京：中国纺织出版社，2007.

[8] 杨瑜榕. 纺织品检验实用教程[M]. 厦门：厦门大学出版社，2011.

[9] 余序芬. 纺织材料试验技术[M]. 北京：中国纺织出版社，2004.

试验十三　服装材料的安全防护性

本章知识点：1. 织物的阻燃性

2. 织物的抗静电性

3. 织物的抗紫外线性

4. 织物的抗电磁辐射性

5. 综合性、设计性试验

第一部分　验证性试验

一、织物的阻燃性

阻燃性是指纺织品阻止延续燃烧程度的性能。当织物或服装材料受热分解时，产生可燃性的分解产物与外界的氧气相互作用，便开始发生燃烧现象。大多数纺织品是易燃和可燃的，在一定条件下容易引发火灾，造成生命财产损失。

目前，对织物的阻燃性测试方法有很多种，常用的阻燃测试方法有垂直燃烧法(GB/T5455—1997《纺织品 燃烧性能试验 垂直法》)和水平燃烧法(FZ/T01028—1993《纺织织物 燃烧性能测试 水平法》)。垂直法可用于测定服装织物、装饰织物、帐篷织物等的阻燃性能。水平法适用于地毯等水平铺垫的织物。

(一)垂直燃烧法仪器结构和测试原理

垂直燃烧试验仪主体结构是由不锈钢制成的燃烧试验箱。箱体中心放置试验夹，用以固定试样，并保持试样在箱内呈竖直状态，试样夹的底部放置点火器等。

将一定尺寸的试样置于规定的燃烧器下点燃，测量规定点燃时间后试样的续燃时间、阴燃时间及损毁长度。续燃时间指在规定的试验条件下移开火源后材料持续有焰燃烧的时间。阴燃时间指在规定的试验条件下，当有焰燃烧终止后，或移开火源后，材料持续无焰燃烧的时间。损毁长度指在规定的试验条件下，在规定方向上此材料损毁面积的最大距离。

1. 试验设备、工具与试样

YG815D-1 型纺织品阻燃性能测试仪(图 13-1)、服用织物、装饰织物或其它有阻燃要求的纺织品、剪刀、钢尺。

2. 试验方法与步骤

试样为 300 mm×80 mm 的长方形，长边要与织物经向或纬向平行，一般取试样经向 5 个，纬向 5 个，共计 10 个，并要求经向试样不能取自同一经纱，纬向试样不能取

图 13-1　YG815D-1 型织品阻燃性能测试仪(垂直法)

自同一纬纱。试验前,试样要在温度为(20±2)℃,相对湿度为(65±3)%的标准大气条件下平衡8～24 h,然后放入密封容器内。

试验温湿度要求在温度为10～30℃,相对湿度为30%～80%的大气中进行。

① 接通电源及热源。

② 将阻燃测试仪箱门关闭,按下电源开关,指示灯亮。将条件转换开关放在焰高测定位置,打开气体供给阀门,连续按点火开关,点燃点火器,按启动开关,使点火器移动打开左侧气孔门,用火焰高度测量装置测量并用气阀调节火焰高度为(40±2)mm,然后移开火焰测量装置,并将条件转换开关定在试验位置。

③ 检查续燃时间计是否在零位并将点燃时间计设定于12 s处。

④ 将试样放入试样夹中,试样下沿应与试样夹两端平齐。打开燃烧试验箱门,将试样夹连同试样垂直悬挂于试验箱中。

⑤ 关闭燃烧试验箱门,此时电源指示灯亮,按点火开关点燃着火器,待火焰稳定30 s后,按启动开关,使点火器移至试样中间正下方,点燃试样,此时距试样从密封容器中取出的时间不应超过1 min。

⑥ 12 s后,点火器恢复原位,续燃时间计即开始动作,待续燃停止时即按计时器的停止开关,计数器上所示数值×0.1即为秒数,精确至0.1 s。如有阻燃时,待续燃熄灭后(如无续燃时则为点火器离开试样后)即启动秒表,直至阻燃熄灭再停止秒表,测出阻燃时间,在阻燃熄灭前,试样应保持静止状态,不能移动。

⑦ 打开阻燃性能测试仪箱门,取出试样夹,卸下试样,先沿其长方向碳化处打折一下,然后在试样的下端一侧,距离两边各约6 mm处,用钩子挂上与试样单位面积重量相适应的重锤,后用手缓慢提起试样下端的另一侧,使重锤悬空,再放下,测量试样断开长度,即为损毁长度。织物单位面积重量与选用重锤质量的关系见表13-1。

表 13-1　织物单位面积质量与选用重锤质量的关系

织物单位面积质量(g·cm^{-2})	重锤质量(g)	织物单位面积质量(g·cm^{-2})	重锤质量(g)
101 以下	54.5	338～650	340.2
101～207	113.4	650 以上	453.6
207～338	226.8		

⑧ 待测完的试样移开后,应清除阻燃性能测试仪燃烧箱中的烟、气及织物燃烧碎片,然后再测试下一个试样。

3. 结果计算

分别计算经向和纬向五个试样的续燃时间、阴燃时间及损毁长度的平均值。续燃、阻燃时间应记录至0.1 s,损毁长度应记录至1 mm。

(二)水平燃烧法仪器结构和测试原理

水平燃烧试验仪是由不锈钢制成的,前面装有一个耐热玻璃观察窗,箱底部设有通风孔,顶部四周有一条通风槽。箱内安放有试样夹的水平导轨。

水平法的测试原理是在规定的试验条件下,对水平放置的试样点火15 s,测定火焰在试样上的蔓延距离及时间,用火焰蔓延的速率来表征织物的阻燃性能,适用于各类纺织品。

1. 试验设备、工具与试样

水平燃烧试验仪(图 13-2),精度为 0.1 s 的秒表,长度至少为 110 mm、每 25 mm 内有 7~8 个光滑圆齿的金属梳,精度为 1℃的温度计。

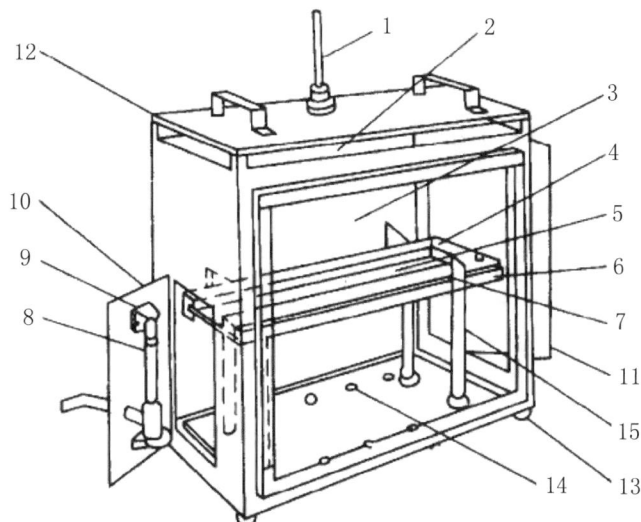

图 13-2 水平燃烧试验仪

1—温度计 2—通风槽 3—观察窗 4—U 形试样夹 5—试样 6—试样夹导轨
7—标记线指示板 8—点火器 9—焰高标尺 10—左侧门 11—右侧门 12—顶盖
13—支脚 14—通风孔 15—支撑柱

2. 试验方法与步骤

① 试样应从距离布边 1/10 幅宽以上的部位量取,每一个样品在经向及纬向(纵向及横向)各取 5 块,经向(纵向)试样不能取自同一经纱,纬向(横向)试样不能取自同一纬纱,其标准尺寸为 350 mm×100 mm,长的一边需与织物的经向(纵向)或纬向(横向)平行。特殊产品不足规定尺寸的,应保证试样经向(纵向)或纬向(横向)被夹持。剪取的试样视厚薄程度在二级标准大气中[即温度为(20±2)℃,相对湿度为(65±3)%]放置 8~24 h,直至达到平衡,放入密封容器内。

② 点燃点火器(燃烧用工业用丙烷或丁烷气体),调节火焰高度,使火焰高度稳定距离为(38±2)mm。将试样从密封容器中取出放入试样夹中,测试面向下,若是起毛或簇绒织物,把试样放在平整的台面上用金属梳逆毛向梳两次,使火焰能沿逆绒毛向蔓延。将夹好的试样夹沿导轨推入至导轨端部。

③ 打开点火器对试样点火(此时距试样从容器中取出的时间必须在 1 min 内),计时开始,点火时间为 15 s。

④ 试样夹上有 3 个标记线,标记线距离点火处的距离分别为 38 mm、138 mm、292 mm。火焰蔓延至第 1 标记线时开始计时,火焰蔓延至第 3 标记线(对于长度不足的至第 2 标记线)前熄灭并停止计时。测定第 1 标记线至火焰熄灭处的距离与时间,精确至小数点后一位数值。

⑤ 待测完的试样移开后,应清除阻燃性能测试仪燃烧箱中的烟、气及织物燃烧碎片,然后再测试下一个试样。

3. 结果计算

火焰蔓延速率:$V = \dfrac{L}{t}$

式中:

V——火焰蔓延平均速率,mm/min(精确至 0.1 mm/min);

L——火焰蔓延距离,mm;

t——火焰蔓延 L 距离时相应的蔓延时间,s。

如果试祥没被点着或火焰蔓延至第 1 标记线前自熄,火焰蔓延速率则记为 0 mm/min。

(三)注意事项

纺织材料的燃烧会产生影响操作人员健康的烟雾和气体,应采取适当的措施加以净化,可将测试仪器安装在通风柜内,每次试验后应及时排出烟雾和烟尘,但在试样燃烧过程中要关闭通风系统,以免影响试验结果。

二、织物的抗静电性

静电是由静电荷产生的一种物理现象。大多数纺织材料的导电性很差,在纺织加工中容易产生静电,影响加工的顺利进行和产品质量。在一定条件下甚至会引爆并诱发火灾;在服用中因摩擦产生的静电不仅使服装易污,还会干扰穿衣者的自如运动,有时甚至会产生电击感,影响人的心理和身体健康。纺织材料静电性能的表征,通常采用以下指标:

① 静电压:纺织材料受某种外界作用后,其上积累的静电荷所产生的对地电压。

② 电荷量:纺织材料受某种外界作用后,其上积累的静电荷量。

③ 电荷面密度:纺织材料单位面积上所带的电量,$\mu C/m^2$。

④ 半定期:纺织材料在一定条件下产生的静电荷或静电压,当卸去外界作用后,其值衰减到原值的一半时所需要的时间。

⑤ 比电阻指标:如表面比电阻、体积比电阻、质量比电阻等。

纺织材料静电的测试方法与测试仪器近年来有较大的进步。有关部门对静电的测试方法也制定了一系列国家标准,如 GB/T12703—1991《纺织品静电测试方法》,共介绍了六种方法;FZ/T01042—1996《纺织材料 静电性能 静电压半衰期的测定》;FZ/T01060—1999《织物摩擦带电电荷密度测定方法》;FZ/T01061—1999《织物摩擦起电电压测定方法》;FZ/T01059—1999《织物摩擦静电吸附性测定方法》;FZ/T01044—1996《纺织材料 静电性能 纤维泄漏电阻的测定》等。此外,还制定了防静电的产品标准 GB/T12014—1989《防静电工作服》。本节主要介绍纤维比电阻及纺织材料半衰期的测试方法。

(一)纤维比电阻测定

比电阻是表示纤维导电性能的指标之一,比电阻大的纤维,导电性差,在加工和使用中容易积聚静电,当纤维的比电阻大于 $10^9 \Omega \cdot cm^2$ 时,静电现象就很显著。纤维的表面比电阻 $s(\Omega)$ 指电流通过纤维表面时所产生的电阻值,用电流通过宽度为 1 cm、长度为 1 cm 的材料表面时的电阻表示;体积比电阻 $\rho_s(\Omega \cdot cm)$ 指电流通过纤维体内时所产生的电阻值,用电流通过截面积为 1 cm²、长度为 1 cm 材料内部时的电阻表示;质量比电阻 ρ_m (Ω·g/cm²)指电流通过长度为 1 cm,质量为 1 g 的纤维束时的电阻。

三者的计算公式为:$\rho_s = R_s \dfrac{b}{L}$;$\rho_v = R_v \dfrac{S}{L}$;$\rho_m = Rm \dfrac{G}{L^2}$.

式中:L 为测试电极间的距离(cm);b 为试样的宽度(cm);s 为试样截面积(cm²);g 为两极间纤维集合体的质量(g);R_s 为电流通过试样表面时的电阻值(Ω);R_v 为电流通过试样内部时的电阻值(Ω);R_m 为电流通过纤维集合体时的电阻值(Ω)。通常用质量比电阻来表示纤维的导电性质。当要检验合成纤维加油剂后的导电性能时,用表面比电阻更好。在相对湿度 65% 条件下,各种常用纺织纤维的质量比电阻见表 13-2。

表 13-2　各种常用纺织纤维的质量比电阻

纤维种类	质量比电阻(Ω·g/cm²)	纤维种类	质量比电阻(Ω·g/cm²)
棉	$10^5 \sim 10^7$	黏胶纤维	10^7
麻	$10^7 \sim 10^8$	锦纶、涤纶(去油)	$10^{13} \sim 10^{14}$
羊毛	$10^8 \sim 10^9$	腈纶(去油)	$10^{12} \sim 10^{15}$
蚕丝	$10^9 \sim 10^{10}$		

1. 测试原理

用纤维比电阻试验仪测量纤维集合体在一定几何形状下的电阻值,再根据纤维集合体的填充系数,将其换算成体积比电阻和质量比电阻。实际测试时,由于纤维之间存在空隙,纤维集合体的体积 V_f 不是测试盒的溶剂 V_T,而是 V_T 与纤维的填充系数 f 的乘积,f 值可由式 $f = \dfrac{V_f}{V_t} = \dfrac{m/\gamma}{S \cdot L} = \dfrac{m}{S \cdot L \cdot \gamma}$ 计算。式中:S 为测试盒极板的面积(cm²);L 为测试盒两极板间距离(cm);γ 为纤维的密度(g/cm³);m 为纤维试样的质量(g)。根据纤维体积比电阻 ρ_v 的定义,可得 $\rho_v = R \dfrac{S \cdot f}{L} = R \dfrac{m}{L^2 \cdot \gamma}$;又因为质量比电阻 $\rho_m = \gamma \cdot \rho_v$;故 $\rho_m = R \dfrac{m}{L^2}$.

2. 试样准备

将 50 g 纤维样品用手扯松后置于标准大气条件下[(温度 20±2)℃、相对湿度(65±2%)]平衡 4 h 以上,用精度为 0.01 g 的天平称取每份试样重 15 g,共 3 份。

3. 试验步骤

① 使用前,用四氯化碳清洗测试盒,并用纤维比电阻仪测其绝缘电阻不低于 10 后待用。

② 使用前仪器(图 13-3)上各开关位置应如下:电源开关 7 在关的位置,倍率开关 2 在∞位置,"放电-测试"开关 3 在"放电"位置。

③ 将仪器接通电源,合上电源开关 7,指示灯 6 亮,将"放电-测试"开关 3 放在"测试"位置,待预热 30 min 钟后慢慢调节电位器旋钮 4,使表头 1 指在∞处。

④ 取出测试盒,将"倍率"开关 2 由∞处拨至"满度"位置,调"满度"电位器旋钮 5,使电表指针在满度位置,这样反复将"倍率"开关 2 拨至∞处和"满度"位置,检查仪表指针是否在∞处和"满度"位置。

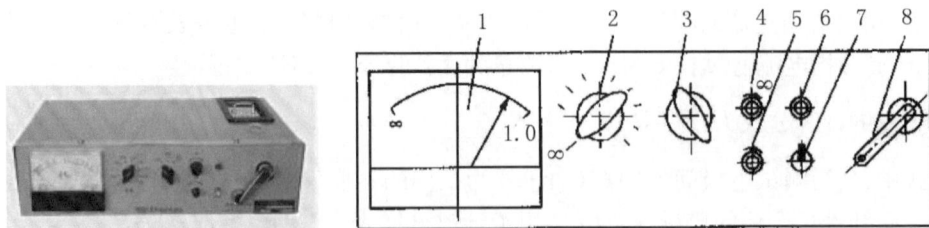

图 13-3 YG321 型纤维比电阻仪及其面板示意图

1-表头 2-倍率开关 3-"放电-测试"开关 4-"∞"电位器旋钮
5-"满度"电位器旋钮 6-指示灯 7-电源开关 8-摇手柄

⑤ 将测试盒内压块取出,用大镊子将 15 g 纤维均匀地填入盒内,推入压块,把纤维测量盒放入仪器槽内,转动摇手柄 8 直至摇不动为止。

⑥ 将"放电—测试"开关 3 放在"放电"位置,待极板上因填装纤维产生静电散逸后,即可拨到"测试"位置进行测量。

⑦ 测试电压选 100 V,拨动"倍率"开关 2,使电表 1 稳定在一定读数上,这时表头读数乘以倍率即为被测纤维的电阻值。为了减少误差,表头尽量取在表盘的右半部分,否则可将测试开关 3 放在 50 V。注意这时测得的电阻值应缩小一半,即表头读数×倍率×1/2。

4. 试验结果计算

纤维体积比电阻 $\rho_v = R\dfrac{m}{L^2 \cdot \gamma}$ （13-2）

纤维质量比电阻 $\rho_m = R\dfrac{m}{L^2}$ （13-3）

式中:R 为测得纤维的平均电阻值(Ω);m 为纤维质量(15 g);L 为两极板之间的距离(2 cm);γ 为纤维密度(g/cm^3)。

(二)纺织材料静电半衰期的测定

1. 原理

利用静电感应原理,使试样在高压静电场中带电并趋稳定后,断开高压电源,试样上的静电荷通过其表面和内部对地(机壳)泄放,从而使试样上的静电压逐渐衰减,仪器可自动测出电压断开瞬间试样上的静电峰值电压以及峰值电压衰减到一半值所需的时间,即半衰期。该法适用于测定纤维、纱线、织物及各种板状制品的静电性能。

2. 试验用大气条件

试样的调湿与静电性能的测试都需在温度为 18～22℃、相对湿度为 30%～40% 的大气条件下进行。如果因故改用其它大气条件,应注明。

3. 试样的制备

① 应在距布边1/10幅宽、距布端 1 m 以上的部位随机采 3 组织物试样。每组为 3 块,尺寸均为 60 mm×80 mm。

② 将条子、长丝、短纤纱等试样均匀、密实地绕在 60 mm×80 mm 的平板上。

③ 试样需在试验用大气条件下调湿 2～4 h。需要预调湿的试样,应在 50℃下烘燥 30 min,然后在试验用大气条件下调湿至少 5 h。

④ 如果需清除试样表面的污垢,或要评定试样抗静电效果的耐久性,应将试样进行

以下洗涤处理:用家用洗衣机将试样在 40℃、2 g/L 浓度的中性合成洗涤剂溶液中(浴比为 1:30)洗涤 5 min,脱水。再在常温清水中洗涤 2 min,脱水(重复 3 次),然后将试样自然晾干。

⑤ 在试样制备及测试操作过程中,应避免试样与手直接接触,防止沾污试样表面。

4. 试验步骤

本试验采用 LFY—4B 型感应式静电测试仪。该仪器由主机和自动控制箱组成,可配自动记录仪,仪器及面板如图 13-4 所示。试验分定时法和定压法两种。

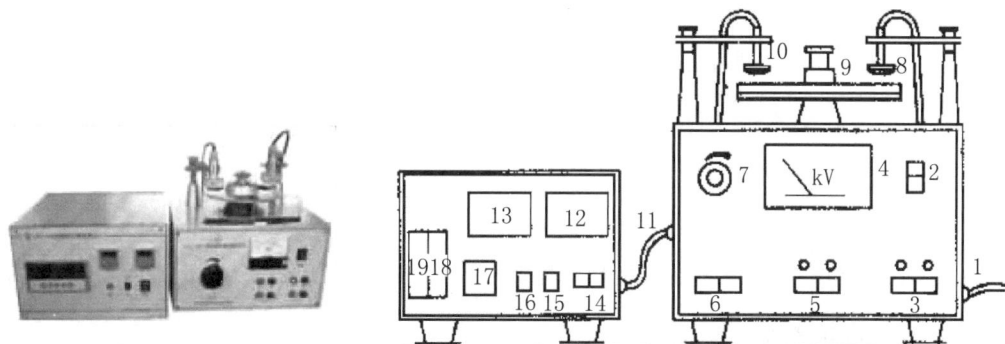

图 13-4　LFY—4B 型感应式静电测试仪及操作面板示意图

1-电源插座 2-电源开关 3-电动机开关 4-高压指示表 5-高压开关 6-电动机转速选择

7-高压调节旋钮 8-高压电晕放电表 9-试样转盘 10-静电测试头 11-箱体连接线

12-静电压值指示表 13-半衰期值电压表 14-测量(定时或定压)选择开关 15-衰减期按键

16-自动、手动选择按键 17-定电压数值拨盘 18-定时器 19-衰减时间计时器

(1)仪器的检查调整

①检验主机内的油缸(一定要满油),检查仪器的接地线是否可靠。

②打开主机开关,旋转高压调节旋钮 7,使高压指示表 4 的指针指在 10kV 或规定要求值上。

③调节旋钮使静电压值指示表 12 和半衰期值电压表 13 的显示为 0。

④在定时器 18 上预设高压放电时间为 30 s。

(2)定时法的操作程序

①将 1 组 3 块试样夹入试样转盘 9 上。

②将测量选择开关 14 拨向定时,并使 16 键弹起在"自动"位置。

③打开电动机开关 3,启动试样转盘,待其转动稳定后,按下高压开关 5,高压开始放电,时间继电器开始计时。约经过 20 s,静电压指示表指针趋于平稳,此时的读数即是试样的峰值静电压。

④经过 30 s,仪器自动停止放电,同时静电峰值电压的 1/2 被记录在半衰期值电压表 13 上,衰减时间计时器 19 开始记录静电压衰减的时间,衰减的静电压值显示在静电压指示表上。当衰减到静电峰值电压的一半时,衰减时间计时器停止工作。其上记录的时间即为静电压半衰期。1 组试样试验结束,关闭电动机电源。

⑤重复上述程序,测完另两组试样。

（3）定压法的操作程序

①将 1 组 3 块试样夹入转盘 9 上。

②将测量选择开关 14 拨向定压，并在拨盘 17 上预置好设定电压。

③打开电动机开关 3，启动试样转盘，待其转动稳定后，按下高压开关 5。

④当静电压值到达选定的预置电压后，仪器自动停止高压放电，衰减时间计时器开始计时。当静电压衰减到一半时，计时器停止工作，其上显示的时间即为静电压半衰期。1 组试样试验结束，关闭电动机电源。

（4）全衰期或残留静电压的测定

操作步骤可参照定时法或定压法，当试样上的静电压衰减至 0 时，测得的时间即为全衰期；当试样上的静电压衰减至一定时间后，静电压指示表显示的即为试样的残留静电压。

5. 试验结果表示

试样静电指标（峰值静电压、半衰期或全衰期和残留静电压）的试验结果用 3 组试样试验结果的算术平均值表示。静电压取整数（V），半衰期精确至 0.1 s。

三、织物的抗紫外线性

（一）织物抗紫外线效果的评定

评定紫外线防护效果通常用以下指标：

① 紫外线（UVR）透过率：指有试样时的紫外线透射辐射通量与无试样时的紫外线透射辐射通量之比。可分为 UVA 透射比和 UVB 透射比。按下式计算

$$T = \frac{I_1}{I_0} \times 100\% \tag{13-4}$$

式中：

I_0——无试样时的紫外线透射辐射通量；

I_1——有试样时的紫外线透射辐射通量。

② 紫外线（UVR）遮挡率：

$$UVR 遮挡率 = 1 - UVR 透射比 \tag{13-5}$$

③ 紫外线防护系数 UPF：国家标准《纺织品防紫外线性能的评定》中规定用紫外线防护系数（UPF）来评定防紫外线纺织品的防护效果。UPF 是皮肤无防护时计算出的紫外线辐射平均效应与皮肤有织物防护时计算出的紫外线辐射平均效应的比值。试样的 UPF 用下式计算：

$$UPF_i = \frac{\sum\limits_{\lambda=290}^{\lambda=400} E(\lambda) \cdot \varepsilon(\lambda) \cdot \Delta\lambda}{\sum\limits_{\lambda=290}^{\lambda=400} E(\lambda) \cdot T(\lambda) \cdot \varepsilon(\lambda) \cdot \Delta\lambda} \tag{13-6}$$

式中：

$E(\lambda)$——日光光谱辐照度，$W/(m^2 \cdot nm)$；

$\varepsilon(\lambda)$——相对应的红斑效应；

$T(\lambda)$——试样 i 在波长为 λ 时的光谱透射比；

$\Delta\lambda$——波长间隔，nm。

（二）织物抗紫外线测试原理和方法

国家标准 GB/T17032—1997《纺织品 织物紫外线透过率的试验方法》规定了采用紫外线强度计法测定纺织品紫外线透过率的方法，适用于各类织物。其基本原理是采用辐射波长为中波段紫外线（其中主峰波长为 297 nm）的紫外光源及相应紫外接受传感器，将被测试样置于两者之间，分别测试有试样及无试样时紫外光的辐射强度，计算试样阻断紫外光的能力。

1. 仪器

紫外光源：主峰波长 297 nm，辐射强度≥60 W/m²；紫外传感器：响应波长范围为 290～320 nm，检测量程为 0～300 W/m²，仪器准确度要求示值误差小于 0.5%。

2. 试样准备

试样数量及尺寸应满足指标计算与仪器的要求，试样可不进行裁剪，如需裁剪，试样直径应大于 20 mm。

3. 试验步骤

① 开启仪器电源后，仪器预热 30 min 以上，调整仪器零点旋钮，使数据显示器读数位于零位上。

② 在无试样时，将紫外传感器置于紫外辐射区，并调整仪器量程旋钮，使读数在表头范围内，测试紫外辐射强度 I_0。

③ 避开织物边沿 10 cm 以上，将织物试样置于仪器上（紫外光源与传感器之间），调整量程旋钮，测试有试样时紫外透过辐射强度 I_1。

④ 重复步骤③，保证测试随机地在织物不同位置上进行，试验次数不少于 10 次。

4. 计算

① 按照下列公式计算紫外线透过率 T（%），指有试样时透过的紫外线辐射强度与无试样时透过的紫外线辐射强度之比。

$$T = \frac{I_1}{I_0} \times 100\%$$ (13-7)

式中：

I_0——无试样遮盖时紫外线辐射强度；

I_1——有试样遮盖时紫外线透过辐射强度。

② 计算紫外线透过率的平均值及变异系数。

③ 最终结果计算值的数值修约按 GB8170 的规则进行。

四、织物的抗电磁辐射性

（一）测试原理

目前，国内外有多种织物屏蔽效能的测试方法，概括起来主要有远场法、近场法和屏蔽室测试法三大类；测试标准主要有《环境电磁波卫生标准》（GB9175—1988）、《作业场所微波辐射卫生标准》（BG10436—1989）或根据 ASTM 规定测试。远场法主要用以测试抗电磁辐射织物对电磁波远场（平面波）的屏蔽效能。近场法主要用来测试抗电磁辐射织物对电磁波近场（磁场为主）的屏蔽效能。屏蔽室测试法测试原理是测试有无抗电磁辐射织物的阻挡时，接收信号装置测得的场强和功率值之差，即为屏蔽效能 SE。其优点为测试结果较为准确；测试频率的范围为大于等于 30 MHz；对织物的厚度没有太大的要求。缺点为测试结果受抗电磁辐射织物与屏蔽室连接处的电磁泄漏的影响，且屏蔽室等设备较为昂贵。

（二）测试方法

1. 测试标准

测定面料的屏蔽效能所用的方法是 ASTMD4935《平面材料电磁波屏蔽效能标准测试方法》。依据国家电子行业军用标准 SJ20524—1995《材料屏蔽效能的测量方法》的规定，试验条件为温度(20±3)℃，相对湿度 45％～75％。

2. 仪器设备

所用基本仪器设备的配备如图 13-5 所示，其中信号发生器为 HP83732B 型，在 10 MHz～3 GHz 频率范围内产生不同频率的电磁波；典型的接收仪器有频谱分析仪或场强仪，本试验中用 HP8563E 型频谱分析仪，附有一个 50 Ω 的输入阻抗。

3. 试验步骤

样品在进行试验前要进行调湿处理，在温度为(20±3)℃、相对湿度为 45％ ～75％的条件下调湿处理 48 h，从调湿环境中取出样品后立即进行测试。频谱分析仪与计算机相连，编写程序对所得的数据进行处理并输出试验结果，可以直接打印出来。

4. 计算

屏蔽效能表达式为：

$$SE_{dB} = P_1 - P_2 \tag{13-7}$$

$$SE_{\%} = (1 - 10^{-SE_{dB}/10}) \times 100\% \tag{13-8}$$

式中：

SeE_{dB}——屏蔽效能的对数表示方式，dB；

$SE_{\%}$——屏蔽效能的线性表示方式，％；

P_1——测试夹具中不放置屏蔽材料时频谱分析仪读数，dB_m；

P_2——测试夹具中放置屏蔽材料时频谱分析仪读数，dB_m。

第二部分　综合性、设计性试验

一、试验目的

通过垂直燃烧试验法，了解不同织物阻燃性能的差异及影响阻燃性能的因素。

二、试验内容

选择三种不同材质的服装面料（化纤类、天然纤维类和化纤天然纤维混纺），在相同的试验条件下，通过分别进行垂直燃烧试验，测试三种面料的阻燃性能并计算结果进行对比，分析造成阻燃性能差异的原因。

三、试验原理和方法

将一定尺寸的试样置于规定的燃烧器下点燃，测量规定点燃时间后试样的续燃时间、阴燃时间及损毁长度。分别计算各个试样经向和纬向的续燃时间、阴燃时间及损毁长度的平均值。通过比较续燃时间、阴燃时间和损毁长度,评定各试样的阻燃性能。

四、试验条件

试验仪器设备:YG815D-1 型纺织品阻燃性能测试仪、剪刀、钢尺。

试验材料:尺寸为 300 mm×80 mm 的长方形涤纶织物、纯棉织物、涤棉混纺织物各 10 块,长边要与织物经向或纬向平行,一般取试样经向 5 块,纬向 5 块,并要求经向试样不能取自同一经纱,纬向试样不能取自同一纬纱。

五、试验步骤

1. 试验步骤

试验前,试样要在温度(20±2)℃,相对湿度(65±3)%的标准大气条件下平衡 8～24 h,然后放入密封容器内。试验温湿度要求在温度 10～30℃,相对湿度 30%～80%的大气中进行。

① 接通电源及热源。

② 将阻燃测试仪箱门关闭,按下电源开关,指示灯亮。将条件转换开关放在焰高测定位置,打开气体供给阀门,连续按点火开关,点燃点火器,按启动开关,使点火器移动打开左侧气孔门,用火焰高度测量装置测量并用气阀调节火焰高度为(40±2)mm,然后移开火焰测量装置,并将条件转换开关定在试验位置。

③ 检查续燃时间计是否在零位并将点燃时间计设定于 12 s 处。

④ 将试样放入试样夹中,试样下沿应与试样夹两端平齐。打开燃烧试验箱门,将试样夹连同试样,垂直悬挂于试验箱中。

⑤ 关闭燃烧试验箱门,此时电源指示灯亮,按点火开关,点燃着火器,待火焰稳定30 s后,按启动开关,使点火器移至试样中间正下方,点燃试样,此时距试样从密封容器中取出的时间不应超过 1 min。

⑥ 12 s 后,点火器恢复原位,续燃时间计即开始动作,待续燃停止时即按计时器的停止开关,计数器上所示数值×0.1 即为秒数,精确至 0.1 s。如有阻燃时,待续燃熄灭后(如无续燃时则为点火器离开试样后)即启动秒表,直至阻燃熄灭再停止秒表,测出阻燃时间,在阻燃未熄灭前,试样应保持静止状态,不能移动。

⑦ 打开阻燃性能测试仪箱门,取出试样夹,卸下试样,先沿其长度方向炭化处打折一下,然后在试样的下端一侧,距离两边各约 6 mm 处,用钩子挂上与试样单位面积质量相适应的重锤,然后用手缓慢提起试样下端的另一侧,使重锤悬空,再放下,测量试样断开长度,即为损毁长度。

⑧ 待测完的试样移开后,应清除阻燃性能测试仪燃烧箱中的烟、气及织物燃烧碎片,然后再测试下一个试样。

2. 结果评定

① 计算三种织物试样经向和纬向的续燃时间、阴燃时间及损毁长度的平均值。

② 比较不同织物的续燃时间、阴燃时间长短及损毁长度的多少,评定其阻燃效果。

思考题

1. 什么是织物的阻燃性能？它的测试指标有哪些？
2. 垂直燃烧法和水平燃烧法有哪些区别？
3. 静电的产生对服装面料的加工和穿着有什么危害？纺织材料的静电性能通常有哪些表征指标？
4. 评定紫外线防护效果通常用哪些指标表征？

本章小结

本章主要介绍了服装材料的安全防护性评价，包括基本知识介绍和综合性、设计性试验两部分，主要阐述了服装材料安全防护性的基本知识及服装材料的阻燃、抗静电、紫外线防护、抗电磁辐射等性能的评价方法。通过学习及试验操作，要求学生通过垂直燃烧试验法，了解不同织物阻燃性能的差异及影响阻燃性能的因素。训练了学生的试验动手能力、培养了学生的综合分析能力以及数据处理能力。

参考文献

[1] 姚穆. 纺织材料学[M]. 北京：中国纺织出版社，2009.

[2] SJ20524—1995. 材料屏蔽效能测量方法[S].

[3] 万融，刑声远. 服用纺织品质量分析与检测[M]. 北京：中国纺织出版社，2006.

[4] 王瑞. 纺织品质量控制与检验[M]. 北京：化学工业出版社，2006.

[5] 翟亚丽. 纺织品检验学[M]. 北京：化学工业出版社，2009.

[6] 刑声远. 生态纺织品检测技术[M]. 北京：清华大学出版社，2006.

[7] 吴坚，李淳. 家用纺织品检测手册[M]. 北京：中国纺织出版社，2004.

[8] 杨瑜榕. 纺织品检验实用教程[M]. 厦门：厦门大学出版社，2011.

试验十四　服装材料制衣加工性试验

本章知识点：1. 基本知识
　　　　　　2. 熨烫性测试
　　　　　　3. 可缝性测试
　　　　　　4. 接缝强度测试
　　　　　　5. 综合性、设计性试验

第一部分　验证性试验

一、基本知识

服装材料制衣的加工性能主要是指布料的缝制加工性能，包括叠布、裁剪、缝制和整烫过程的加工性能。缝制加工性能好的布料应达到以下要求：在各加工工序应易于操作，易于处理，缝制后的 2 次制品性能好，特别是缝接衣袋和熨烫的褶裥等效果好，并且缝制品的外观漂亮，接缝坚牢。织物的缝制加工性对最终制品的质量有明显影响。织物的缝制加工性主要包括织物的熨烫性、可缝性以及接缝性能。

（一）织物的熨烫性

织物的熨烫性是指织物或服装熨烫处理的难易程度。熨烫的作用是使服装平整、挺括、折线分明、合体而富有立体感。它是在不损伤服装材料的服用性能及风格特征的前提下，对服装施以一定的温度、湿度（水分）和压力等工艺条件，使纤维结构发生变化，产生纤维的热塑定形和热塑变形。所谓免烫性，是指服装经洗涤干燥后，不加熨烫，织物表面仍具有平挺和形状稳定的性能。具有这种性质的织物或服装，经洗涤干燥后，就可直接使用和穿着，织物表面不会出现凹凸不平的皱纹。

织物或服装的熨烫定形原理包括热塑定形和热塑变形两部分。

1. 热塑定形

服装一般都是由天然纤维和化学纤维的纯纺或混纺织物缝制而成的，这些纺织纤维都具有热可塑性能，尤其是毛纤维的热可塑性更大。这是由于构成毛纤维的膀氨酸的双硫键经水解断裂后，再在新的位置上重新结合而连接起来，因而将毛纤维分子固定在新的位置上，不再回缩，产生了定形。所以熨烫的机理主要是利用纤维受热而使弹性模量降低，从而使服装保持平挺的外观。对于热敏性的化学纤维而言，它是由许多单个分子聚合成的链条状的高分子化合物，这种线型的分子结构具有一定的热塑性。在热的作用下，产生收缩、软化和熔融。洗涤后的服装褶皱较多，熨烫是依靠渗入纤维中的水分受高热时汽化而产生的冲力，在熨斗和台板（或穿板）面的上下阻压间，沿着纤维水平方向横冲，从而使高温下强度较低的纤维得到拉伸。熨烫后，服装的外形显得平直、整齐、挺括和美观。

2. 热塑变形

衣料经裁剪和缝纫加工后,一般都要进行熨烫,其目的是使衣料产生热塑变形,最后形成具有立体形的服装。这种热塑变形的基本原理就是利用服装中纤维的可塑性,依靠熨斗的热度作用,适当改变纤维的伸缩性和织物组织的经纬密度与方向,致使缝制成的服装该挺起的部位凸出,该收缩的部位凹进,具有立体造型,以适应人体的体形与活动需要。

此外,还可通过熨烫工艺来弥补裁剪和缝纫工艺中所造成的某些不足。因为某些部位和形状仅靠裁剪和缝纫工艺是无能为力的。服装行业常称这种热塑变形的熨烫工艺为"归拔工艺",它常被用于呢绒服装的胸部、背部、腰部以及裤子的臀部和中裆、裆缝等部位。

服装的熨烫工艺主要是指熨烫时的温度、湿度、压力和时间等的合理配合选用,它直接影响到熨烫质量。

(1)温度

熨烫温度是熨烫工艺中影响熨烫质量的重要因素。一般而言,热定形的效果与温度的高低成正比,温度越高,熨烫质量和定形效果就越好。但是,温度的高低是以对衣料不产生损害为界限的。因为各种纺织纤维所能承受的温度是不同的,如果超越了该纤维所能承受的温度,则会使衣料炭化,严重时还会使衣料熔融或燃烧。因此,熨烫温度是由构成织物的纤维种类、织物的厚薄和布面的要求情况等决定的。一般来说,纹面织物的熨烫温度要比绒面织物相对要求高些,衣裤的关键部位比一般部位熨烫温度要求高些。总之,必须根据服装面料的具体情况而定。现将各种衣料的适宜熨烫温度列于表 14-1 中。

表 14-1　衣料的适宜熨烫温度

衣料的纤维类别	垫湿布熨烫温度(℃)	垫干布熨烫温度(℃)	直接熨烫温度(℃)
棉	220～240	195～220	175～195
麻	220～250	205～220	185～205
毛	200～250	185～200	160～180
丝	200～230	190～200	165～185
涤纶	195～220	185～195	150～170
锦纶	190～220	160～170	125～145
腈纶	180～210	150～160	115～135
丙纶	160～190	140～150	85～105
氯纶	—	80～90	45～65

(2)湿度

熨烫的湿度很重要,在服装熨烫时仅仅依靠温度是不行的,因为单靠温度往往会把服装烫黄、烫焦,故在熨烫时必须给湿。一般是在服装上喷水或盖上一层湿布,衣料遇到水后,纤维就会润湿、膨胀、伸展,在水分的作用下,衣料就容易定形或变形。当构成服装的织物成分和厚薄不同时,对水分的要求也是不一样的。一般来说,棉织物、麻织物、丝绸和薄型的化纤织物衣料,需要水分较少,只要喷水,并待水点化匀后即可熨烫,而呢绒和厚型化纤织物因质地厚实,熨烫时的水分就相应要求多一些。如果只在表面喷水,中间部分的纤维往往润湿不透,但是喷水量又不宜太多,否则不仅会降低熨斗的温度,衣服不易被熨平,而且还会出现水印。为了提高熨烫的质量,一般可在织物上覆盖湿布熨烫,通过熨斗的高温,使覆盖的湿布产生水蒸气渗透到纤维内部而使其润湿。湿布的含水量一般根据衣料的厚薄和熨烫的要求而定,有的可以湿些,有的可以拧得干些,也有个别衣料品种(如丙纶衣料)只需在其上面覆盖一层干布即可。因此,熨烫有干熨和湿熨之分,需要根据服装的熨烫部位不同和衣料质地不同而选用。所谓干烫就是指熨烫时在服装上不覆盖湿布,而用熨斗直接熨烫。干烫主要用于熨烫棉织物、化纤织物、丝绸缝制的单衣、衬衫、裙、裤等。所谓湿熨就是指熨烫时覆盖湿布,不可用熨斗直接熨烫。湿熨主要用于熨烫呢绒类衣裤,以及高档的西装、大衣、礼服等。干熨和湿熨对服装的熨烫质量的影响是不一样的,如在熨烫较厚的呢绒服装时,一般都是先经过湿熨后再进行干熨,待熨干后,才能使服装各部位平服、挺括,不起拱,不起吊,使服装保持长久平挺。如果仅采用干熨,只有热压而无水分渗透到纤维内部,这样就无法熨死、熨挺,而且还易产生极光。因此,在熨烫呢绒服装时,宜干湿并用,以达到较好的熨烫效果。湿熨是起熨平、熨死的作用,而干熨是起吸水定形的作用。又如上衣的胸部、袋位、领止口、衣片止口、下摆边、长裤的前后裤线、褶裥等,应采用先湿熨后干熨,才能达到其造型完美的要求。但对丝织物必须采用干烫,因为丝织物质地软薄,如采用湿熨,往往会产生水渍。

(3)压力

温度和湿度是促成织物热塑定形和热塑变形的重要条件,除此之外,在熨烫时还需要施加一定的压力,才能迫使织物按要求来定形。在一定的温度和适当的湿度下,给熨斗施加一定方向的压力后,可以迫使纤维伸展(即拉伸)或折叠成所需要的形状,迫使构成织物的纤维往一定方向移动。熨烫一定时间后,纤维分子在新的位置固定下来,形成了新定形,织物就被熨烫成所需要的平缝或折缝。熨烫时所采用的压力轻重,应根据衣物的质地和具体要求来灵活掌握。熨烫时所用的熨斗重一般为 $2\sim6$ kg,洗染店大多采用 5 kg 左右的熨斗。一般而言,光面和厚织物熨烫时的压力应适当大些。对于衣料变形或定形的部位,如上衣的领、肩、兜、前襟、贴边、袖口,长裤的前后裤线、裤脚等熨烫时要加重压力,有时需要多次熨烫才能达到上衣挺括、裤线笔直、平整如新的效果。对于一般的单衣、单裤,只需熨平而已,压力可以轻些。而对灯芯绒、平绒、长毛绒等有绒毛的衣料,用力更应轻,以免毛绒倒伏或产生极光。

(4)时间

熨烫时间的长短应根据熨烫的温度、湿度、压力和衣料的品种和规格确定。一般的原则是:熨烫温度偏高、压力偏大、湿度偏小时,熨烫的时间宜偏短;反之,宜偏长,一般约为 $5\sim10$ s。如果一次熨烫的效果不够理想,可反复熨烫多次,但不宜长时间停留在一处熨烫,以防止产生极光和形成熨斗印或产生局部变色。

为了提高熨烫效果而又不损伤织物及服装,除了掌握好熨烫温度、湿度、压力和时间外,掌握好熨烫的手法也非常重要。由于衣料的质地及服装各个部位的不同,其熨烫的要求也不相同,在熨烫时可根据具体的情况分别运用轻、重、快、慢、推、拉等熨烫手法,并在衣料上做缓慢的移动,切忌过快或无规则地推来推去,否则,不仅达不到理想的熨烫效果,而且还会破坏衣料的经纬织纹,有损美观。

服装及其材料的熨烫性常用折缝效果、熨烫尺寸变化率、光泽变化与色泽变化及硬挺度等来指标进行评价。折缝效果是评价材料在缝制过程中的压烫或缝制后的压烫整体效果的,它属于材料在缝制中技能不佳而造成的制品不美观,或由于纤维原料的不同造成的折缝效果不同。熨烫尺寸变化率是指服装及其材料经受高温或蒸汽熨烫后材料的尺寸变化程度,是表征其在规格方面对熨烫条件的耐受能力;光泽变化与色泽变化均是通过比较熨烫前后反射光泽和色差来完成;熨后硬挺度是用来评价熨烫后材料手感的一个指标,故其是取熨后材料进行测试。

(二)织物的可缝性

平面的服装材料除采用熨烫外,再就是经一定的缝合方式来满足人体曲面要求。服装材料的可缝性是对缝口质量的评价,也是对缝制品质的反映。然而不同的服装材料、缝纫线、缝纫设备及其状态,其可缝性是不一样的。服装材料的可缝性多以接缝过程中及接缝后的效果来进行评价,常用的指标有缝缩率、移位量、针损伤及断线率等。缝缩率用以表示服装材料(特别是薄型材料)缝合后,在线迹周围产生的波纹,即缝皱程度。移位量表示材料接缝后,因其摩擦力变化产生的上、下两层的缩量差异。针损伤用以表示在缝纫过程中,由于针穿过服装材料而造成纱线的部分断裂、完全断裂或纤维熔融的情况。断线率也即缝纫线可缝性,表示缝纫线在缝合过程中,在专用缝纫材料上,经一定长度后断开的情况,或者缝纫断线时所能缝制的米数。

缝制时产生皱缩和移位的原因除与缝纫机本身的转速、针粗细、针孔板大小、压脚压力等有关外,织物本身的特性则如厚度、柔软性、摩擦特性、覆盖系数等也是主要影响因素。这是因为织物很厚时,其内部容易吸收所产生的应力应变而不易屈曲,故不易产生线缝收缩,但薄织物抗变形性小,易屈曲,容易受到穿针引起的应力应变的影响而发生线缝收缩。因此,进行硬挺整理或缝制时垫纸可减少线缝收缩。对于柔软性,若织物过于柔软,由于缝纫针的贯穿阻力或缝纫线张力作用,其变形量大,织物受到屈曲应力而容易产生褶皱。此外,针贯穿力大的织物,因缺少变形后的复原能力而易发生线缝收缩。织物表面的摩擦特性与缝制时上下层布的送布运动密切相关,是产生缝制错位的主要原因之一。织物之间的动摩擦系数越大,压脚和织物之间的动摩擦系数越小,缝制错位越小且线迹良好。而织物覆盖系数与缝缩正相关,织物覆盖系数大时,若使缝纫线硬挤进去,织物就会沿线迹部分伸展而线迹附近两侧不伸展,从而造成线缝收缩。

针损伤由于是织物的纱线受损或断裂,因而含有针损伤的制品,不仅其接缝强度降低且容易破损,穿用或洗涤时因被针损伤,纱头挤出线迹表面而降低商品使用价值。特别是针织物的断纱还容易造成脱散。影响针损伤的因素主要是织物原有的特性和缝制条件。织物的特性中如构成织物的纤维,若强力不高,尤其是伸长小时,在抵抗缝纫针穿布时自然容易断裂。而强伸度高但耐热性差的纤维,因运行中的针温上升而容易受热熔断。平纹织物的交织点多,纱线移动困难,容易被缝纫针刺断。而斜纹织物因其交织点较平纹织物少,纱线较易位移,故不易被刺断。织物密度与之类似。而后整理加工方面,织物若以树脂整理,则纱线的强伸度降低,摩擦系数加大,纱线位移困难,就增加了断纱的可能性。因此考虑到织物断纱时的可缝性,应慎重选择加工助剂和整理方法。

（三）织物的接缝性能

服装材料通过缝纫以接缝的形式拼接在一起。缝合后的材料在缝纫线迹处接缝,由于材料中纱线间状态、纤维间状态、组织结构的状态、经(直)向或纬(横)向接缝的方式、缝纫线线密度、针迹密度等的不同均会影响接缝性能。接缝性能的评价方式主要包括缝口脱开程度和接缝强力(度)两方面:

缝口脱开程度,也称缝子纰裂程度,是反映织物缝合性能的指标,是指经缝合的面料受到垂直缝口的拉力作用时,使横向纱线在纵向纱线上产生滑移,所呈的稀缝或裂口。它反映了织物制成服装后接缝的有效性,也直接影响着服装的外观和视觉风格,严重时甚至使服装报废。我国机织服装标准大多将缝口脱开程作为考核指标,其测试方法一般采用定负荷法。

接缝强力(度)是指在规定条件下,对含有一接缝的试样施以与接缝垂直方向的拉伸或顶胀,直至接缝破坏所记录的最大的力。它是考核织物接缝坚牢程度的主要指标。接缝强力(度)的测试分为拉伸和胀破两种形式。机织物接缝常采用拉伸法,针织物除拉伸法外,也可采用胀破形式来评价。

二、熨烫性测试

（一）折缝效果

1. 仪器与设备

全蒸汽工业熨斗或家用电熨斗、烫台、剪刀等。

2. 试样准备

从距布边 10 cm 以上,距布端 1 m 以上的部位裁取经纬有代表性试样各数条,尺寸均为 150 mm×200 mm。试样应平整且每个试样不含有相同的经(纬)纱,不能有纬斜、粗细节、稀密路等影响试验结果的疵点。试样在标准大气下平衡 24 h 以上。

3. 试验步骤

① 将试样正面朝外折叠,放置在具有吸气能力的烫台上。

② 采用全蒸汽工业熨斗时,是湿热熨烫,蒸汽压力为 196.4～392.8 kPa(2～4 kgf/cm²),同时施加 2.94 kPa(30 gf/cm²)的压力,压烫时间与汽蒸时间为 10s,以 10 cm/s 的速度约往复三次,往复的距离为熨斗底板长度加上 15 cm 左右,并施以一定的温度。

③ 若采用家用熨斗为干热熨烫,实施压力、压烫时间、移动速度及往复次数、施加温度均同上。

④ 熨烫温度为:

棉、麻	180℃
羊毛、黏纤、铜氨纤维	160℃
聚酯纤维、维纶	140℃
蚕丝、醋纤、锦纶、腈纶	120℃
丙纶、氯纶	100℃

⑤ 熨烫完成后,将试样静置于标准大气下 24 h 后再进行测评。

4. 结果评价

(1)视觉评价

参照图 14-1 评价出熨烫效果。

好   不好-1   不好-2

图 14-1 熨烫的视觉评价

(2)角度评价

在褶皱仪或角度测量仪上测出角度,计算出折缝效果。

$$折缝效果 = \left(100 - \frac{折缝角度}{180-100}\right) \times 100\% \tag{14-1}$$

(二)熨烫尺寸变化率

1. 仪器与设备

① 家用干式熨斗:带有自动温度调节器。

② 专业用蒸汽熨斗:具有自动产生蒸汽并可控制蒸汽压力的装置。

2. 试样准备

从样品上剪取 3 块约 15 mm×15 mm 的代表性试样,在试样中央画一个边长为 8 cm 的方格,并在经向或纬向各对边中点画中线连接,经向或纬向各 3 处为测量距离。试样示意图如图 14-2 所示。

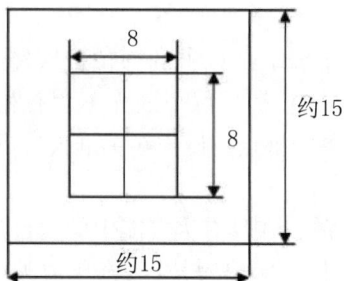

图 14-2 试样示意图

3. 试验步骤

① 在试样的测量区间分别测量经纬 3 对标记的初始长度。

② 对不同的熨斗,各可采取以下二类处理方式:

a. 干热法(家用干式熨斗):

干式熨烫:将试样置于熨烫板上,熨斗底板中心温度加热至规定温度后,用家用熨斗对试样施加 2.9 kPa(30 gf/cm²)的压力,沿试样横向方向以大约 10 cm/s 的速度往复熨烫 3 次。熨斗来回熨烫的距离应长于底板长度 15 cm 左右。

熨烫温度根据纤维种类确定。若为混合纤维,采用较低纤维的温度。

棉、麻	180℃
羊毛、黏纤、铜氨纤维、富强纤维	160℃
聚酯纤维、维纶	140℃

蚕丝、醋纤、锦纶、腈纶 120℃

丙烯酸酯类、聚氯乙烯醇类纤维 100℃

喷雾熨烫法:向整个试样喷雾使其均匀润湿后,将测试样置于熨烫板上,按上述方式来回熨烫 3 次。

b. 蒸汽法(专业用蒸汽熨斗):

蒸汽熨烫法:将试样置于带有吸引器的熨烫板上,通过设定蒸汽压力为 196 kPa (2 kgf/cm²)的专业用蒸汽熨斗,对其施加约 2.9 kPa(30 gf/cm²)的压力,同时加蒸汽,并通过吸引器回吸蒸汽,沿试样横向方向以大约 10 cm/s 的速度往复熨烫 3 次。熨斗来回熨烫的距离应长于底板长度 15 cm 左右。

蒸汽悬浮熨烫法:将试样置于带有吸引器的熨烫板上,用专业用蒸汽熨斗以 196 kPa (2 kgf/cm²)的蒸汽压力,在距离试样表面 1 cm 左右高度喷气 15s,同时通过吸引器回吸蒸汽。

③ 将试样置于熨烫板上,去除非自然褶皱或外部张力,测量经纬 3 条直线的长度。

4. 结果计算

分别求出熨烫处理前后各试样的经纬向 3 处测量区间的直线长度平均值,按式 (14-2)计算尺寸变化率,再计算出 3 块试样的尺寸变化率平均值,以小数点后一位表示。

若 3 块试样中,经纬向的尺寸变化率的最大与最小差值大于 0.6% 时,应按上述方式加测 2 块试样,再对 5 块试样经纬向尺寸变化率平均。

$$尺寸变化率(\%) = \frac{处理前长度 - 处理后长度}{处理前长度} \times 100\% \tag{14-2}$$

(三)光泽度测试

1. 仪器与设备

YG814 型织物光泽仪。其原理见图 14-3。

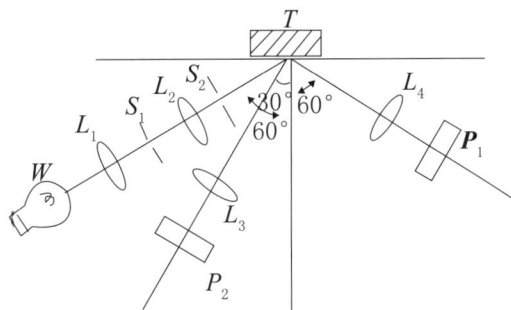

图 14-3 织物光泽仪原理图

样;W—光源;L1、L2、L3、L4—透镜;S1、S2—光阑;P1、P2—检测器

2. 试样准备

在每块样品上裁取 3 块有代表性的样品,尺寸均为 100 mm×100 mm。试样应平整、无纱疵及其它明显疵点。

3. 试验步骤

① 试验前,将仪器预热 30 min。

② 将暗筒放在仪器测量口上,调整仪器至零点。

③ 换上标准版,调整仪器,使读数符合"标准版"的数值。

④ 反复调试,直到达到要求为止。

⑤ 将试样测试面朝外,平整地绷在暗筒上,然后置于仪器的测量口上。

⑥ 将样品台旋转一周,读取最大值及其对应的值。

4. 结果计算

织物光泽度按下式计算:

$$G_c = \frac{G_s}{G_r} \times 100\% \tag{14-3}$$

式中:

G_c——织物光泽度,%;

G_s——织物正反射光光泽度,%;

G_r——织物正反射光光泽度与漫反射光光泽度之差,%;

以各试样的平均值为试样的光泽度,修约到小数点后一位。

三、可缝性测试

(一)缝缩率的测定

1. 仪器与设备

工业用平缝机(单针)、钢板尺等。

2. 试样准备

从距布边 10 cm 以上、距布端 1 m 以上的部位裁取试样。试样应平整,没有皱、缩现象,不能有纬斜、粗细节、稀密路等影响试验结果的疵点。每个试样不能含有相同的经、纬纱。

试样尺寸为 600 mm×50 mm,经、纬向试样各不少于 6 条。试样长度方向与接缝方向平行,在长度方向的两端分别作上标记,其尺寸为 70 mm、30 mm(如图 14-4 中 A、B 所示)。试样在标准大气条件下平衡 24 h 以上。

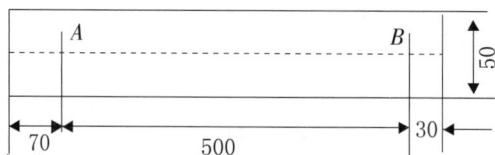

图 14-4 缝缩试样

3. 试验步骤

将每 2 块相同方向的试样重叠,使试样在一定的缝制条件下,不用手送料,在试样中间缝一直线。

4. 结果计算

(1)缝缩率:

$$S = \frac{L - L_1}{L} \times 100\% \tag{14-4}$$

式中：

S——缝缩率，精确至整数位，%；

L——缝制前两记号之间的长度，mm；

L_1——缝制后下层试样两记号之间的长度，mm。

以 6 块组合试样的平均值表示经、纬向的缝缩率。

（2）移位量

$$\Delta L = L_2 - L_1 \qquad\qquad\qquad (14\text{-}5)$$

式中：

ΔL——接缝后上、下层试样之间由于缝缩不等产生的移位量（精确至 0.1 mm），mm；

L_2——接缝后上层试样两记号之间的长度，mm；

L_1——缝制后下层试样两记号之间的长度，mm。

以 6 块组合试样的平均值表示经、纬向的移位量。

（二）缝纫针损伤的测定

1. 仪器与设备

工业用平缝机（单针）、放大镜等。

2. 试样准备

如评定已接好的缝迹时，从一批服装中随机取一箱有代表性的样品。若从织物上取样制备测试试样时，其接缝形式、线迹类型、织物方向、接缝方向、缝头宽度、线迹密度、针距宽度、缝纫机针的品种、缝纫线品种与线密度等均是制备测试试样时应考虑的因素。

试样从织物的不同部位剪取，每个测试方向不得含有相同的经纱或纬纱，对于每一种接缝，每个方向的试样不少于 5 块。试样尺寸为 150 mm×（25～100）mm，其长度方向为线迹方向即测试方向。试样最好经一定工艺的水洗或干洗等处理，在标准大气条件下平衡 24 h 以上进行测试。

3. 试验步骤

调整缝纫机状态，选择接缝形式、线迹类型、线迹密度、针距宽度、缝纫机针的品种、缝纫线品种与线密度等进行接缝。

4. 结果计算

① 用手给试样施加一定的张力，使接缝处线迹裂开，检验接缝中可见的针伤及针伤对接缝外观的影响。记录在每块试样接缝中针的穿透次数。在每个线迹的中央处将缝纫线剪断，使各层织物分开，选择单层织物将缝纫线小心地从接缝上的每个针孔中拆掉，评定针损伤。

② 沿线迹两侧约 3 mm 左右剪去缝头，用一根挑针或类似的工具除去平行或最近似的平行于线迹的纱线，直至靠近线迹行，计数并记录被除去纱线的总和（包括熔融的纱线和严重受损的纱线）；计数并记录熔融和部分熔融的纱线；计数并记录严重受损和至少一半受损的纱线，两者总和为受损纱线数。

③ 对于垂直于或近似垂直于接缝方向的纱线，计数并记录此方向纱线总和，计数并记录与接缝方向相同程度受损的纱线总和。

④ 针损伤指数：

$$NF = \frac{N_Y}{T_Y} \times 100\% \qquad (14\text{-}6)$$

式中：

NF——针损伤指数，%；

N_Y——评定方向受损伤的纱线数；

N_Y——评定方向纱线的总数。

或

$$ND = \frac{N_Y}{P_Y} \times 100\% \qquad (14\text{-}7)$$

式中：

ND——针损伤指数，%；

N_Y——评定方向受损伤的纱线数；

P_Y——针穿透数。

（三）缝纫线可缝性的测定

1. 仪器与设备

工业用高速平缝机（单针）、工业缝纫机针等。

2. 试样准备

① 缝纫线：从被测缝纫线中随机取样 3 只，在标准大气条件下平衡 24 h 以上进行测试。

② 试料：缝纫线可缝性的测试需在一定的试料下进行，常用的试料有：T/C 205 涤棉纱府绸，经纬线密度为 13tex/13tex，织物经纬密度为 523.5 根/10 cm×283 根/10 cm；136 涤棉树脂衬布，经纬线密度为 45tex/45tex，织物经纬密度为 208 根/10 cm×110 根/10 cm；纯棉带，经纬线密度为 28tex×2/10tex×2×2，织物经纬密度为 312 根/10 cm×116 根/10 cm。试料尺寸为 200 cm×10 cm，涤纶缝纫线与涤棉包芯缝纫线的试料是在两层试料的基础上加 1 层涤棉树脂衬；棉缝纫线的试料是 7 层纯棉带。各层试料应参差排列，经缝合组成环状的整体试料。缝合时，先缝中心线，随后向两边等距各缝 1 条线，最后在边部各缝 1 条，共缝 5 条平行线，在接头处作上记号，以便计算圈数。试料同样也需在标准大气条件下平衡 24 h 以后使用。

3. 试验步骤

① 调整缝纫机，使之处于正常状态。按表 14-2 选取缝针与针距。用与试样同一规格的相同缝纫线制备梭芯。

表 14-2　可缝性参数

项目	股线公称号数		
	29tex 以下 （20s 以上）	29tex 以上至 36tex （16s 以上至 20s）	36tex 以上至 58tex （10s 以上至 16s）
空转车速（r·min⁻¹）	4500	4500	4500
英制针号	9	11	14
针距（min）	2	2	2.3

②取一只试样在缝纫机上连续缝纫,每条缝线之间应有一定的间隙,不能重叠。记录缝纫线断线时所缝的米数(以试料圈数×2＋不足圈的实测长度)。如果缝制至 41 m 时,缝纫线仍未断头,便可停止缝纫。间隔 5 min 后可进行下一个测定。

③测试时,如果面线因结头而断线,或底线断线,不能作为试样断线,舍弃数据重新测试。

④结果计算:

缝纫线可缝性按评级计算结果。其依据是:

5 级:3 只试样平均达到或超过 40 m 断线;

4 级:3 只试样平均在 40 m 以下至 30 m 断线;

3 级:3 只试样乎均在 30 m 以下至 20 m 断线;

2 级:3 只试样平均在 20 m 以下至 10 m 断线;

1 级:3 只试样平均在 10 m 以下断线。

四、接缝性能测试

(一)缝子纰裂程度测试

1.仪器与设备

拉伸试验仪(CRE 型,夹钳满足有效夹持面积为 2.5 cm×2.5 cm)、缝纫机、测量尺等。

2.试样准备

试样应从距布端 1 m 以上、距布边 15 cm 以上的部位截取,每个试样不能含有相同的经(纬)纱。经、纬向各截取 3 块,尺寸为 20.0 mm×5.0 mm。经向试样长度方向平行为纬纱,用于测定经向纰裂;纬向试样长度方向平行为经纱,用于测定纬向纰裂。

将调湿后的试样沿长边正面向里对折,使两短边重叠,在平行于折痕且距其 1.3 cm 处用缝纫机缝好(缝线要求见表 14-3,缝迹为 301 型),必要时对缝线部位两端进行加固,然后沿折痕将试样剪开。

表 14-3　缝线要求

织物单位面积质量	缝线	缝纫针
≤220 g/m²	9.7tex×3(60s/3)	11 号
>220 g/m²	16.2tex×3(36s/3)	14 号

3.试验步骤

①设定拉伸试验仪的隔距为(10.0±0.1)cm。注意两夹持线在一个平面上且相互平行。

②将试样固定在夹钳中间(预加 2N 的张力),使接缝位于两夹钳距离的中间位置上且平行于夹持线。

③以 5.0 cm/min 的拉伸速度逐渐增加在试样上的负荷直至达到规定值(表 14-4),停止夹钳的移动,立即测量缝迹两边缝隙的最大宽度,也就是测量缝隙两边未受到破坏的边纱的最大垂直距离,如图 14-5 所示。精确至最接近的 0.05 cm。若试验中出现纱线从试样中滑脱的现象,则测试结果记录为滑脱。若试验中出现织物断裂或缝线断裂现

象,则在记录中予以描述。

表 14-4 负荷选择

试样名称			施加负荷(N)
服装面料	丝绸	52 g/m² 以上织物	67±1.5
		52 g/m² 及以下织物或 67 g/m² 以上的缎类织物	45±1.0
	其它纺织织物		100±2.0
服装里料			70±1.5

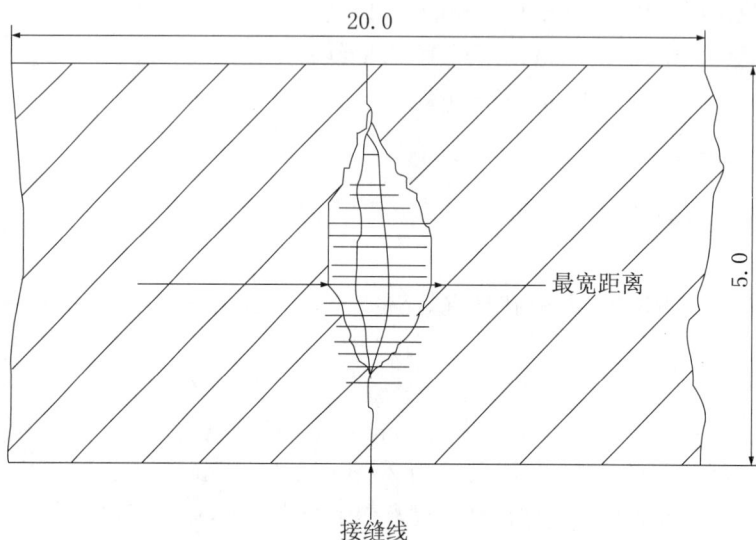

图 14-5 接缝裂开距离的测量(单位:cm)

④ 重复上述程序,得到 3 个经向纰裂结果和 3 个纬向纰裂结果。

4. 结果计算

① 分别计算经纬向三块测试结果的算术平均值,修约至 0.1 cm。

② 若三块试样中仅有一块出现滑脱、织物断裂或缝线断裂现象,计算另两块试样的平均值。若三块试样中有两块或三块出现滑脱、织物断裂或缝线断裂现象,则结果为滑脱、织物断裂或缝线断裂。

(二)机织物接缝强力测试

1. 条样法

(1)仪器与设备

拉伸试验仪(CRE 型)、缝纫机、剪刀等。

(2)试样准备

① 成品:从成品中待测接缝处剪取至少 5 块宽度为 100 mm 的接缝试样。

② 面料:若采用待测面料自缝接缝样品,应协商确定缝制条件,包括缝纫线的类型、针的类型、缝迹的类型、接缝留量以及单位长度的针迹数等。沿试样经(纬)向裁取一块尺寸为 350 mm×至少 700 mm 的织物试样,将试样沿宽度方向对折,按确定的缝制条件

缝合试样,如图 14-6 所示。在距缝迹 10 mm 处剪去试样的 4 个角,其宽度为 25 mm(图 14-7 中的阴影部分),得到图中所示宽度为 50 mm 的有效试样。

　　其中:1——剪切线;

　　2——接缝;

　　3——缝制前的长度。

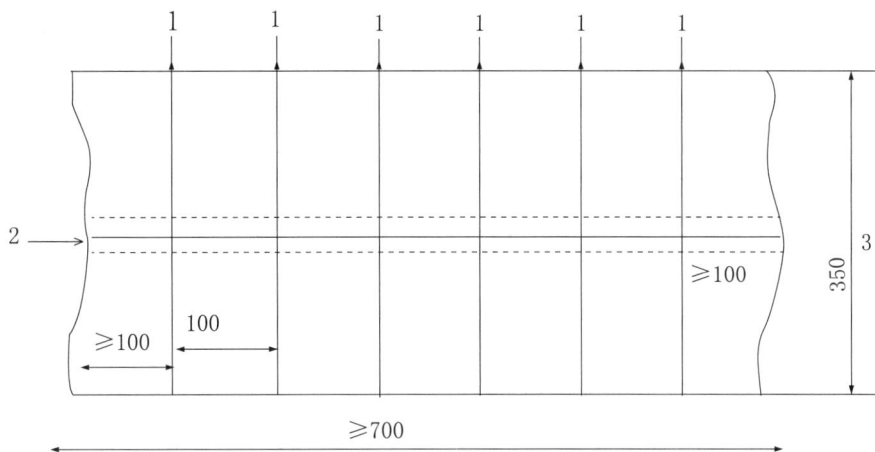

图 14-6　接缝样品和试样示意图(单位:mm)

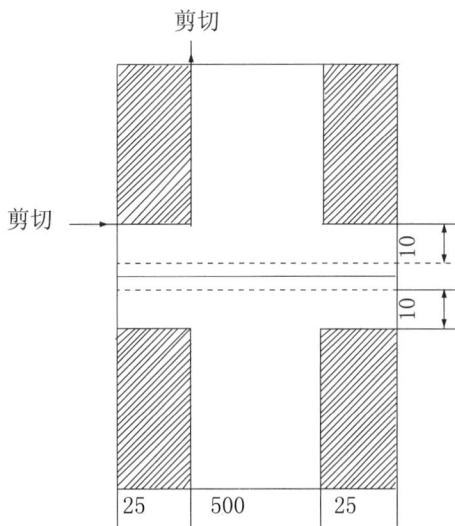

图 14-7　接缝试样预备样示意图(单位:mm)

(3)试验步骤

① 设定拉伸试验仪的隔距为(200±1)mm,拉伸速度为 100 mm/min。

② 将试样夹持在上夹钳中,使试样长度方向的中心线与夹钳的中心线重合,且与试样的接缝垂直,使接缝位于两夹钳距离的中间位置上。夹紧上夹钳,试样在自身重力下悬挂,使其平直置于下夹钳中,夹紧下夹钳。

③ 启动试验仪直至试样破坏,记录最大力,以牛顿(N)表示,并记录接缝试样破坏的

原因:

  a. 织物断裂;

  b. 织物在钳口处断裂;

  c. 织物在接缝处断裂;

  d. 缝纫线断裂;

  e. 纱线滑移;

  f. 上述项中的任意结合。

  如果是由 a 或 b 引起的试样破坏,应将这些结果剔除,并重新取样继续进行试验,直至保证得到 5 个接缝破坏的结果。

  如果所有的破坏均是织物断裂或织物在钳口处断裂,则报告单个结果。在试验报告中注明试验结果为织物断裂或织物在钳口处断裂。

  (4)结果计算

  对接缝破坏符合上述的 c 或 d 的试样,分别计算每个方向的接缝强力的平均值,以牛顿(N)表示。

  结果修约:

<100N	修约至 1N
100N~1000N	修约至 10N
≥1000N	修约至 100N

  2. 抓样法

  (1)仪器与设备

  拉伸试验仪(CRE 型,夹钳满足有效夹持面积 25 mm×25 mm)、缝纫机、剪刀等。

  (2)试样准备

  ① 成品:从成品中待测接缝处剪取至少 5 块宽度为 100 mm 的接缝试样。

  ② 面料:若采用待测面料自缝接缝样品,应协商确定缝制条件,包括缝纫线的类型、针的类型、缝迹的类型、接缝留量以及单位长度的针迹数等。沿试样经(纬)向裁取一块尺寸为 250 mm×至少 700 mm 的织物试样,将试样沿宽度方向对折,按确定的缝制条件缝合试样,如图 14-8 所示。在每一块试样上,距长度方向的一边 37.5 mm 处画一条平行于该边的直线。

  其中:1——剪切线;

  2——接缝;

  3——缝制前的长度。其中:1——夹持标记线;

  2——缝制前的长度。

  (3)试验步骤

  ① 设定拉伸试验仪的隔距为(100±1)mm,拉伸速度为 50 mm/min。

  ② 夹持试样的中间部位,保证试样长度方向的中心线通过夹钳的中心线,与夹钳的钳口线垂直,以使试样的上标记线对齐夹片的一边,使接缝位于两夹钳距离的中间位置上。夹紧上夹钳。试样在自身重力下悬挂,使其平直置于下夹钳中,夹紧下夹钳,如图 14-9 所示。

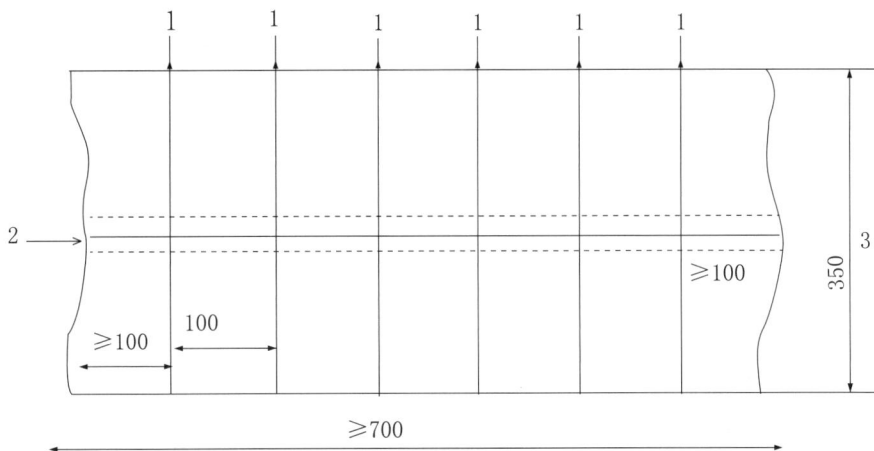

图 14-8 接缝样品和试样示意图（单位：mm）

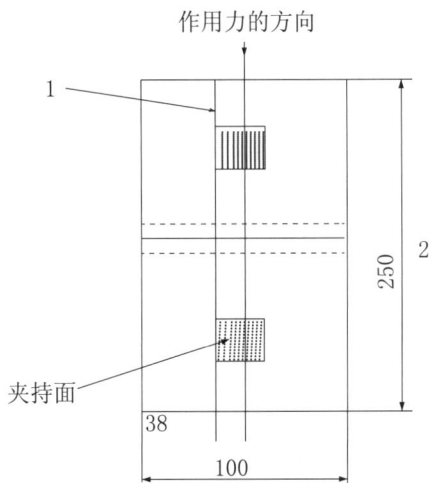

图 14-9 试验用接缝试样及夹持面示意图（单位：mm）

③ 启动试验仪直至试样破坏，记录最大力，以牛顿（N）表示，并记录接缝试样破坏的原因：

a. 织物断裂；

b. 织物在钳口处断裂；

c. 织物在接缝处断裂；

d. 缝纫线断裂；

e. 纱线滑移；

f. 上述项中的任意结合。

如果是由 a 或 b 引起的试样破坏，应将这些结果剔除，并重新取样继续进行试验，直至保证得到 5 个接缝破坏的结果。

如果所有的破坏均是织物断裂或织物在钳口处断裂，则报告单个结果。在试验报告中注明试验结果为织物断裂或织物在钳口处断裂。

（4）结果计算

对接缝破坏符合上述 c 或 d 的试样,分别计算每个方向的接缝强力的平均值,以牛顿(N)表示。

结果修约为:

<100N	修约至 1N;
100N～1000N	修约至 10N;
≥1000N	修约至 100N。

（三）针织物接缝强力(度)测试

1. 抓样法

（1）仪器与设备

拉伸试验仪(夹钳满足有效夹持面积 25 mm×25 mm),缝纫机,剪刀等。

（2）试样准备

① 服装:试样如从服装上取试样,其取样部位如图 14-10 所示,同一缝迹剪取 3 块。试样尺寸为 150 mm×100 mm,使接缝位于试样中间部位。方法 A:接缝与试样的受力方向平行;方法 B:接缝与试样受力方向垂直。如图 14-11 所示,在距试样长边边缘 37.5 mm 处画一条平行线作为夹样的标记线。

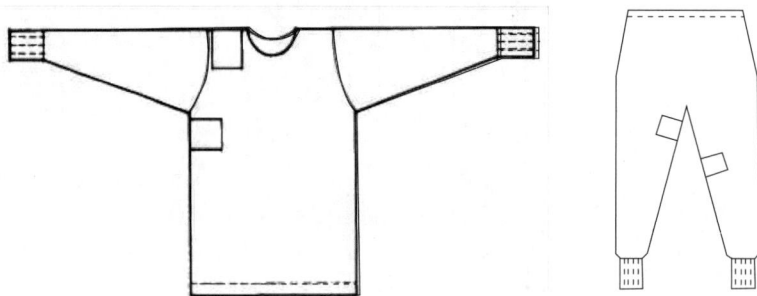

图 14-10 服装取样部位图

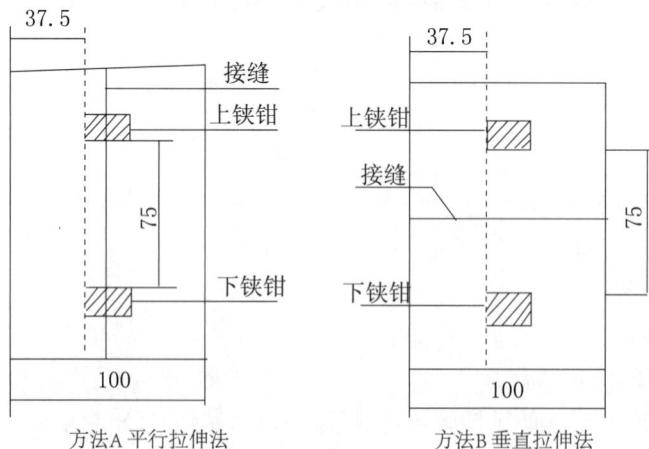

图 14-11 测试方法

② 面料:在距布边 1/10 幅宽处裁取,制成缝合试样。协商确定缝纫线的参数及缝迹类型。一般每种缝迹类型剪取 5 块试样,备样方式同成品。剪取的试样不得有影响试验结果的疵点。

试样测试前均应在标准大气条件下平衡 8 h 以上。

(3) 试验步骤

① 设定两夹钳隔距为 75 mm,拉伸速度为 300 mm/min。

② 设定预加张力:针织物为 0.1 N,弹性机织物为 1 N。将试样两端沿夹持标记线分别夹于上、下夹钳中。

③ 拉伸试样,直至织物断裂或缝纫线断裂,或其它原因引起的接缝裂开时,试验终止。

④ 记录最大接缝强力和相应的伸长值,同时记录最终断裂的原因:

a. 织物断裂;

b. 缝纫线断裂;

c. 其它原因断裂。

(4) 结果计算

分别计算每个方向的平均接缝强力(N)、平均接缝伸长率(%),修约至整数位。

2. 胀破法

(1) 仪器与设备

胀破强度测试仪(图 14-12),缝纫机,剪刀等。

(2) 试样准备

a. 服装:同一缝迹剪取圆形试样 3 块(图 14-13)。试样直径在 113 mm 以上,接缝应通过试样圆心。

b. 面料:在距布边 1/10 幅宽处裁取。协商确定缝纫线的参数及缝迹类型,制成缝合试样。一般每种缝迹类型剪取 5 块,备样方式同成品。剪取的试样不得有影响试验结果的疵点。

试样测试前均应在标准大气条件下平衡 8 h 以上。

(3)试验步骤

① 选择试验面积为 7.3 cm² (直径为 30.5 mm)的夹具。

图 14-12　数字式自动胀破强度测试仪

② 进行预试验,以调整试验的胀破时间为(20±5)s。

③ 将试样覆盖在膜片上,用夹持装置夹紧试样,避免损伤,防止试样滑移。试样应处于平整无张力状态,缝边朝向膜片,并通过环孔中心。

④ 启动仪器,对试样施加压力,直至织物破裂或缝纫线断裂,或其它破裂原因而使接缝处裂开时,试验终止。记录膜片胀破接缝的最大强度和胀破高度(试样表面中心的最大高度,以 mm 计)以及试样最终破裂的原因:

a. 织物断裂;

b. 缝纫线断裂;

c. 其它原因断裂。

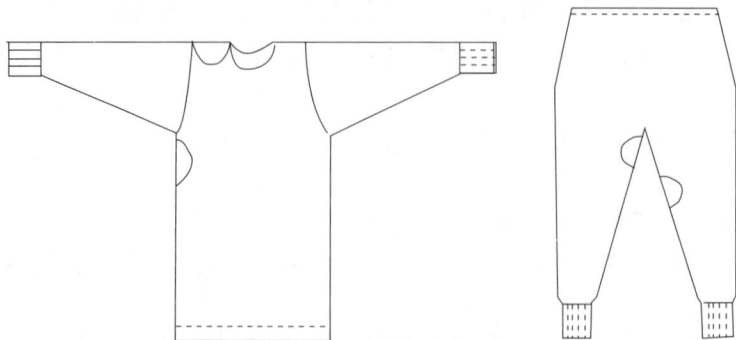

图 14-13　服装取样部位图

⑤ 测定膜片校正值。在无试样的条件下，采用与上述相同的试验面积、胀破时间，膨胀膜片，进行空白试验，直至达到有试样时的平均胀破高度，得到膜片校正值。

（4）结果计算

分别计算每个方向的平均接缝强度（kPa）、平均胀破高度（mm）。接缝强度保留三位有效数字，胀破高度保留两位有效数字。

$$P = P_1 - P_2 \tag{14-8}$$

式中：

P——接缝强度，kPa；

P_1——膜片胀破试样时的平均强度，kPa；

P_2——膜片校正值，kPa。

第二部分　综合性、设计性试验

一、试验目的

了解服装面料制衣加工性各指标的分类及其影响因素。通过试验，掌握服装面料制衣加工性评价指标的检测原理和检测方法，并能对其进行评定。

二、试验内容

采用两类服装面料对其进行制衣加工性相关试验，评定织物的制衣加工性能。取待测针织物和机织物各一块，分别作如下测试：

熨烫性试验：对两类面料分别做接缝效果、熨烫尺寸变化率、熨后光泽变化测试；

可缝性试验：对两类面料分别做缝缩率、缝纫针损伤测试；

接缝性能试验：对机织物样品进行缝子纰裂程度、条样法接缝强力和抓样法接缝强力测试；对针织物样品进行抓样法接缝强力和接缝伸长率、胀破法接缝强度和胀破高度测试。

分析所得数据，总结评价。

三、仪器和材料

（一）试验仪器

CRE 型织物强力机、光泽仪、胀破强度测试仪、工业蒸汽熨斗或家用干式熨斗、钢板尺、缝纫机、放大镜等。

（二）试验材料

机织面料和针织面料，各全幅 1.5 m。

四、试验步骤

① 将待测机织面料置于标准大气下充分调湿。

② 按照第一部分所述方法分别进行接缝效果和熨烫尺寸变化率测试，记录所得结果。

③ 取熨烫尺寸变化率测后样品进行熨后光泽变化测试，记录所得结果。

④ 另取有代表性试样按照第一部分方法进行缝缩率、缝纫针损伤测试，记录数据并评价其性能。

⑤ 为考核其接缝性能，另取有代表性试样按照第一部分方法进行缝子纰裂程度、条样法接缝强力和抓样法接缝强力测试，记录数据并评价其性能。

⑥ 总结上述数据，综合评价该机织物试样的制衣加工性能。

⑦ 类似上述步骤，对针织物样品进行熨烫性、可缝性及接缝性能试验，总结评价。

思考题

1. 服装的熨烫工艺主要和哪些条件相关？分别对熨烫工艺有何影响？

2. 服装面料的可缝性主要评价指标包括哪些？分别如何测试？

3. 机织物抓样法接缝强力测试和针织物抓样法接缝强力测试是否相同？如不同，简要说出两者在取样、测试和数据处理等方面的异同点。

本章小结

本章主要介绍了服装材料的制衣加工性试验，包括验证性试验和综合性、设计性试验两部分，分别从熨烫性、可缝性及接缝性能方面介绍了服装材料制衣加工性能的评价指标和检测方法。通过学习和试验操作，使学生了解各评价指标的定义及影响因素，熟悉其对应的测试方法及适用范围，能够选择合适的检测方法对服装材料制衣加工性能进行检测和评价，以培养学生该方面的综合分析能力、试验动手能力及数据处理能力。

参考文献

[1] 刘静伟. 服装材料试验教程[M]. 北京：中国纺织出版社，2000.

[2] 马大力，张毅，王瑾. 服装材料检测技术与实务[M]. 北京：化学工业出版社，2005.

[3] FZ/T 01097—2006. 织物光泽测试方法[S].

［4］GB/T 13773.1—2008. 纺织品 织物及其制品的接缝拉伸性能 第 1 部分:条样法接缝强的测定［S］.

［5］GB/T 13773.2—2008. 纺织品 织物及其制品的接缝拉伸性能 第 2 部分:抓样法接缝强的测定［S］.

［6］FZ/T 01031—1993. 针织物和弹性机织物接缝强力和伸长率的测定 抓样拉伸法［S］.

［7］FZ/T 01031—1993. 针织物和弹性机织物接缝强力和扩张度的测定 顶破法［S］.

［8］JIS L1057—2012. 纺织品及针织品的熨烫收缩率的试验方法［S］.

试验十五　服装辅料的检测

本章知识点：1. 服装辅料的基本知识
2. 黏合衬检测项目
3. 纽扣的检测项目
4. 拉链的检测项目

第一部分　验证性试验

一、基本知识

服装辅料通常指除面料以外构成整件服装所需的其它辅助用料。如里料、衬料、填料、线带类材料、紧扣类材料、装饰类材料等等。

（一）服装里料

服装里料是用于服装夹里的材料，用于部分或全部覆盖服装里面的材料。主要有棉织物、再生纤维织物、合成纤维织物、涤棉混纺织物、涤纶塔夫绸、醋酯纤维与黏胶纤维混纺织物、丝织物及人造丝织物。主要有如下作用：

一是提高服装档次并具有良好的保形性；

二是对服装面料有保护、清洁作用，提高服装耐穿性；

三是增加服装保暖性能、使服装顺滑且穿脱方便。

里料的主要测试指标为缩水率与色牢度，对于含绒类填充材料的服装产品，其里料应选用细密或涂层的面料以防脱绒。当前，用量较多的是以化纤为主要材料的里子绸。

选择服装里料时应注意：

① 里料的性能应与面料的性能相适应。这里的性能是指缩水率、耐热性能、耐洗涤、强力以及厚薄、重量等等，不同的里料有不同的性能特点。

② 里料的颜色应与面料相协调，一般情况下，里料的颜色不应深于面料。

③ 里料应光滑、耐用、防起毛起球，并有良好的色牢度。

（二）服装衬料

衬料包括衬布与衬垫两种。衬布主要用于服装衣领、袖口、袋口、裙裤腰、衣边及西装胸部等部位，一般含有热熔胶涂层，通常称为黏合衬。根据底布的不同，黏合衬分为有纺衬与无纺衬。有纺衬底布是机织或针织布，无纺衬底布由化学纤维压制而成的。黏合衬的品质直接关系到服装成衣质量的优劣。因此，选择黏合衬时，不但对外观有要求，还要考察衬布参数性能是否与成衣品质要求相吻合。如衬布的热缩率要尽量与面料热缩率一致；要有良好的可缝性和裁剪性；要能在较低温度下与面料牢固地黏合；要避免高温压烫后面料正面渗胶；附着牢固持久，抗老化，抗洗涤。衬垫包括上装用的垫肩、胸垫，以及下装用臀垫等,质地厚实柔软,一般不涂胶。

选择服装衬料时应注意:

1. 衬料应与服装面料的性能相匹配

包括衬料的颜色、单位重量、厚度、悬垂等方面。如法兰绒等厚重面料应使用厚衬料,而丝织物等薄面料则用轻柔的丝绸衬,针织面料则使用有弹性的针织(经编)衬布;淡色面料的垫料色泽不宜深;涤纶面料不宜用棉类衬等。

2. 衬料应与服装不同部位的功能相匹配

硬挺的衬料多用于领部与腰部等部位,外衣的胸衬则使用较厚的衬料;手感平挺的衬料一般用于裙裤的腰部以及服装的袖口;硬挺且富有弹性的衬料应该用于工整挺括的造型。

3. 衬料应与服装的使用寿命相匹配

须水洗的服装则应选择耐水洗衬料,并考虑衬料的洗涤与熨烫尺寸的稳定性;衬垫材料,如垫肩则要考虑保形能力,确保在一定的使用时间内不变形。

4. 衬料应与制衣生产的设备相匹配

专业和配套的加工设备,能充分发挥衬垫材料辅助造型的特性。因此,选购材料时,结合黏合及加工设备的工作参数,有针对性地选择,能起到事半功倍的作用。

(三)服装填料

服装填料,就是放在面料和里料之间起保暖作用的材料,根据填充的形态,可分为絮类和材类两种。

1. 絮类

无固定形状、松散的填充料,成衣时必须附加里子(有的还要加衬胆),并经过机纳或手绗。主要的品种有棉花、丝绵、驼毛和羽绒,用于保暖及隔热。

2. 材类

用合成纤维或其它合成材料加工制成平面状的保暖性填料,品种有氯纶、涤纶、腈纶定型棉、中空棉和光洁塑料等。其优点是厚薄均匀,加工容易,造型挺括,抗霉变,无虫蛀,便于洗涤。材类填料主要有:

① 热熔絮片:是一种用热熔黏合工艺加工而成的絮片。它不允许有破洞,压缩弹性率必须达到85.0%。

② 喷胶棉絮片:以涤纶短纤维为主要原料,经梳理成网,并对纤网喷洒液体黏合剂后加热处理而成。

③ 金属镀膜复合絮片:以纤维絮片、金属镀膜为主体原料,经复合加工而成,俗称太空棉、宇航棉、金属棉等。

④ 毛型复合保暖材料:是以纤维絮层为主体,以保暖为主要目的的多层次复合结构材料。

⑤ 远红外棉复合絮片:这是一种最新开发的多功能高科技产品,该产品具有抗菌除臭作用和一定的保健功能。

(四)线带类材料

1. 线类材料

线类材料主要是指缝纫线等线类材料以及各种线绳线带材料。缝纫线在服装中起到缝合衣片、连接各部件的作用,也可以起到一定的装饰美化作用。无论是明线还是暗线,都是服装整体风格的组成部分。最常用的缝纫线是 60s/3 与 40s/2 涤纶线,最常用的绣花线是人造丝与真丝线。

工艺装饰线也是线类材料的重要组成部分。工艺装饰线按工艺大致可分成绣花线、编结线和镶嵌线三类。常用于服装、床上用品、家具织物、室内用品、餐厅用品等。

另外有一种工艺装饰线,是针对某种特殊需要而制作的线,称为特种用线。它具有独特性能,使用范围比较小,生产成本相对比较高,通常以用途来命名。

2. 带类材料

带类材料主要由装饰性带类、实用性带类、产业性带类和护身性带类组成。装饰性带类又可分为松紧带、罗纹带、帽墙带、人造丝饰带、彩带、滚边带和门襟带等;实用性带类由锦纶搭扣带、裤带、背包带、水壶带等组成;产业性带类由消防带、交电带和汽车密封带组成;护身性带主要指的是束发圈、护肩护腰护膝等。

选择服装用线时应注意:

① 色泽与面料要一致,除装饰线外,应尽量选用相近色,且宜深不宜浅。

② 缝线缩率应与面料一致,以免缝纫物经过洗涤后缝迹因缩水过大而使织物起皱;高弹性及针织类面料,应使用弹力线。

③ 缝纫线粗细应与面料厚薄、风格相适宜。

④ 缝线材料应与面料材料特性接近,线的色牢度、弹性、耐热性要与面料相适宜,尤其是成衣染色产品,缝纫线必须与面料纤维成分相同(特殊要求例外)。

(五)紧扣类材料

紧扣类材料在服装中主要起连接、组合和装饰的作用,它包括纽扣、拉链、钩、环与尼龙子母搭扣等种类。

选择紧扣材料时应遵循以下原则:

① 应考虑服装的种类,如婴幼儿及童装紧扣材料宜简单、安全,一般采用尼龙拉链或搭扣;男装注重厚重和宽大,女装注重装饰性。

② 应考虑服装的设计和款式,紧扣材料应讲究流行性,达到装饰与功能的统一。

③ 应考虑服装的用途和功能,如风雨衣、游泳装的紧扣材料要能防水,并且耐用,宜选用塑胶制品。女内衣的紧扣件要小而薄、重量轻而牢固,裤子门襟和裙装后背的拉链一定要能自锁。

④ 应考虑服装的保养方式,如常洗服装应少用或不用金属材料。

⑤ 考虑服装材料,如粗重、起毛的面料应用大号的紧扣材料,松结构的面料不宜用钩、襻和环。

⑥ 应考虑安放的位置和服装的开启形式,如服装紧扣处无搭门不宜用纽扣。

(六)装饰材料

花边种类繁多,花边也是装饰材料不可缺少的组成部分,是女装及童装重要的装饰材料,包括机织花边和手工花边。机织花边又分为梭织花边、刺绣花边和编织花边三类;手工花边包括布绦花边、纱线花边和编制花边。服装花边重视的是审美性、耐久性和洗涤性,选择和应用花边时,需要权衡花边的装饰性、穿着性、耐久性三个特性,根据不同的需求加以选择。

二、黏合衬测试项目

黏合衬即热熔黏合衬,主要是将热熔胶涂于底布上制成的衬。黏合衬按基布种类分为机织衬、针织衬、非织造衬;按热熔胶类别分为聚酰胺(PA)衬、聚乙烯(PE)衬、聚酯(PET)衬、乙烯-醋酸乙烯(EVA)、改性(EVAL)衬;按热熔胶涂层方式分为撒粉衬、粉点衬、浆点黏合衬、双点黏合衬;按黏合衬用途分为衬衫用衬、外衣用衬、丝绸用衬、裘皮用衬。

黏合衬的质量要求。黏合要牢固,达到一定的剥离强度,洗后不脱胶,不起泡;缩水率和热缩率要小,衬和面料的缩率一致;压烫后不损伤面料,并保持面料的手感和风格;透气性良好;具有抗老化性;有良好的可缝性与剪切性。

黏合衬需要做的测试有剥离强度、耐水洗、耐干洗等项目,本文着重介绍剥离强度的测试。测试剥离强度的依据是 FZ/T 80007.1—2006《使用粘合衬服装剥离强力测试方法》标准。

1. 原理

将试样沿夹持线夹于拉力试验机两钳口之间,随着拉力机两夹钳的逐步拉开,试样纬向或经向处的各黏接点开始相继受力,并沿剥离线渐次地传递受力而离裂,直至试样被剥离。

2. 试验设备

采用等速伸长型拉力试验机或等速牵引型拉力试验机,黏度为±1.0%。

夹钳:拉力试验机的两个央钳的中心点应在同一铅垂线上,夹坫的蚶口线应与铅垂线垂直,其夹持线与试样应在一个平面上,夹钳应能夹住试样,使其无法滑动,且试样不能受到明显的损伤。夹钳的夹持宽度不得小于 30 mm,夹持面应平整光滑。

3. 取样

成品取样至少为 1 件。以面料经、纬向决定试样经、纬向,不受衬布限制,在服装覆黏合衬部位任意取样,使用不同黏合衬的部位,经、纬向各取三块,尺寸均为 150 mm×25 mm,领子、袖口部位可根据合同双方的规定进行取样。

4. 试样准备

试样按 GD 6529 规定进行调湿处理。如果是进行数据对比试验,可在同等环境中放置 4 h,在试样一端以手工分离二层织物,各剥离点应在同一直线上。

5. 操作程序

①将拉力试验机的上、下夹钳之间的距离调节为 50 mm,牵引速度调节为(100±5)mm/min。

②预备试验:通过少量的预备试验来选择适宜的强力范围。对于已有经验数据的产品,则可以免去预测程序。

③正式试验:将准备好的试样一端中的面料端与黏合衬端分别夹入拉力机的上、下夹钳,并使剥离线位于两夹钳 1/2 处,且试样的纵向轴与关闭的夹持表面呈直角。开启拉力机,记录拉伸 100 mm 长度内的各个峰值。如果试样从夹钳中滑出,或试样在剥离口延长线上呈不规则断裂等原因,而导致试验结果有显著变化时,则应剔除此次试验数据,并在原样上重新裁取试样,进行试验。试验中若发生黏合衬经纱或纬纱断裂现象,则记

作"黏合衬撕破"。若撕破现象发生在一个试样时,则应剔除该试样结果。若两个及两个以上试样均发生撕破现象,则试样的剥离强力应记作"黏合衬撕破"。

6. 计算

每块样品在剥离时的记录如图所示,测定 100 mm 剥离长度内的平均剥离强力,或至少取 5 个最高峰值和 5 个最小峰值的平均值。

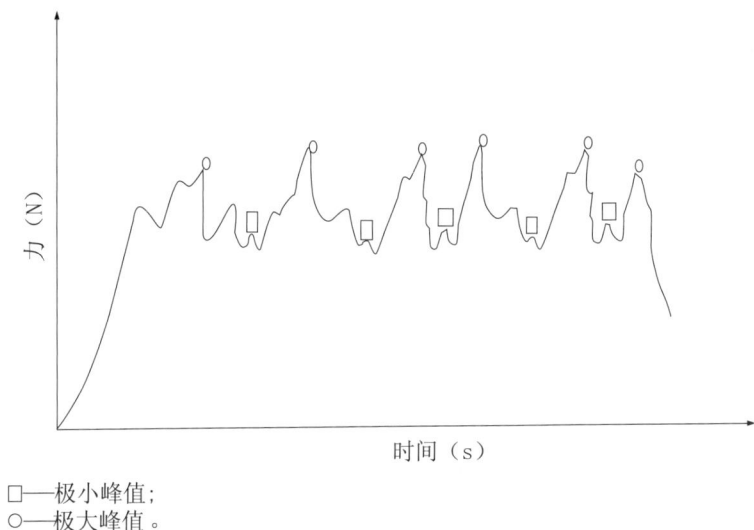

□——极小峰值;
○——极大峰值。

图 15-1 试样在剥离时的记录

分别计算经、纬向的平均剥离强力,单位为牛顿。计算结果按 GD/T 8170 修约至小数点后一位,平均剥离强力按式(15-1)或式(15-2)计算:

$$\overline{F}=\frac{\sum F_n}{n} \tag{15-1}$$

$$\overline{F}=\frac{\sum F_{10}}{10} \tag{15-2}$$

式中:$\overline{F}$——平均剥离强力,N;

$\sum F_n$——100 mm 剥离长度内的剥离强力峰值的总和,N;

n——100 mm 剥离长度内出现峰值的次数;

$\sum F_{10}$——五个最大峰值和五十最小峰值的总和,N。

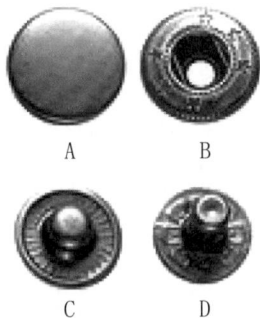

图 15-2 四合扣

三、纽扣测试项目

纽扣属于服装辅料中的紧扣材料,具有封闭、扣紧功能。按照结构分为有眼纽扣、有脚扣、按扣、编结纽扣等;按材料分为合成材料纽扣、天然材料纽扣、组合纽扣等。下面简要介绍几种常用纽扣。

四合扣:四合扣是弹簧扣的一种,靠 S 型弹簧结合,从上到下分为 A,B,C,D 四个部件,A,B 件称为母扣,宽边上可刻花纹,中间有个孔,边上有两根平行的弹簧,C,D 件称为公扣,突出的一个圆点按入母扣的孔中后被弹簧夹紧,产生开合力,固定衣物。

按扣:又名啪纽、揿纽,主要用于服装作扣具或者配饰使用,产品由两件组合而成,一般由锌合金、铜、铁等材质制作而成,表面可进行不同颜色的电镀处理。

五爪扣:也叫四件扣,亦有称圈扣,意指五个爪的扣子。由面的款式又分为中空五爪扣、包面五爪扣、珠光五爪扣、喷漆面五爪扣。空心五爪扣用于毛制薄衣料、伸缩性衣料、非伸缩性衣料,如:睡衣,针织内衣;金属面五爪扣用于儿童服装、薄衣料的羽绒衣服、滑雪装等。

图 15-3　按扣

图 15-4　五爪扣

工字扣:和撞钉配合,常被搭配在一些比较厚实或风格比较粗犷的面料上,如皮衣、羽绒服。工字扣可分为空心扣和实心扣,空心扣更具有立体感,固定在面料上后看钮面能否相对钮脚自由旋转和摇动,摇头工字扣的特点是避免因纽扣本身体积较大而带来穿着的不舒适感。

胶纽:分真贝扣、椰子扣、木头扣、有机扣、树脂扣、塑料扣、组合扣、尿素扣、喷漆扣、电镀扣、暗眼扣(纽扣的背面,经纽扣径向穿孔)、明眼扣(直接通纽扣正反面,一般有四眼扣和两眼扣)。

图 15-5　工字扣

图 15-6　胶扣

纽扣的表面要平滑细致,字体清晰,不可有烂边、气泡、脱皮、裂纹、毛刺、扣边大小不顺、眼孔不正、无孔、扣边厚度不一致,要规格一致、色泽正常、与大货布料不得出现色差、同批或批与批之间色差>4～5级、经工业洗涤耐腐蚀、耐摩擦、无毒、重金属不可超出国家安全标准。

纽扣需要测试的项目有抗磨性测试、强度测试、耐洗液腐蚀性测试、耐干洗溶剂腐蚀性测试、耐蒸汽熨烫性测试、耐烫性测试、镍含量测试等,这里着重介绍抗磨性测试。

1. 原理

将纽扣与一定量的浮石粉末混合,置于圆筒中在限定时间内每分钟转动数圈。然后检测纽扣的外部变化。

2. 取样

每个测试的分批取样应按如下方法:

1000 颗以内纽扣:随机取 5 颗样本;

1001～10,000 颗纽扣:1000～2000 颗之内随机取 5 颗样本,每增加 1000 颗随机增加 1 颗;

10,001～100 ,000 颗纽扣:10,001～100,000 颗之内随机取 15 颗样本,每增加 10,000 颗随机增加 1 颗;

100,001 颗纽扣及以上:100,001～1000,000 颗之内随机取 25 颗样本,每增加 100,001 颗随机增加 1 颗;

在重复试验中,每个测试样品应尽可能地取自同一批产品。

3. 仪器设备

PVC 圆筒:内径 105 mm,长 70 mm,带盖。筒上水平方向装有 60 r/min 的分马力电动机。

浮石粉末:平均直径小于 425 μm。

天平:测量精度为 0.1 g。

细筛:孔径约为 6.7 mm。

软刷或拂尘。

4. 步骤

称量出 50 g 纽扣,连同下述样品一同放入筒中:

①11～25 mm 纽扣,5 个。

②26～38 mm 纽扣,3 个。

盖上筒盖,以 60 r/min 的转速旋转 30 min。

取下筒盖,将筒中浮石和纽扣倒在细筛上,筛出纽扣,用软刷刷去纽扣上的粉末。

重复同样的试验步骤,检验所有纽扣样品。仔细比较样品和没有经过测试的纽扣有何区别。如果纽扣外表在北空昼光下看不出任何改变,则视为通过测试。

说明 1:在北半球,纽扣表面照明采用北空昼光(南半球南空昼光)或亮度在 600 lx 或以上的相似光源。光线从纽扣上方约 45°方向照下,沿着纽扣垂直方向向水平方向目测。

说明 2:每批纽扣样品更换一次浮石粉末。

四、拉链测试项目

拉链按结构分开尾、闭尾(一端或两端封闭)、隐形拉链(图 15-7)。按材料分为金属拉链、塑料拉链、尼龙拉链。

3♯、4♯、5♯这些是指拉链的号数,是以拉链闭合后的宽度来量的。简单来说:数字

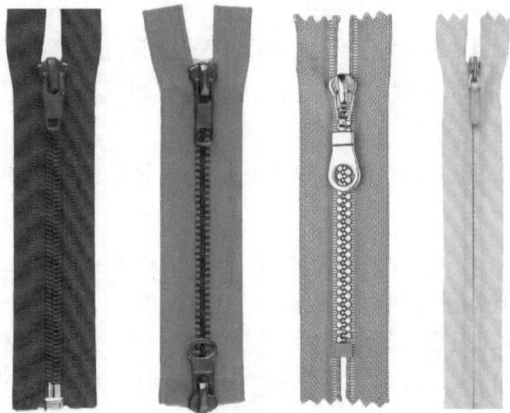

图 15-7 开尾拉链、双头拉链、闭尾拉链、隐形拉链

越大,拉链越粗。通常我们茄克上的拉链都是 5♯、8♯ 和 10♯ 的,这种都算特种拉链,很粗犷,要特别定做,通常比较少用。4YG 专指裤子上的拉链,指的是 4♯ 的 YG 头的拉链,这种拉链头是带锁的,尤其是用在牛仔裤和休闲裤上,比较牢固,一般都是金属牙的。品牌衣服会在衣服的拉链上定做拉片。

拉链的功能要求:

①拉链在拉合和拉开时,不得有卡上止、下止或插口现象,拉头回骨行应平稳、灵活、没有跳动的感觉,拉瓣翻动灵活。

②插管在插座中插入或拔出灵便,无阻碍的感觉。

③拉头的帽罩与拉头体的组合牢固,达到项目测试规定值。

④自锁拉头自锁装置灵活,自锁性能可靠。

拉链的外观要求:

①压塑拉链的链牙应光亮、饱满、无溢料、无小牙、伤牙。尼龙拉链的链牙应手感光滑,不得有毛刺,打头上不得有孔。金属拉链的链牙应排列整齐、不歪斜,牙脚不得断裂、牙坑边缘不得豁裂,表面光滑。

②拉链色泽鲜艳、无色斑、无色花、无污垢、手感柔和、外观挺刮、无皱褶或扭曲、啮合良好。

③压塑拉链和金属拉链的纱带不得断带筋。尼龙拉链的缝线不得偏向,要缝在中心线上,不能有跳针、反缝的现象。各类拉链的上止、下止不得装歪斜。

④贴胶整齐。贴胶在 −35℃ 时无发脆现象;贴胶处反复 10 次折转 180°,无折断现象。

⑤电镀拉头、应镀层光亮、不起皮、无严重的划痕,涂漆、喷塑拉头表面色泽鲜艳、涂层均匀牢固,无气泡,无死角等缺陷。

⑥拉头底面应当有清晰的商标。

拉链需要测试的项目有洗涤收缩率、干洗收缩率、耐腐蚀性能、镍含量测试等,本文着重介绍镍含量测试。

1. 原理

被测试镍放入人造汗水测试液中一星期。使用原子吸收光谱、电感耦合等离子光谱或者其它的合适的分析方法测试溶液中溶解的镍的浓度。镍的释放用微克每平方厘米每星期[μg/(cm^2·week)]表示。

2. 试剂

除了特殊说明,所有试剂为分析纯或更高级别且不含镍。

去离子水:盛去离子水于 2 L 烧杯中,最大电导率为 1 μS/cm。配有软木塞的气体分配管(孔隙率=1)较低的部分附着于烧杯的底部,使去离子水被空气饱和。脱脂空气流速为 150 mL/min,时间为 30 min。

氯化钠:DL-乳酸,ρ=1.21 g/mL,>88%(m/m);

尿素:氨水,ρ=0.91 g/mL,25%(m/m);

稀氨水,1%(m/m):将 10 mL 氨水放入 250 mL 盛有 100 mL 去离子水的烧杯中。搅拌,冷却至室温。将溶液移入 250 mL 容量瓶,去离子水定容至刻度线。

硝酸:ρ=1.40 g/mL,65%(m/m)

稀硝酸:约 5%(m/m),将 30 mL 硝酸倒入装有 350 mL 去离子水的 500 mL 烧杯,搅拌,冷却至室温。将溶液移入 500 mL 容量瓶,去离子水定容至刻度线。

脱脂溶液:溶解 5 g 阴离子表面活性剂如十二烷基苯磺酸钠或烷基磺酸钠于 1 000 mL 水中。适当稀释,中性,经济适用的洗涤剂也可使用。

蜡或漆(适合电镀)能保护镍释放表面:蜡或漆将用来展示表面的镍释放,当一个或多个涂有蜡或漆的涂层采用相同的方式在测试举例中使用时,通过 6(见附录 C)来检测镍的释放。

3. 仪器设备

pH 计,精确到 0.02pH。

分析分光计:能检测 0.01 mg/L 的镍。建议使用 ICP-OES 或电热激发原子吸收光谱。

最小精密度:10 次测量的 0.05 mg/L 全矩阵镍标准溶液,标准偏差不超过 10%。

4. 检出限

检出限被认为是 10 次测量含镍全矩阵溶液吸光度标准偏差的两倍,该处吸光度仅高于零标准溶液的吸光度。在矩阵相似的最终测试溶液中的镍的检出限应好于 0.01 mg/L。

恒温调节水浴或恒温调节炉,要求能保持温度为(30±2)℃。

带盖子的容器,要求为非金属的,不含镍的,耐硝酸的材料,如玻璃和/或聚乙烯和/或聚四氟乙烯和/或聚苯乙烯。样品置于上述材质制成的支架上悬于液体中,最小化样品于容器壁或底的接触面积。选择容器和支架的大小及形状以利用最少量的测试溶液完全覆盖住被测试的物体。

为了移出微量的镍,容器和支架应使用稀硝酸浸泡至少 4 h,去离子水冲洗,干燥。

5. 样品面积

(1)样品面积的定义

只有表面直接进入或长期接触皮肤的物体才被分析。该标准中,这个表面被定义为"样品面积"。

（2）样品面积的测定

通过标画样品面积的轮廓线，为了获得要求的分析灵敏度，最小为 0.2 cm² 的样品面积应当被测量。如果必要，个别样品应该一起被处理以得到最小面积。

注意：如果样品被测量以确定它符合指示 94/27/EC，则样品的样品面积的准确度的测量取决于该样品镍的释放。镍释放越接近 0.5 $\mu g/cm^2/week$，在指示的限制之内，则表面积测量也越准确。

（3）样品面积之外的其它面积

为了避免镍从样品面积之外的区域释放，这样的面积应该在测量中被去除或者保护起来。这一步可以在脱脂之后实施，例如，应用一层或多层蜡或漆的涂层来保护镍的释放。

注意：如果当不明显的表面被算作了样品面积的一部分，则样品的镍释放被发现是不能被接受的，须考虑到样品的拆卸及检测内部组分的镍释放。如果从这些内部组分中释放的镍是显著的，它也可能适用于检测样品的外部组分，或者样品的制备材料。

6. 样品准备

室温下在脱脂溶液中轻轻地旋动样品 2 min。用去离子水冲洗并干燥。脱脂之后，样品应使用塑料镊子或干净的防护手套进行处理。

注意：清洗这一步是为了除掉多余的油脂和皮肤分泌物而非防护涂层。无论如何，它实际上也会除掉一些样品表层的含镍物质。如果要求检测这部分镍则清洗阶段可以忽略。无论如何，清洗阶段忽略的镍对整个样品镍释放的影响都应被评估。

作为质量检查，校对盘释放出的镍都应被测量。如果使用，校对盘的两面在测量之前打磨是十分重要的。先用湿的粗金刚砂 No.600，再用 No.1200 在校对盘的每个面上打磨掉至少 0.05 mm，然后将盘和样品用相同的方式脱脂。

7. 操作程序

测试溶液的准备：

人造汗水由去离子水组成并含有：0.5%（m/m）氯化钠、0.1%（m/m）乳酸、0.1%（m/m）尿素、氨水，1%（3.6）。

将（1.00±0.01）g 尿素、（5.00±0.01）g 氯化钠和（940±20）μL 乳酸加入 1 000 mL 烧杯中。加入 900 mL 新制备的去离子水，搅拌直到所有的成分都完全溶解。使用新制备的缓冲溶液依照产品说明校准 pH 计。将 pH 计的电极浸入测试溶液。轻柔搅动，并小心加入稀氨水直到达到稳定值（6.50±0.10）pH。将溶液移入 1 000 mL 容量瓶，去离子水定容至刻度线。在使用之前，确保测试溶液的 pH 值在 6.40～6.60 之内。测试溶液应在制备后的 3 h 之内使用。

8. 释放程序

将样品搁于支架并悬于测试容器中。加入一定量的测试溶液约 1 mL 每平方厘米测试面积。悬空的样品应完全浸入测试溶液中。然而，完全被蜡或漆保护的区域并非必须浸入。无论多大的表面积，都应至少加入 0.5 mL 测试液。记下样品面积和所用测试溶液的体积。盖紧容器阻止测试液的蒸发。平稳地将容器放入恒温调节水浴（炉），温度设为（30±2）℃，静置 168 h，不要搅动。

如果测试校准盘，则应将其悬置于 3 mL 测试液中，用于样品相同的方式处理。

一周之后,从测试液中去除样品,用少量去离子水冲洗,将冲洗液加入测试液中。定量转移测试液到合适体积的用酸洗过的容量瓶中。为了防止溶解镍再沉淀,加入稀硝酸和去离子水到测试液中,使其在定容至刻度线后含有约 1‰ 的硝酸。最小的可被稀释的最终测试液体积是 2 mL。

注意:选择合适的容量瓶应考虑仪器对镍的检测灵敏度。

9. 镍的检测

使用分析光度计测试溶液中镍的含量。

平行样的个数:至少 2 个相同的样本。

空白试验:重复空白试验应在测试样品的同时进行。使用相同的容器和支架,相同的程序除了容器中没有样品。使用相同量的测试液、冲洗液和稀硝酸。

10. 计算

镍的释放:

样品的镍释放,d 表示每微克每平方厘米每星期[$\mu g/(cm^2 \cdot week)$],公式如下:

$$d=\frac{V\times(C_1-C_2)}{1000\times a}$$

式中:

a——测试对象的样品面积,cm^2;

v—— 测试溶液的稀释体积, mL;

C_1——一周后稀释的测试液中镍的浓度,$\mu g/L$;

C_2——一周后空白溶液中镍浓度的平均值,$\mu g/L$。

第二部分 综合性、设计性试验

一、试验目的

1. 熟悉各类常见服装辅料。
2. 了解并熟悉常见黏合衬、纽扣、拉链测试项目及方法。

二、试验内容

综合前述的服装辅料的种类,熟悉服装辅料的性能及特点,明确选择辅料时应注意的问题。

本试验着重介绍黏合衬、纽扣、拉链的测试项目及要求,要求学生了解其结构和特征,能够在选择服装辅料时明确质量要求。因此是对学生的试验技能的综合训练,培养学生的综合分析能力、试验动手能力、数据处理,以及查阅资料的能力。

三、试验原理和方法

根据第一部分试验过程的介绍测试黏合衬剥离强力、纽扣抗磨性及拉链镍释放。

四、试验条件

试验仪器设备包括等速牵引型拉力试验机、PVC 圆筒、马力电动机、浮石粉末、天平、细筛、软刷、pH 计、分析分光计、镊子、量筒、烧杯等。

化学溶剂均为分析纯。

试验材料为带有黏合衬的布样若干块、纽扣若干个、拉链若干条。

五、试验步骤

黏合衬剥离强度根据第一部分的黏合衬剥离强度测试步骤操作;纽扣耐磨性测试根据第一部分的纽扣耐磨性测试步骤进行操作;拉链镍释放测试根据第一部分拉链镍释放测试操作步骤进行测试。

思考题

1. 黏合衬选择的依据是什么?
2. 纽扣需做哪些测试?
3. 拉链镍释放测试过程是什么?

本章小结

本章主要介绍了服装辅料的检测,包括验证性和综合性、设计性试验两部分,主要阐述了服装辅料的基本知识以及黏合衬、纽扣和拉链的检测项目。通过学习及试验操作,要求学生熟悉各类常见服装辅料,了解并熟悉常见黏合衬、纽扣、拉链测试项目及方法,训练学生的试验动手能力,培养学生的综合分析能力以及数据处理能力。

参考文献

[1] 姚穆. 纺织材料学[M]. 北京:中国纺织出版社,2009.

[2] FZ/T 80007.1—2006. 使用粘合衬服装剥离强力测试方法 [S].

[3] 万融,刑声远. 服用纺织品质量分析与检测[M]. 北京:中国纺织出版社,2006.

试验十六　服装及服装材料上残留物的检测

第一部分　验证性试验

一、基本知识

进入 21 世纪后，随着欧洲"生态纺织品服装"概念的提出及 Oeko-tex Standard 100 标准的推广应用，纺织品、服装使用的安全健康问题愈来愈受到人们的关注。"穿出安全""穿出健康"已经成为全球重要的服装消费理念。不含有毒有害物质、适应环保要求的"绿色产品"日益成为更多消费者青睐的对象。纺织产品在印染和后整理过程中要加入各种染料、助剂等，这些化学试剂中或多或少的含有或产生对人体有害的物质，当有害物质残留在纺织品上并达到一定量时，就会对人们的皮肤，乃至人体造成危害。早在 2003 年，我国发布了 GB 18401—2003《国家纺织产品基本安全技术规范》，对纺织产品提出安全方面最基本的技术要求，使纺织产品在生产、流通和消费过程中能够保障人体健康和人身安全，显然已经跟上了国际先进国家和地区纺织服装产品品质判定的发展水平。

服装上的残留物主要包括偶氮染料、甲醛、重金属和 pH 值，下面分别介绍这几类物质及其检测。

二、偶氮染料——可分解芳香胺的（偶氮）染料

（一）偶氮染料的发展历史

早在 1834 年，Mitscherlich 就用氢氧化钾与硝基苯在乙醇溶液中作用，制备了偶氮苯。但是偶氮染料的产生并使用还是在 1858 年之后，化学家经过重氮化反应制备出了偶氮染料。1863 年，首例商品化偶氮染料 Bismark Brown 问世之后，偶氮染料开始了工业化生产。1884 年，刚果红的合成，可以说是偶氮染料发展史上的一个里程碑。第一，用刚果红作为染料，可以不用加入触媒，印染工艺被大大简化；第二，这类偶氮染料可以通过它的不同结构得到不同的颜色；第三，它的合成工艺更为简单，成本更加低廉，染色的性能也更为优越。

（二）偶氮染料的分类

偶氮染料是指分子结构中含有偶氮基—N＝N—的染料，是品种最多、应用最广的一类合成染料。根据含有偶氮基的数目不同可分为：①单偶氮染料，如酸性大红 g；②双偶氮染料，如直接大红 4B；③多偶氮染料，如直接黑 BN。根据溶解度的不同可分为：①可溶性偶氮染料，指一般能溶解在水中的染料；②不溶性偶氮染料，包括冰染染料和其它不溶于水的偶氮染料。偶氮染料用于各种纤维的染色和印花，并用于皮革、纸张、肥皂、蜡烛、木材、麦秆、羽毛等的染色，以及油漆、油墨、塑料、橡胶、食品等的着色。

（三）偶氮染料的致癌问题

芳香胺对人体或动物有潜在的致癌性。

偶氮染料广泛用于纺织品、皮革制品等染色及印花工艺。目前市场上大部分（约占60％）的合成染料是以偶氮基因为基础的。人们经过长期研究和临床试验证明某些偶氮染料中可还原出的芳香胺对人体或动物有潜在的致癌性。采用这种染料印染的纺织品和服装，会残留并释放一定量的毒性物质，通过与人体长期直接接触，毒性物质会被皮肤吸收，危害人体健康。偶氮染料本身无任何直接的致癌作用，而是偶氮染料中还原出的芳香胺对人体或动物有潜在的致癌性。德国政府在 1958 年成立了 MAK 委员会，并从此开始每年发布 1 份 MAK 表，其根据对人体致癌性的不同，分为不同的级别；并且指出用这些致癌芳香胺合成的偶氮染料受到人体肠道中细菌以及偶氮还原酶的作用而易于发生偶氮还原裂解，重新释放出致癌芳香胺，从而产生致癌作用。而涉嫌可还原出致癌芳香胺的染料（即禁用偶氮染料）约为 200 多种。科学研究发现，这些偶氮染料附着在服装上，在与皮肤的长期接触中，在某些特殊的条件下（如人体的代谢过程中），会还原出 20多种致癌芳香胺，其中的一种或几种会被人体吸收，从而危害人体健康。特别是在染色牢度不佳时，从纺织品转移到人的皮肤上，并在人体分泌物的作用下，发生还原分解反应，释放出致癌性的芳香胺化合物，被人体吸收后，深入体内影响组织和脏器，改变原有DNA 结构，最终诱发病变和导致癌症发生。

随着各国对环境和生态保护要求的不断提高，禁用染料的范围不断扩大。1994 年 7月，德国首次以政府立法形式，禁止生产、使用和销售含有此类致癌芳香胺物质偶氮染料的纺织品服装，随后许多国家和地区也积极仿效、采纳，已连续发布禁用偶氮染料法规。目前禁用偶氮染料已成为国际纺织品服装贸易中安全健康品质重要控制项目之一，2002年 9 月 11 日，欧盟发布指令，禁止使用四氨基联苯等 22 种偶氮染料。在贸易过程中，若织物或服装被检出含有其中的一种，则该批产品即被判定为不合格产品而被拒收。如今，偶氮染料是国际环保要求的必检项目之一。我国于 2005 年 1 月 1 强制实施国家标准GB18401《国家纺织产品基本安全技术规范》，也规定了禁用偶氮染料为必须检测的项目，但其限量比相应的欧洲标准要求更严，为 20 mg/kg。这些可分解芳香胺的（偶氮）染料名称可参看 GB 18401—2010《国家纺织品基本安全技术规范》强制性标准的附录部分。

（四）禁用偶氮染料的检测

禁用偶氮染料测试是国际纺织品服装贸易中最重要的品质监控项目一，也是生态纺织品最基本的质量指标之一，目前主要通过气相色谱仪进行分析测试。偶氮染料测试分三个方法，纺织品（除涤纶和真皮外的纺织品）、聚酯（涤纶）、皮革（真皮），所以做偶氮测试时一定要提供产品的成分。

目前检验方法主要是依靠气相色谱-质谱联用法(GC/MS)和高效液相色谱—质谱联用法(HPLC/MS)进行,GB 18401—2010 标准上为 GC-MS 及 HPLC-DAD。近年来,从中国纺织工业协会检测网络对上万个样品的禁用偶氮染料检测结果统计来看,平均不合格率为 7.1%,其中,最常检出的芳香胺为联苯胺。

1. 禁用偶氮染料的检测标准

Oeko-Tex standard 100《生态纺织品标准 100》中规定了 23 种禁用芳香胺化合物,Eco-label(生态纺织品标签)中有 22 种禁用芳香胺化合物,GB/T18885—2002《生态纺织品技术要求》中规定了 23 种禁用芳香胺化合物。GB/T18885—2002 与 Oeko-Tex standard 100 的禁用染料基本一致,而且限量都为 20 μg/g。而 Eco-label 中比 Oeko-Tex standard 100 少了 2,4-二甲基苯胺和 4- 氨基偶氮苯,其限量为 30 μg/g。德国和欧盟的标准中对偶氮染料的限量也为 30 μg/g。禁用偶氮染料的检测标准见附表 1。

2. 禁用偶氮染料的检测原理

禁用偶氮染料的检测原理,是用不同的方法把织物上的染料萃取下来,进行还原分解,再对还原产物用气—质联用仪(GC/MSD) 或液相色谱仪进行检测,检测其裂解后的产物,如果检测出苯胺和/或对苯二胺,还需要重新将样品在碱性溶液的弱还原条件下处理,检测是否释放出 4-氨基偶氮苯。

3. 禁用偶氮染料检测方法

目前,国内检测机构使用的禁用偶氮染料检测标准是 GB/T17952—2011,此标准适用于经印染加工的纺织产品。

检测原理:纺织样品在柠檬酸盐缓冲介质中用连二硫酸钠还原分解以产生可能存在的禁用芳香胺(见附录 A),用适当的液-液分配柱提取溶液中的芳香胺,浓缩后,用合适的有机溶剂定容,用配有质量选择检测器的气相色谱仪(GC/MSD)进行测定,必要时,选用另外一种或多种方法对异构体进行确认,用高效液相色谱-二极管阵列检测器(HPLC/DAD)或气相色谱质谱仪进行定量。

(1)试剂的准备

所用试剂均采用分析纯或色谱纯,所有用水均为三级水。

① 乙醚。如需要使用时要净化。取 500 mL 乙醚,用 100 mL 硫酸亚铁溶液(5% 水溶液)摇匀,弃去水层,于玻璃装置中重新蒸馏,收集 33.5～34.5℃馏分。

醚类化合物长期与空气中的氧接触,会慢慢生成不易挥发的过氧化物。过氧化物不稳定,加热时易分解而发生爆炸,因此,醚类应尽量避免暴露在空气中,一般应放在棕色玻璃瓶中,避光保存。蒸馏放置过久的乙醚时,要先检验是否有过氧化物存在,且不要蒸干。过氧化物的检验方法:硫酸亚铁和硫氰化钾混合液与醚振摇,有过氧化物则显红色。

注:也可参考欧盟标准选用叔丁基甲醚代替乙醚,叔丁基甲醚与乙醚相比有较好的回收率。

② 柠檬酸缓冲溶液(0.06 mol/L,pH＝6.0)。取 12.526 g 柠檬酸和 6.320 g 氢氧化钠溶于水中,用水定容到 1 000 mL。

在水溶液中进行的许多反应都与溶液的 pH 值有关,其中一些反应要求在一定的 pH 值范围内进行,这就需要使用缓冲溶液。本试验要求 pH 值在 6.0 左右,所以就选择了柠檬酸—柠檬酸钠缓冲溶液。在这个缓冲溶液中,由柠檬酸钠完全离解而产生的柠檬酸根,其浓度与纯柠檬酸溶液中的柠檬酸根浓度相比大很多。同离子效应使柠檬酸的离解平衡向生成柠檬酸分子一方移动,降低了柠檬酸的离解度,使柠檬酸分子浓度接近于未离解时的浓度。因此,系统中弱酸和它的共轭碱浓度都较大。这样当加入少量强酸或者强碱时不会明显改变溶液的 pH 值,使其保持稳定。

③ 200 mg/mL 连二亚硫酸钠溶液水溶液。

连二亚硫酸钠($Na_2S_2O_4 \cdot 2H_2O$)有强还原性,极不稳定,易氧化分解,受潮或露置于空气中会失去效力,并且易燃,在 190℃ 可发生爆炸,因此使用时要加以注意。

④ 硅藻土。多孔颗粒状硅藻土,于 600℃ 下灼烧 4 h,冷却后贮于干燥器中备用。

⑤ 甲醇。

⑥ 标准溶液。

a. 芳香胺标准物质储备液(1000 mg/L):

用甲醇或其它合适的溶剂将附录 A 所列的芳香胺标准物质分别配制成浓度为 1000 mg/L 的储备液。

注:标准溶液储备液保存在棕色瓶中,并可放入少量的无水亚硫酸钠,置于冰箱冷冻室中,保存期 1 个月。

b. 芳香胺标准工作溶液(20 mg/L):

从标准储备溶液中取 0.2 mL 置于容量瓶中,用甲醇或其它合适的溶剂定容至 10 mL。

注:标准工作溶液现配现用,根据需要可配置成其它合适的浓度。

⑦ 混合内标溶液(10 μg/mL)。

用混合溶剂将下列内标化合物配置成 10 μg/mL 的混合溶液:

萘-d8　　　　　CAS No. :1146-65-2;

2,4,5-三氯苯胺　CAS No. :636-30-6;

蒽-d10　　　　　CAS No. :1719-06-8。

(2)仪器和设备

① 可控温超声波发生器。

② 真空旋转蒸发器。

③ 反应器,具密闭塞,约 60 mL,由硬质玻璃制成管状。

④ 恒温水浴,温度控制在 70±2℃。

⑤ 提取柱,20 cm×2.5 cm(内径)玻璃柱或聚丙烯柱,能控制流速,填装时,先在底部垫少许玻璃棉,然后加入 20 g 硅藻土,轻击提取柱,使填装结实,不同的试样前处理方法其试验结果没有可比性。附录 B 中先经萃取,然后再还原处理的方法供选择。

⑥ 高效液相色谱仪,配有二极管阵列检测器(DAD)。

⑦ 气相色谱仪,配有质量选择检测器(MSD)。

(3)试样的制备和处理

取有代表性试样,剪成 5 mm×5 mm 的碎片,混合,从混合样中取 1.0 g,精确至 0.01 g,置于反应器中,加入 17 mL 预热到(70±2)℃的柠檬酸盐缓冲液,将反应器密闭,用力振摇,使所有试样浸于液体中,置于水浴中,并在(70±2)℃保持 30 min,使所有织物充分润湿。

然后打开反应器,加入 3.0 mL 连二亚硫酸钠溶液,立即密闭振摇,将反应器再于 70 ±2℃水浴中保持 30 min,取出后 2 min 内冷却至室温。

注:不同的试样前处理方法其试验结果没有可比性。附录 B 中先经萃取,然后再还原处理的方法供选择。

萃取和浓缩:

萃取:用玻璃棒挤压反应器中试样,将反应液全部倒入提取柱内,任其吸附 15 min,用 4×20 mL 乙醚分四次洗涤反应器中的试样,每次需混合乙醚和试样,然后将乙醚提取液滗入提取柱中,控制流速,收集乙醚提取液于圆底烧瓶中。

浓缩:将上述收集的盛有乙醚提取液的圆底烧瓶置于真空旋转蒸发器上,于 35℃左右的低真空下浓缩至近 1 mL,再用缓氮气流驱除乙醚溶液,使其浓缩至近干。

(4)气相色谱/质谱定性分析

① GC/MS 分析条件:

由于测试结果取决于所使用的仪器,因此不可能给出色谱分析的具体参数,下边操作条件已被证明测试是合适的。

毛细管色谱柱:DB-5 MS(HP-5 MS) 30 m×0.25 mm×0.25 μm 或相当者;

进样口温度:250℃;

柱温:50℃(0.5 min)20℃/min 150℃ (8 min) 20℃/min 230℃(20 min) 20℃/min (5 min);

质谱接口温度:270℃;

质量扫描范围:35～350 amu;

进样方式:不分流进样;

载气:氦气(≥99.999%),流速:1.0 mL/min;

进样量:1 μL;

离化方式:EI;

离化电压:70 eV;

溶剂延迟:3.0 min。(增加)

② GC/MS 定性分析:

准确移取 1.0 mL 甲醇或其它合适的溶液加入浓缩至净干的圆底烧瓶中,混匀,静置。然后分别取 1 μL 标准工作溶液与试样溶液注入色谱仪。通过比较式样与标样的保留时间及特征离子进行定性。必要时,选用另外一种或多种方法对异构体进行确认。

注:采用上述分析条件时,禁用芳香胺标准物,GC/MS 总离子流图参见附录 C。

(5)定量分析方法

① HPLC/DAD 分析方法:

由于测试结果取决于所使用的仪器,因此不可能给出色谱分析的具体参数,下边操作条件已被证明测试是合适的。

色谱柱:ODB C18(5 μm),250 mm×4.6 mm,或相当者;

流量:1.0 mL/min;

柱温:40℃;

进样量:10.0 μL;

检测器:二极管阵列检测器(DAD);

检测波长:240 nm,280 nm,305 nm;

流动相 A:甲醇;

流动相 B:0.575 g 磷酸二氢铵+0.7 g 磷酸氢二钠+100 mL 甲醇溶于 1 000 mL 三级水中,pH=6.9;

梯度:见表 16-1。

表 16-1 梯度

时间(min)	流动相 A(%)	流动相 B(%)	递变方式
0	15	85	—
45	80	20	线性
50	80	20	线性

准确移取 1.0 mL 甲醇或其它合适的溶液加入浓缩至近干的圆底烧瓶,混匀,静置。然后分别取 1 μL 标准工作溶液与试样溶液注入色谱仪,按上述条件操作,外标法定量。

② GC/MS 分析方法

准确移取 1.0 mL 内标液加入浓缩至近干的圆底烧瓶,混匀,静置。然后分别取 1 μL 标准工作溶液与试样溶液注入色谱仪,可选用离子选择方式进行定量。内标定量分组参见附录 D。

(6)结果计算和表示

① 外标法:

$$X_i = \frac{A_i \times C_i \times V}{A_{is} \times m}$$ (16-1)

式中:X_i——试样中分解出芳香胺 i 的含量,mg/kg;

A_i——样液中芳香胺 i 的峰面积(或高峰);

A_{is}——标准工作液中芳香胺 i 的峰面积(或高峰);

C_i——标准工作溶液中芳香胺 i 的浓度,mg/L;

V——样液最终体积,mL;

M——试样量,g。

② 内标法:

$$X_i = \frac{A_i \times C_i \times V \times A_{isc}}{A_{is} \times m \times A_{iss}}$$ (16-2)

式中:X_i——试样中分解出芳香胺 i 的含量,mg/kg;

A_i——样液中芳香胺 i 的峰面积(或高峰);

A_{isc}——标准工作液中内标的峰面积(或高峰);

A_{is}——标准工作液中芳香胺 i 的峰面积(或高峰);

C_i——标准工作溶液中芳香胺 i 的浓度,mg/L;

V——样液最终体积,mL;

A_{iss}——样液中内标的峰面积(或高峰);

m——试样量,g。

③ 结果表示

试验结果以各种芳香胺的检测结果分别表示,计算结果保留到个位数。低于测定底限(5 mg/kg)时,试验结果为未检出。

附录 A
(规范性附录)

禁用芳香胺名称及其标准物质的 GC/MS 定性选择特征离子

表 16-2

序号	芳香胺名称	化学文摘编号 (CAS No.)	特征离子 (amu)
1	4-氨基联苯(4-a minobiphenyl)	92-67-1	169
2	联苯胺(benzidine)	92-87-5	184
3	4-氯-邻甲苯胺(4-chloro-o-toluidine)	95-69-2	141
4	2-萘胺(2-naphthyla mine)	91-59-8	143
5	邻氨基偶氮甲苯(o-a minoazotoluene)	97-56-3	
6	对氯苯胺(p-chloroaniline)	106-47-8	127
7	2,4-二氨基苯甲醚(2,4- dia minoanisole)	615-05-4	138
8	4,4′-二氨基二苯甲烷(4,4′-dai minobiphenylmethane)	101-77-9	198
9	3,3′-二氯联苯胺(3,3′-dichlorobenzidine)	91-94-1	252
10	3,3′-二甲氧基联苯胺 (3,3′-dimethoxybenzidine)	119-90-4	244
11	3,3′-二甲基联苯胺(3,3′-dimethylbenzidine)	119-93-7	212
12	3,3′-二甲基-4,4′-二氨基二苯甲烷 (3,3′-dimethyl-4,4′-dia minobiphenylmethane)	838-88-0	226
13	2-甲氧基-5-甲基苯胺(p-cresidine)	120-71-8	137
14	4,4′-亚甲基-二-(2-氯苯胺)[4,4′-methylene-bis-(2-chloroanil-line)]	101-14-4	266
15	4,4′-二氨基二苯醚(4,4′-oxydianiline)	101-80-4	220
16	4,4′-二氨基二苯硫醚(4,4′-thiodianilien)	139-65-1	216
17	邻甲苯胺(o-toluidine)	95-53-4	107
18	2,4-二氨基甲苯(2,4-toluylenedia mine)	95-80-7	122
19	2,4,5,-三甲基苯胺(2,4,5,-trimethylaniline)	137-17-7	135
20	邻氨基苯甲醚(o-anisideline)	90-04-0	123

（续表）

序号	芳香胺名称	化学文摘编号（CAS No.）	特征离子（amu）
21	2,4-二甲基苯胺(2,4-xylidine)	95-68-1	121
22	2,6-二甲基苯胺(2,6- xylidine)	87-62-7	121
23	5-硝基-邻甲苯胺(5-nitro-o-tluidine)	99-55-8	
24	4-氨基偶氮苯（4-a minoazobenzene)	60-09-3	

注1：邻氨基偶氮甲苯(CAS No. 97-56-3)，5-硝基-邻甲苯胺(CAS No. 99-55-8)经本方法处理后进样检测后分解为邻甲苯胺和2,4-二氨基甲苯。

注2：4-氨基偶氮苯（4-a minoazobenzene)暂时没有合适的检测方法。

附录 B
（规范性附录）

试样的预处理方法

一、试剂

采用以下试剂
（一）氯苯
（二）二甲苯（异构体混合物）

二、仪器与设备

采用图 B.1 所示的萃取装置或其它合适的装置。

三、样品前处理

（一）样品预处理

取有代表性试样，剪成合适的小片，混合。从混合样中抽取 0.1 g(精确至 0.01 g)用无色纱线扎紧，在萃取装置的蒸汽室内垂直放置，使冷凝溶剂可从样品上流过。

（二）抽提

附录 B 图 1　萃取装置

加入 25 mL 氯苯抽提 30 min，或者用二甲苯抽提 45 min。抽提液冷却到室温，在真空旋转蒸发器上 45～60℃驱除溶剂，得到少量残余物，这个残余物用 2 mL 的甲醇转移到反应器中。

（三）还原裂解

在上述反应器中加入 15 mL 预热到 70±2℃的缓冲溶液，将反应器放入 70±2℃的超声波浴中处理 30 min，然后加入 3.0 mL 连二亚硫酸钠溶液，并立即混合剧烈震摇以还原裂解偶氮染料，在 70±2℃水浴中保温 30 min，还原后 2 min 内冷却到室温。

附录C
（资料性附录）

禁用芳香胺标准物质 GC/MS 总离子流图

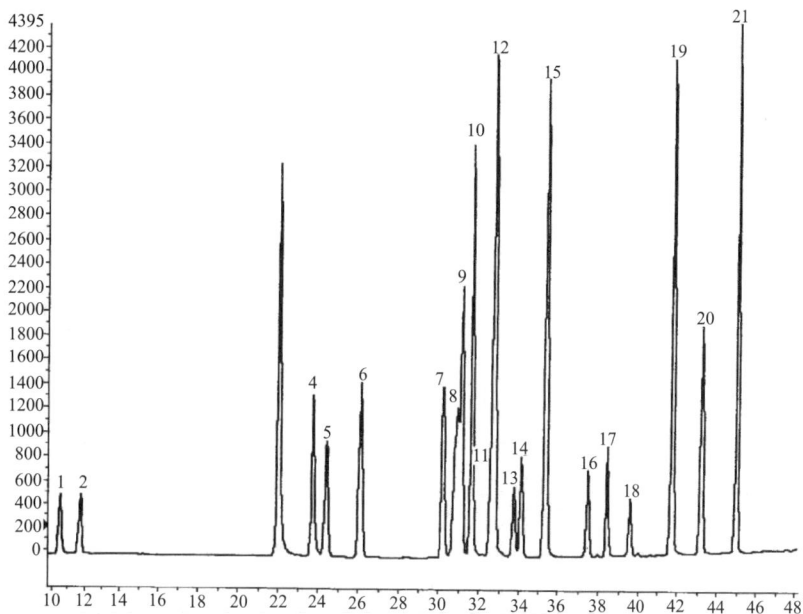

附录C图1　禁用芳香胺标准物质 GC/MS 总离子流图

1—2,4-二氨基苯甲醚；

2—2,4-二氨基甲苯；

3—联苯胺；

4—4,4'-二氨基二苯醚；

5—:邻氨基苯甲醚；

6—邻甲苯胺；

7—4,4'-二氨基二苯甲烷；

8—对氯苯胺；

9—3,3'-二甲氧基联苯胺；

10—3,3'-二甲基联苯胺；

11—2-甲氧基-5-甲基苯胺；

12—4,4'-二氨基二苯硫醚；

13—2,6-二甲基苯胺；

14—2,4-二甲基苯胺；

15—2-萘胺；

16—4-氯-邻甲苯胺；

17—3,3'-二甲基-4,4'-二氨基二苯甲烷；

18—2,4,5,-三甲基苯胺；

19—4-氨基联苯；

20—3,3'-二氯联苯胺；

21—4,4'-亚甲基-二-(2-氯苯胺)。

附录 D
（资料性附录）

表 16-3 内标定量分组表

序号	化学名	所用内标
1	邻甲苯胺	萘-d8
2	2,4-二甲基苯胺	
3	2,6-二甲基苯胺	
4	邻氨基苯甲醚	
5	对氯苯胺	
6	2,4,5,-三甲基苯胺	
7	2-甲氧基-5-甲基苯胺	
8	4-氯-邻甲苯胺	
9	2,4-二氨基甲苯	
10	2,4-二氨基苯甲醚	2,4,5,-三甲基苯胺
11	2-萘胺	
12	4-氨基联苯	蒽-d10
13	4,4′-二氨基二苯醚	
14	联苯胺	
15	4,4′-二氨基二苯甲烷	
16	3,3′-二甲基-4,4′-二氨基二苯甲烷	
17	3,3′-二甲基联苯胺	
18	4,4′-二氨基二苯硫醚	
19	3,3′-二氯联苯胺	
20	3,3′-二甲氧基联苯胺	
21	4,4′-亚甲基-二-(2-氯苯胺)	

附录 E
（资料性附录）

气-质联用仪的检测原理与仪器维护

1　气-质联用仪的检测原理

质谱仪具有灵敏度高、定性能力强的特点，但进样样品要求纯度高。气相色谱仪具有分离效率高、定量分析简便的特点，但定性能力差。因此将这两种仪器联在一起使用，可以取长补短。气相色谱仪可以作为质谱仪的进样器，试样经色谱分离后以纯物质形式进入质谱仪，从而充分发挥质谱仪的特点。

质谱仪是气相色谱仪的理想检测器，质谱仪几乎能检测出全部化合物，灵敏度也很高。

气－质联用仪检测可采用如图 E.1 的流程。

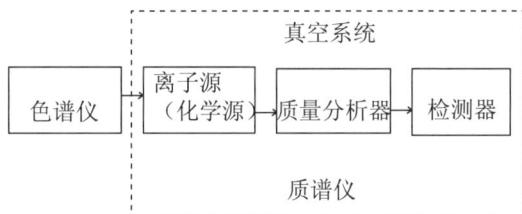

图 E.1　气－质联用仪的检测流程

2　气质联用仪的问题分析与维护

2.1　真空度下降

a.本底增高，出现一些空气峰，干扰质谱图。

b.大量的空气可能会造成仪器的损坏，尤其容易烧坏离子源内的灯丝。

c.空气可能与样品发生反应，产生新的化合物，干扰质谱解析。

d.干扰离子源的电子束。

2.2　判断仪器真空度的方法

MSD 在使用前要先抽真空大约 4h 左右，通过仪器自带的程序进行检测，判断空气是否泄漏，m/z（质荷比）为 28（氮气）才能降至适当低的水平。

判断仪器真空度的方法：

a.程序检测出来的 $m/z28$（氮气）的丰度应比 $m/z18$（水）的丰度低。

b.$m/z18$ 的丰度应该小于 $m/z69$（全氟三丁胺）的丰度的 10%。

c.$m/z28$ 的丰度应该小于 $m/z69$ 的丰度的 5%。

d.如果空气泄漏，那么 $m/z28$ 与 $m/z32$（氧气）的丰度的比值约为 5∶1 如果 $m/z28$ 的丰度超过 $m/z32$ 丰度的 5 倍，那么可能存在另外的一种化合物，离子的质量为 $m/z28$，如 CO 或 C_2H_4。如果 CO 存在，那么在 $m/z44$（二氧化碳）处也会有峰存在。

2.3　对进样的要求

使用手动进样器要求操作者操作熟练，否则会影响数据结果。所以要求操作者熟练掌握以下技能：

a.进样速度快。用最快速度将注射器插入进样口，穿过隔垫到达底端。同时要求将样品迅速注入气化室，然后快速拔出注射器。这样可以使样品几乎同时到达气化室，停留时间越短越好。在使用毛细管进样器时应注意不要在插入时将针头插弯。所以应该多次练习，熟练操作，以提高样品的重现性。

b.取样一致。在取样中要保持取样速度的一致性，取样体积的一致性。如果针头上粘有一些液体时，要用滤纸擦拭干净。在取黏稠度大的样品时，要多次推拉注射器，防止注射器中存在气泡，推拉时要快推、慢拉，一般要推拉 5 次～6 次。如果多次推拉后依然有气泡，则可以多吸一些液体，针尖向上，轻弹针管，把气泡赶到注射器的针头处，将多余的液体与气泡一起排出，以保证取样量的准确，色谱图中不会出现空气峰。

c.多次清洗，减少误差。当取一个样品进样之后，如果再去取另一个样品时，有可能产生干扰，污染样品。此时需要用低沸点溶剂洗针，至少洗 3 次，然后再对用于分析的样品进行洗针，至少洗 3 次。如需要测量多个样品，可以反复操作以上 2 个步骤。如果经常测量同一个样品，可以使用单独的注射器，以减少误差。使用自动进样只要设定好洗针程序和取样程序，就可以自动完成进样，可减少手动进样对检测结果的影响。

2.4 衬管对检测结果的影响

衬管可以让不挥发的组分滞留在衬管内，从而保护色谱柱。但是当污染物积累到一定程度时，就会吸附样品，从而造成峰拖尾或出现鬼峰，会使仪器检测的灵敏度下降；衬管内少量的经硅烷化处理的石英玻璃毛可以防止注射器针尖的歧视（即针尖内溶剂和易挥发组分首先汽化）；加速样品汽化，避免固体物质进入并堵塞色谱柱等。

2.5 进样口的定期清洗

进样口要定期清洗以保证色谱峰的可靠性，以 A glient6890 气相色谱仪的分流/不分流毛细管进样口为例，为避免检测过程中有异常情况出现，应注意以下事项：

a.进样达到 60 次～70 次要更换进样垫。

b.使用最低可用温度，以保证隔垫的稳定。

c.使用气流吹扫，以免硅橡胶降解产物与残留溶剂进入色谱柱。

d.经常清洗衬管，以免物质残留。

e.经常清洗分流平板。

f.使用清洁的进样针。

2.6 色谱柱的保养

a.使用高纯度载气，最好使用 99.999％纯度的氦气。

b.利用前面提到的净化装置除去各种杂质。

c.气体管线要使用专用的铜管或不锈钢管，以免管路中有油或者其它污染物。

d.整个色谱柱系统不能有漏气，因为氧气对色谱柱固定液有氧化作用，会导致柱流失。

e.样品中不能含有非挥发性物质，以免对色谱柱造成污染。

f.使用前要老化色谱柱，等等。

2.7 色谱柱的污染物来源

在用气—质联用仪检测过程中，由于溶剂清洗、仪器老化、杂质干扰等原因，都会在总离子流图中产生杂质色谱峰,从而可以知道其碎片离子。具体污染来源与碎片离子峰见表16-4。

表 16-4　污染来源

离子峰(m/z)	化合物	可能来源
18,28,32,44 或 14,16	H_2O, N_2, O_2, CO_2	残留的空气、水、漏气、密封圈脱气
31,51,69,100,119,131,169,181, 214,219,264,376,414,426,464, 502,576,614	PFIBA 和相关离子	PFTBA(调谐)
31	甲醇	清洗溶剂
43,58	丙酮	清洗溶剂
78	苯	清洗溶剂
91,92	甲苯	清洗溶剂
105,106	二甲苯	清洗溶剂
151,153	氯仿	清洗溶剂
69	前级泵油或 PFTBA	前级泵油蒸汽或校正阀漏气
73,147,207,221,2281, 295,355,429	二甲苯硅氯烷	隔垫或柱流失
77,94,115,141,168, 170,262,354,446	扩散泵油及相关离子	扩散泵油
149	增塑剂(苯二甲酸酯类)	高温下真空密封(O 型圈)损坏
间隔 14n 离子*	烃类	指纹、前级泵油

* 14n 离子是指烃类化合物中碳元素的数量为 14 的倍数的化合物。

三、甲醛含量

(一)甲醛及其危害性

甲醛(HCHO)又称福尔马林,是一种无色且具有强烈刺激性气味的气体,属挥发性物质,易溶于水,目前已被世界卫生组织确定为致癌和致畸形物质。在医学上以液体形式用作保存人体或器官标本,工业上可作为清洁剂、生产塑料的原料、防腐剂等。甲醛在纺织品中的作用是和人造树脂生成一种交联剂,在样品上形成一层保护层,具有免烫、防缩、防皱和易去污等功能。主要在染色助剂,黏合剂以及树脂整理剂中出现,多用于纤维、织物制品的着色、固色以及起到提高防皱、防缩定型效果。部分服装成品的免烫定型整理也使用含有甲醛成分的助剂。目前用甲醛印染助剂比较多的是纯棉纺织品,因为纯棉纺织品容易起皱,使用含甲醛的助剂能提高棉布的硬挺度。如果甲醛用量超标或处理不当,就会对着装者的人体健康造成损害。据悉,有些生产企业在用含有甲醛的助剂对产品进行处理后,为了降低成本,用水再处理的次数不够,以致产品甲醛含量超标。医学专家认为,福尔马林是一种慢性中毒药物,含有福尔马林的纺织品服装在穿着的过程中会逐渐释出游离甲醛,通过人体呼吸道及皮肤接触引发呼吸道和皮肤的炎症,还会对眼睛产生刺激。长期接触低剂量的福尔马林会引起慢性呼吸道疾病、女性月经紊乱、妊娠综合症,引起新生儿体质降低、染色体异常、甚至鼻咽癌。高浓度的福尔马林对神经系统、免疫系统、肝脏等都有毒害作用。进入人体内的福尔马林危害还表现在它能凝固蛋白质,可使人致癌。因此,一些国家的法规和标准均对纺织品服装的甲醛含量作了严格限定。

服装甲醛含量标准是根据各种服装的不同穿着要求,对甲醛含量允许程度作出了不同要求,GB 18401 国家纺织产品基本安全技术规范中对甲醛的限量如下:婴幼儿类服装产品(A 类)(注:婴幼儿指年龄在 36 个月以内),其甲醛含量应低于(或等于)20 mg/kg;直接接触皮肤类服装产品(B 类),其甲醛含量应低于(或等于)75mg/kg;非直接接触皮肤类服装产品(C 类),其甲醛含量应低于(或等于)300 mg/kg;室内装饰类纺织品,甲醛含量应低于(或等于)300 mg/kg。消费者在选购服装产品时,如果看到标识上标明的甲醛含量低于标准规定的指标值时,就可以认定这是服装生产企业对消费者的一种承诺、一种信誉,同时反映了企业在生产过程中已对该产品的甲醛含量进行了质量检测,达到了国家规定的要求,可以穿着或使用。

(二)甲醛的测试

测试原理:通过一定的方式对一定份量的织物中的游离甲醛或释放甲醛萃取出来,根据标准得到萃取的甲醛溶液加入乙酰丙酮显色,利用紫外分光光度计,通过比色测试,计算出其中的甲醛含量。一般有下列三种方法:

A.游离甲醛:取一定量的面料剪碎,放入 100 mL 水溶液中在 40℃ 水浴中萃取 60 min,测试溶液中甲醛含量并计算最终结果。

B.释放甲醛:取一定量的样品悬挂于密封的盛水烧瓶中,放置 50℃ 烘箱中萃取 20 hrs,测试溶液中甲醛含量并计算最终结果。

C.高效液相色谱法。

下面主要介绍 A、B 法。

1. 甲醛含量检测(水萃取法即 A 法)

(1)范围

本方法规定了通过水解作用萃取游离甲醛总量的测定方法。

本方法适用于任何状态的纺织品的试验。此方法适用于游离甲醛含量为 20 mg/kg 到 3500 mg/kg 之间的纺织品,低于 20 mg/kg 的报告结果为未检出。

(2)原理

经过精确称量的试样,在 40℃ 水浴中萃取一定时间,从织物上萃取的甲醛被水吸收,然后萃取液用乙酰丙酮显色,显色液用分光光度计比色测定其甲醛含量。

(3)试剂

所有试剂均采用分析纯,所有用水均为 3 级水。

① 乙酰丙酮试剂(纳氏试剂):

在 1000 mL 容量瓶中加入 150 g 乙酸铵,用 800 mL 水溶解,然后加 3 mL 冰乙酸和 2 mL 乙酰丙酮原液,用水稀释至刻度,用棕色瓶贮存。

注 1:贮存开始 12 h 颜色逐渐变深,因此,用前必须贮存 12 h;试剂 6 星期内有效。经长时期贮存后其灵敏度会稍起变化。故每星期应画一校正曲线与标准曲线校对为妥。

② 甲醛溶液,浓度约 37%(m/V 或 m/m),也可购买甲醛原液的标准物质直接使用。

③ 双甲酮乙醇溶液:

1 g 双甲酮(二甲基二羟基间苯二酚或 5,5 二甲基环己二酮)用乙醇溶解并稀释至 100 mL。现用现配。

(4) 设备

① 50 mL,250 mL,500 mL,1 000 mL 容量瓶。

② 250 mL 碘量瓶或带盖三角烧瓶。

③ 1 mL,5 mL,10 mL,25 mL 和 30 mL 单标移液管及 5 mL 刻度移液管。

注 2:可以使用一种与手工移液管同样精确的自动吸液系统。

④ 10 mL,50 mL 最筒。

⑤ 分光光度计(波长 412 nm)。

⑥ 试管及试管架。

⑦ 恒温水浴锅,(40±2)℃ 。

⑧ 2 号玻璃漏斗式滤器。

⑨ 天平,精确至 0.1 mg。

(5) 甲醛标准溶液的配制和标定

① 约 1500 g/ mL。甲醛原液的制备:用水稀释 3.8 mL 甲醛溶液至 1 L,用标准方法测甲醛原液浓度(见附录 A)。记录该标准原液的精确浓度,该原液可贮存 4 星期,用以制备标准稀释液。

② 稀释:若用 1 g 试验样品和 100 mL 水,试验样品中对应的甲醛浓度将是标准溶液中精确浓度的 100 倍。

a. 标准溶液(S2)的制备。在容量瓶中将 10 mL 准备滴定过的标准原液(含甲醛 1. 5mg/ mL)用水稀释至 200 mL,此溶液含甲醛 75 mg/L。

b. 校正溶液的制备。根据标准溶液(S2)制备校正溶液。在 500 mL 容量瓶中用水稀释下面至少 5 种溶液:

1 mL(S2)至 500 mL,包含 0.15 μg 甲醛/mL≡15 mg 甲醛/kg 织物;

2 mL(S2)至 500 mL,包含 0.30 μg 甲醛/mL≡30 mg 甲醛/kg 织物;

5 mL(S2)至 500 mL,包含 0.75 μg 甲醛/mL≡75 mg 甲醛/kg 织物;

10 mL(S2)至 500 mL,包含 1.50 μg 甲醛/mL≡150 mg 甲醛/kg 织物;

15 mL(S2)至 500 mL,包含 2.25 μg 甲醛/mL≡225 mg 甲醛/kg 织物;

20 mL(S2)至 500 mL,包含 3.005 μg 甲醛/mL≡300 mg 甲醛/kg 织物;

30 mL(S2)至 500 mL,包含 4.50 μg 甲醛/mL≡450 mg 甲醛/kg 织物;

40 mL(S2)至 500 mL,包含 6.00 μg 甲醛/mL≡600 mg 甲醛/kg 织物。

计算工作曲线 $y=a+bx$,此曲线用于所有测量数值,如果试验样品中甲醛含量高于 500 mg/kg,稀释样品溶液。

注 3:若要使校正溶液中的甲醛浓度和织物试验溶液中的浓度相同,须进行双重稀释。如果每千克织物中含有 20 mg 甲醛,用 100 L 水萃取 1.00 g 样品溶液中含有 20 μg 甲醛,以此类推,则 1 mL 试验溶液中的甲醛含量为 20 μg 。

（6）试样的准备

样品不需调湿,因为与调湿有关的干度和湿度可影响样品中甲醛的含量,在测试以前,把样品贮存进一个容器。

注4:可以把样品放入一聚乙烯包袋里贮藏,外包铝箔,其理由是这样贮藏可预防甲醛通过包袋的气孔散发。此外,如果直接接触催化剂及其它留在整理过的未清洗织物的化合物会和铝箔发生反应。

剪碎后的试样 1 g(精确至 10 mg),分别放入 250 mL 带塞子的碘量瓶或三角烧瓶中。加 100 mL 水,盖紧盖子,放入(40±2)℃水浴(65±2)min,每 5 min 摇瓶一次,用过滤器过滤至另一碘量瓶中。如果甲醛含量太低,增加试样量至 2.5 g,以确保测试的准确性。

若出现异议,则使用一调湿过的相同样品来计算一个校正系数,用于校正试验中所用试样的质量。

从样品上剪下的试验样品,立即称量,并在调湿(根据 GB 6529)后再次称量,用这些数值计算出校正系数,用于计算样品溶液中使用的试样调湿后的质量。

（7）操作程序

① 用单标移液管吸取 5 mL 过滤后的样品溶液和 5 mL 标准甲醛溶液放入不同的试管中,分别加 5 mL 乙酰丙酮溶液摇动。

② 首先把试管放在(40±2)℃水浴中显色(30±2)min,然后取出,常温下放置(30±5)min。用 5 mL 蒸馏水加等体积的乙酰丙酮作空白对照,用 10 mm 的吸收池在分光光度计 412 nm 波长处测定吸光度。

③ 如预期从织物上萃取的甲醛量超过 500 mg/kg,或试验采用 5:5 比例,计算值超过 500 mg/kg 时,稀释萃取液使之吸光度在工作曲线的范围中(在计算结果时,要考虑稀释因素)。

④ 考虑到样品溶液的不纯或褪色,取 5 mL 样品溶液放入另一试管,加 5 mL 水代替乙酰丙酮。用相同的方法处理及测量此溶液的吸光度,用水作对照。

⑤ 做三个平行试验。注意:将已显现出的黄色暴露在阳光下一定时间会造成褪色。如果显色后,在强烈阳光下试管读数有明显延迟(例如 1 h),则需要采取措施保护试管,比如用不含有甲醛的遮盖物遮盖试管。否则若需要延迟读数,颜色可稳定一段时间(少过夜)。

⑥ 如果怀疑吸收不是来自于甲醛而是使用例如有颜色的试剂,用双甲酮进行一次确认试验。

注5:双甲酮与甲醛反应,将看不到因甲醛反应产生的颜色。

⑦ 双甲酮确认试验:取 5 mL 样品溶液入一试管(必要时稀释),加 1 mL 双甲酮乙醇溶液并摇动,把溶液放入(40±2)℃水浴(10±2)min,加 5 mL 乙酰丙酮试剂摇动,继续放入(40±2)℃水浴(30±2)min,取出试管室温下放置(30±2)min。测量用相同方法制成的对照溶液的吸光度,对照溶液用水而不是用样品溶液,来自样品中的甲醛在 412 nm 的吸光度将消失。

（8）结果的计算和表示方法。各试验样品用式(16-3)来校正样品吸光度:

$$A = A_s - A_b - (A_d) \tag{16-3}$$

式中：

A——校正吸光度；

A_S——试验中测得的吸光度；

A_b——空白试剂中测得的吸光度；

A_d——空白试剂中测得的吸光度（仅用于变色或沾污的情况下）。

用校工后的吸光度数值，通过工作曲线查出甲醛含量。用 $\mu g/mg$ 表示。

用式(16-4)计算从每一样品中萃取的甲醛量：

$$F=\frac{C\times 100}{m} \tag{16-4}$$

式中：F——从织物样品中萃取的甲醛含量，mg/kg；

　　　C——读自工作曲线上的萃取液中的甲醛浓度，mg/L；

　　　m——试样的质量，g。

计算三次结果平均值。

附录 A(标准的附录)　甲醛原液的标准化

A1 总则

含量约 1500 $\mu g/$ mL 的甲醛原液必须精确地标准化，这是为了做一精确的工作曲线用于比色分析中。

A2 原理

一整分量原液与过量的亚硫酸钠反应，用标准酸液在百里酚酞指示下进行反滴定。

A3 设备

A3.1 10 mL 单标移液管。

A3.2 50 mL 单标移液管。

A3.3 50 mL 滴定管。

A3.4 150 mL 三角烧瓶。

A4 试剂

A4.1 亚硫酸钠 $c(Na_2SO_3 g)=1\ mol/L$：每升水溶解 126 g 无水亚硫酸钠。

A4.2 百里酚酞指示剂：10 g 百里酚酞溶解于 1 L 乙醇溶液中。

A4.3 硫酸：$c(H_2SO_4)=0.01\ mol/L$。

注：可以从化学品供应公司购得或用标准氢氧化钠溶液标定。

A5 操作程序

移取 50 mL 亚硫酸钠(A4.1)入三角烧瓶(A3.4)中，加百里酚酞指示剂(A4.2)2 滴，如需要，加几滴硫酸(A4.3)直至蓝色消失。

移 10 mL 甲醛原液至瓶中(蓝色将再出现)，用硫酸(A3.4)滴定至蓝色消失，记录用酸体积。

A6 计算

1 mL 0.01 mol/L 的硫酸相当于 0.6 mg 甲醛。

用式(A1)计算原液中甲醛浓度:

甲醛浓度(μg/mL)=硫酸用量(mL)×0.6×1000/甲醛原液用量(mL) (A1)

计算结果的平均值,并用根据式(A1)得出的浓度绘制用于比色计分析的工作曲线。

2. 释放甲醛(蒸气吸收法即B法)

(1)范围

本标准规定了任何状态的纺织品在加速贮存条件下用蒸气吸收法测定释放甲醛量的方法。

本标准适用于释放甲酸含量为 20 mg/kg 到 3500 mg/kg 之间的纺织品。

(2)引用标准

下列标准所包含的条文,通过在本标准中引用而构成为本标准的条文。本标准出版时,所示版本均为有效。所有标准都会被修订,使用本标准的各方应探讨使用下列标准最新版本的可能性。

GB 6529—1986 纺织品的调湿和试验用标准大气

GB/T 6682—1992 分析试验室用水规格和试验方法

(3)原理

一个已称重的织物试样,悬挂于密封瓶中的水面上,瓶放入控温烘箱内规定时间,被水吸收的甲醛用乙酰丙酮显色,显色液用分光光度计比色测定其甲醛含量。

(4)试剂

所有试剂均采用分析纯,所有水均为 3 级水(GB/T 6682—1992)。

① 乙酰丙酮试剂(配置方法见 GB/T 2912.2—1998 中 4.1)。

附录 B 描述了用铬变酸(chromotropic acid)方法替代乙酰丙酮试剂。

② 甲醛溶液,浓度约 37%(m/V 或 m /m)。

(5)设备

① 玻璃(保存)广口瓶,1 个,有密封盖(见附录 A 图 1)

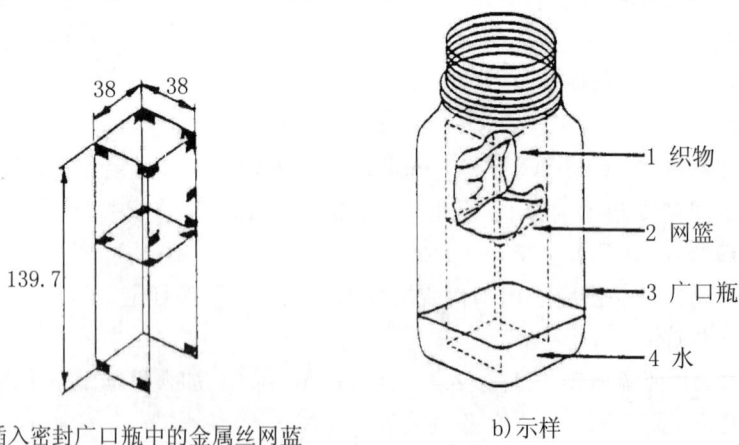

a)插入密封广口瓶中的金属丝网蓝   b)示样

附录 A 图 1 玻璃广口瓶(单位:mm)

② 小型金属丝网篮,如附录 A 图 1a(或其它可悬挂织物于瓶内水上部的适当工具。作为金属丝网篮的变通方法,可用双股缝线将折成两半的织物围系起来.挂于水面上,线

头系牢于瓶盖顶部)。

③ 50 mL,250 mL,500 mL 和 1000 mL 容量瓶。

④ 1 mL,5 mL,10 mL,15 mL,20 mL,25 mL,30 mL 和 50 mL 单标移液管。

⑤ 电热鼓风箱,(49±2)℃。

⑥ 分光光度计,波长 412 nm。

⑦ 10 mL,50 mL 量筒。

⑧ 试管及试管架。

⑨ 恒温水浴锅,(40±2)℃。

⑩ 天平,精确至 0.2 mg。

(6)甲醛标准溶液的配制和标定

①甲醛原液的制备:见 GB/T 2912.1—1998 中 6.1。

② 稀释:见 GB/T 2912.1—1998 中 6.2。

a、标准溶液(S2)的制备:见 GB/T 2912.1—1998 中 6.2.1。

b、校正溶液的制备。根据标准溶液(S2)制备校正溶液。在 500 mL 容量瓶中用水稀释下列所示溶液中至少 5 种溶液:

1 mL(S2)至 500 mL,包含 0.15 μg 甲醛/mL≡7.5 mg 甲醛/kg 织物;

2 mL(S2)至 500 mL,包含 0.30 μg 甲醛/mL≡15 mg 甲醛/kg 织物;

5 mL(S2)至 500 mL,包含 0.75 μg 甲醛/mL≡37.5 mg 甲醛/kg 织物;

10 mL(S2)至 500 mL,包含 1.50 μg 甲醛/mL≡75 mg 甲醛/kg 织物;

15 mL(S2)至 500 mL,包含 2.25 μg 甲醛/mL≡112.5 mg 甲醛/kg 织物;

20 mL(S2)至 500 mL,包含 3.005 μg 甲醛/mL≡150 mg 甲醛/kg 织物;

30 mL(S2)至 500 mL,包含 4.50 μg 甲醛/mL≡225 mg 甲醛/kg 织物;

40 mL(S2)至 500 mL,包含 6.00 μg 甲醛/mL≡300 mg 甲醛/kg 织物。

计算工作曲线 $y=a+bx$,此曲线用于所有测量数值,如果试验样品中甲醛含量高于 500 μg/kg,稀释样品溶液。

注 1:若要使校正溶液中的甲醛浓度和织物试验溶液中的浓度相同,须进行双重稀释。如果织物中含有 20 mg 甲醛/kg,用 50 mL 水萃取 1.00 g 样品溶液中含有 20 μg 甲醛,以此类推,则 1 mL 试验溶液中的甲醛含量为 0.4 μg。

(7)试样准备

样品不需调湿,因为与调湿有关的干度和湿度可影响样品中甲醛的含量,在测试以前,把样品贮存进一个容器。

每块试样剪成 1 g 左右,然后精确称至±10 mg。

注 2:可以把样品放入一聚乙烯包装袋里贮藏,外包铝箔,其理由里这样贮藏可预防甲醛通过包袋的气孔散发。此外,如果直接接触,催化剂及其他留在整理过的未清洗织物上的化合物会和铝箔发生反应。

注 3:每块试样平行试验三次。

(8)操作程序

① 每只试验瓶底放 50 mL 水,用金属丝网篮或其它手段将一块试样悬于每瓶水面之上,盖紧瓶盖,放入(49±2)℃烘箱中 20 h±15 min,从瓶中取出试样和网篮或其它支

持件,再盖紧瓶盖,将瓶摇动以混合瓶侧任何凝聚物。

② 将 5 mL 乙酰丙酮试剂(4.1)移入适量试管或其它合适的烧瓶,并在一只另外的试管中注入 5 mL 乙酰丙酮试剂做空白试验,从每只样品保持瓶中吸 5 mL 萃取液加至试管中,做空白试验则加 5 mL 蒸馏水于试管中,混合,摇匀,将试管放入 40±2℃水浴中 30±5 min,冷却,在波长 412 nm 处测吸光度,用吸光度在甲醛标准溶液工作曲线上查得对应的样品溶液中的甲醛含量(g/mL)。

③ 同 GB/T 2912.1—1998 中 8.3。

注意:将已显现出的黄色暴露于阳光下一定时间会造成褪色,如果显色后,在强烈阳光下试管读数有明显延迟(例如 1 h),则需要采取措施保护试管,比如用不含甲醛的遮盖物遮盖试管。否则若需要延迟读数颜色可稳定一定时间(至少过夜)。

(9)结果的计算和表示方法

用式(16-5)计算织物样品中的甲醛含量

$$F=C\times 50/m \qquad (16\text{-}5)$$

式中:

F——植物样品中的甲醛含量,mg/kg;

C——读自工作曲线上的萃取液中的甲醛含量,mg/L;

m——试样的质量,g。

四、重金属

重金属是指比重比较大的金属,包括铜、铅、钴、铬、镉、镍、锑、砷、汞等物质。这些金属目前还没有发现对人体有什么有益的作用,相反如果这些重金属物质被人体过多吸收的话,会对人体产生伤害。重金属在生物体内是可以蓄积的,时间越长对人体造成危害就越大。以铅为例,铅的危害主要是对人的神经系统、造血系统,以及肾脏造成不良影响。另外需要指出的是,汞对人体大脑细胞功能容易造成危害。纺织品服装中出现重金属成份的主要原因是天然纤维植物在生长过程中从空气、水和土壤中吸收、积累,以及织物在某些印染、后整理过程中吸纳、残留,还有部分服装辅件如拉链、纽扣等也含有可释放重金属。由于接触密切,织物和服装中的可萃取重金属物质易被人体特别是婴幼儿童吸收。重金属物质进入人体后,积累到一定程度会对骨胳、肝、肾、心及脑造成无法逆转的损害,给人的健康构成较大威胁,尤其儿童比成人更易吸收重金属,铅会导致儿童智力障碍,延缓生长发育等症状。因此,标准对汞、镉、铅、砷、铜等重金属的萃取量作出了明确限定,以确保使用对象的安全。

现行重金属的检测标准为 GB/T 17593《纺织品 重金属的测定》,包含四部分:

第 1 部分:原子吸收分光光度法;

第 2 部分:电感耦合等离子体原子发射光谱法;

第 3 部分:六价铬 分光光度法;

第 4 部分:砷、汞原子荧光分光光度法。

下面分别介绍这几部分:

（一）原子吸收分光光度法

1. 原理

试样用酸性汗液萃取后，用电子耦合等离子体原子发射光谱仪在相应分析波长下测定萃取液中铅、镉、砷、铜、钴、镍、铬、锑八种重金属元素的发射强度，对照标准工作曲线确定每种重金属离子的浓度，计算出试液可萃取重金属含量。

2. 试剂和材料

除非另外有说明，仅使用优质纯的试剂和符合 GB/T 6682 规定的二级水。

（1）酸性汗液

根据 GB/T 3922 的规定配置酸性汗液，试液应现配现用。

（2）单元素标准储备溶液

各元素标准储备溶液可使用标准物质或按如下方法配置。

① 砷（As）标准储备溶液（100 μg/mL）：

称取 0.132 g 与硫酸干燥器中干燥至恒重的三氧化二砷，温热溶于 1.2 mL 氢氧化钠溶（100 g/L），移入 1 000 mL 容量瓶中稀释至刻度。

② 镉（Cd）标准储备溶液（100 μg/mL）：

称取 0.203 g 氯化镉（$CdCl_2 \cdot 5/2H_2O$）溶于水，移入 1 000 mL 容量瓶中稀释至刻度。

③ 钴（Co）标准储备溶液（100 μg/mL）：

称取 2.630 g 无水硫酸钴［用硫酸钴（$CoSO_4 \cdot 7H_2O$）于 500～550℃烁烧至恒重］，加入 150 mL 水，加热至融解，移入 1 000 mL 容量瓶中稀释至刻度。

④ 铬（Cr）标准储备溶液（100 μg/mL）：

称取 0.283 g 重铬酸钾（$K_2Cr_2O_7$）溶于水，移入 1 000 mL 容量瓶中稀释至刻度。

⑤ 铜（Cu）标准储备溶液（100 μg/mL）：

称取 0.393 g 硫酸铜（用硫酸钴 $CuSO_4 \cdot 5H_2O$）溶于水，移入 1 000 mL 容量瓶中稀释至刻度。

⑥ 镍（Ni）标准储备溶液（100 μg/mL）：

称取 0.448 g 硫酸镍（用硫酸钴 $NiSO_4 \cdot 6H_2O$）溶于水，移入 1 000 mL 容量瓶中稀释至刻度。

⑦ 铅（Pb）标准储备溶液（100 μg/mL）：

称取 0.160 g 硝酸铅［$Pb(NO_3)_2$］，用 10 mL 硝酸溶液（1＋9）融解，移入 1 000 mL 容量瓶中稀释至刻度。

⑧ 锑（Sb）标准储备溶液（100 μg/mL）：

称取 0.274 g 酒石酸锑钾（$C_4H_1KO_7Sb \cdot 1/2H_2O$）溶于盐酸溶液（10％），移入 1 000 mL 容量瓶中，用盐酸溶液（10％）稀释至刻度。

注：除另外规定外，标准储备溶液在常温（15～25℃），保存期为六个月，当出现浑浊、沉淀或有颜色变化等现象时，应重新配制。

（3）标准工作溶液（10 μg/mL）

根据需要，分别移取适量镉、铬、铜、镍、铅、锑、锌、钴标准储备溶液加于有 5 mL 浓硝酸的 100 mL 容量瓶中，用水稀释至刻度，摇匀，配制成为浓度为 10 μg/mL 的单标或混标标准工作溶液。

注：此溶液的有效期为一周，若出现浑浊、沉淀或有颜色变化等现象时，应重新配制。

3. 仪器和装置

电子耦合等离子体原子发射光谱仪（ICP）：氩气纯度≥99.9％，以提供稳定清澈的等离子体焰矩，在仪器合适的工作条件下进行测定。

火焰原子吸收分光光度计：附有铜、锑、锌空心阴极灯。

具赛三角烧杯：150 mL。

恒温水浴振荡器：37±2℃，振荡频率为 60 次/min。

4. 分析步骤

（1）萃取液制备

取有代表性的样品，剪碎至 5 mm×5 mm 以下，称取 4 g 试样两份（供平行试验），精确至 0.01 g，置于具赛三角烧杯中。加入 80 mL 酸性汗液，将纤维充分浸湿，放入恒温水浴振荡器震荡 60 min 后取出，静置冷却至室温，过滤后作为样液供分析用。

（2）测定

① 将标准工作溶液用水逐级稀释成适当浓度的系列工作溶液。根据试验要求和仪器情况，设置仪器分析条件，点燃等离子体焰矩，等焰矩稳定后，在相应的波长下，按浓度由低至高的顺序测定各待测元素的光谱强度。以光谱强度为纵坐标，元素浓度 $\mu g/mL$ 为横坐标，绘制工作曲线。

② 按上述①所设定的仪器条件，测定空白溶液和样液中各待测元素的光谱强度，从工作曲线上计算出每种待测元素的浓度。

注：不同仪器的分析条件可能有所不同，部分 ICP 光谱仪的工作条件及各待测元素的分析波长参照附录 A。

5. 结果计算

试样中可萃取的重金属元素 i 的含量，按式（16-6）计算：

$$Xi = \frac{(C_i - C_{i0}) \times V}{m} \qquad (16\text{-}6)$$

式中：

X_i——试样中可萃取重金属元素 i 的含量，mg/kg；

C_i——试样中被测元素 i 的浓度，$\mu g/mL$；

C_{i0}——空白溶液中被测元素 i 的浓度，$\mu g/mL$；

V——样液的总体积，mL；

m——试样的质量，g。

取两次测定结果的算术平均数作为试样结果，计算结果保留到小数点后两位。

6. 测定底限和精密度

①本方法的测定底限见表 16-3。

②精密度：

在同一试验室，由同一操作者使用相同设备，按相同的测定方法，并在短时间对同一被测对象相互独立进行的测试获得的两次测试结果的绝对差不大于这两个测定值的算术平均数的 10％，以大于这两个测定值的算术平均数的 10％的情况下不超过 5％为前提。

表 16-3 可萃取重金属元素的测定底限

元素	测定底限(mg/kg)
砷(As)	0.20
镉(Cd)	0.01
钴(Co)	0.02
铬(Cr)	0.12
铜(Cu)	0.06
镍(Ni)	0.05
铅(Pb)	0.23
锑(Sb)	0.09

注:不同仪器的检出会有差异,本方法测定底限仅供参考。

(二)电感耦合等离子体原子发射光谱法

1. 原理

试样用酸性汗液萃取后,用电子耦合等离子体原子发射光谱仪在相应分析波长下测定萃取液中铅、镉、砷、铜、钴、镍、铬、锑 8 种重金属元素的发射强度,对照标准工作曲线确定每种重金属离子的浓度,计算出试液可萃取重金属含量。

2. 试剂和材料

除非另外有说明,仅使用优质纯的试剂和符合 GB/T 6682 规定的二级水。

(1)酸性汗液

根据 GB/T 3922 的规定配置酸性汗液,试液应现配现用。

(2)单元素标准储备溶液

各元素标准储备溶液可使用标准物质可按如下方法配置。

① 砷(As)标准储备溶液(100 μg/mL):

称取 0.132 g 于硫酸干燥器中干燥至恒重的三氧化二砷,温热溶于 1.2 mL 氢氧化钠溶液(100 g/L),移入 1 000 mL 容量瓶中稀释至刻度。

② 镉(Cd)标准储备溶液(100 μg/mL):

称取 0.203 g 氯化镉(CdCl$_2$·5/2H$_2$O)溶于水,移入 1 000 mL 容量瓶中稀释至刻度。

③ 钴(Co)标准储备溶液(100 μg/mL):

称取 2.630 g 无水硫酸钴[用硫酸钴:(CoSO$_4$·7H$_2$O)于 500～550℃烁烧至恒重],加入 150 mL 水,加热至溶解,移入 1 000 mL 容量瓶中稀释至刻度。

④ 铬(Cr)标准储备溶液(100 μg/mL):

称取 0.283 g 重铬酸钾(K$_2$Cr$_2$O$_7$)溶于水,移入 1 000 mL 容量瓶中稀释至刻度。

⑤ 铜(Cu)标准储备溶液(100 μg/mL):

称取 0.393 g 硫酸铜(用硫酸钴 CoSO$_4$·5H$_2$O)溶于水,移入 1 000 mL 容量瓶中稀释至刻度。

⑥ 镍(Ni)标准储备溶液(100 μg/mL)

称取 0.448 g 硫酸镍(用硫酸钴 NiSO$_4$·6H$_2$O)溶于水,移入 1 000 mL 容量瓶中稀释至刻度。

⑦ 铅(Pb)标准储备溶液(100 μg/mL):

称取 0.160 g 硝酸铅[Pb(NO$_3$)$_2$],用 10 mL 硝酸溶液(1+9)溶解,移入 1 000 mL 容量瓶中稀释至刻度。

⑧ 锑(Sb)标准储备溶液(100 μg/mL):

称取 0.274 g 酒石酸锑钾(C$_4$H$_4$KO$_7$Sb·1/2H$_2$O)溶于盐酸溶液(10%),移入 1 000 mL 容量瓶中,用盐酸溶液(10%)稀释至刻度。

注:除另外规定外,标准储备溶液在常温(15~25℃),保存期为六个月,当出现浑浊、沉淀或有颜色变化等现象时,应重新配制。

(3)标准工作溶液(10 μg/mL)

根据需要,分别移取适量镉、铬、铜、镍、铅、锑、锌、钴标准储备溶液的加于有 5 mL 浓硝酸的 100 mL 容量瓶中,用水稀释至刻度,摇匀,配制成为浓度为 10 μg/mL 的单标或混标 标准工作溶液。

注:此溶液的有效期为一周,若出现浑浊、沉淀或有颜色变化等现象时,应重新配制。

3. 仪器和装置

电子耦合等离子体原子发射光谱仪(ICP):氩气纯度≥99.9%,以提供稳定清澈的等离子体焰矩,在仪器合适的工作条件下进行测定。

火焰原子吸收分光光度计:附有铜、锑、锌空心阴极灯。

具赛三角烧杯:150 mL。

恒温水浴振荡器:(37+2)℃,振荡频率为 60 次/min。

4. 分析步骤

(1)萃取液制备

取有代表性的样品,剪碎至 5 mm×5 mm 以下,称取 4 g 试样两份(供平行试验),精确至 0.01 g,置于具赛三角烧杯中。加入 80 mL 酸性汗液,将纤维充分浸湿,放入恒温水浴振荡器震荡 60 min 后取出,静置冷却至室温,过滤后作为样液供分析用。

(2)测定

① 将标准工作溶液用水逐级稀释成适当浓度的系列工作溶液。根据试验要求和仪器情况,设置仪器分析条件,点燃等离子体焰矩,等焰矩稳定后,在相应的波长下,按浓度由低至高的顺序测定各待测元素的光谱强度。以光谱强度为纵坐标,元素浓度 μg/mL 为横坐标,绘制工作曲线。

② 按前述①所设定的仪器条件,测定空白溶液和样液中各待测元素的光谱强度,从工作曲线上计算出每种待测元素的浓度。

注:不同仪器的分析条件可能有所不同,部分 ICP 光谱仪的工作条件及各待测元素的分析波长参照附录 A。

5. 结果计算

试样中可萃取的重金属元素 i 的含量,按式(16-7)计算:

$$X_i = \frac{(C_i - C_{i0}) \times V}{m} \tag{16-7}$$

式中:

X_i——试样中可萃取重金属元素 i 的含量,mg/kg;

C_i——试样中被测元素 i 的浓度，$\mu g/mL$；

C_{i0}——空白溶液中被测元素 i 的浓度，$\mu g/mL$；

V——样液的总体积，mL；

m——试样的质量，g。

取两次测定结果的算术平均数作为试样结果，计算结果保留到小数点后两位。

6. 测定底限和精密度

①本方法的测定底限见表 16-4。

表 16-4　可萃取重金属元素的测定底限

元素	测定底限（mg/kg）
砷（As）	0.20
镉（Cd）	0.01
钴（Co）	0.02
铬（Cr）	0.12
铜（Cu）	0.06
镍（Ni）	0.05
铅（Pb）	0.23
锑（Sb）	0.09

注：不同仪器的检出会有差异，本方法测定底限仅供参考。

②精密度：

在同一试验室，由同一操作者使用相同设备，按相同的测定方法，并在短时间对同一被测对象相互独立进行的测试获得的两次测试结果的绝对差不大于这两个测定值的算术平均数的 10%，以大于这两个测定值的算术平均数的 10% 的情况下不超过 5% 为前提。

（三）六价铬　分光光度法

1. 原理

试样用酸性汗液萃取后，将萃取液在酸性条件下用二苯基碳酰二肼显色，用分光光度计测定显色后的萃取液在 540 nm 波长下的吸光度，计算出纺织品中六价铬的含量。

2. 试剂和材料

除非另外有说明，仅使用优质纯的试剂和符合 GB/T 6682 规定的三级水。

（1）酸性汗液

根据 GB/T 3922 的规定配制酸性汗液，试液应现配现用。

（2）（1+1）磷酸溶液

磷酸溶液（H_3PO_4，$\rho=1.69/mL$）与水等体积混合。

（3）六价铬标准储备溶液（1000 $\mu g/mL$）

可使用标准物质或按如下方法配制：

重铬酸钾（$K_2Cr_2O_7$，优质纯）在 $102\pm2℃$ 下干燥 16 ± 2 h 后，称取 2.829 g 置于 1 000 mL 容量瓶中，用水稀释至刻度。

注：除另外规定外，标准储备溶液在常温（$15\sim25℃$）下保存期为六个月，当出现浑

浊、沉淀或有颜色变化等现象时,应重新配制。

（4）六价铬标准工作溶液（1 mg/L）

移取 1 mg 标准储备溶液于 1 000 mL 容量瓶中,用水稀释至刻度线。需当天配制。

（5）显色剂

称取 1 g 二苯基碳酰二肼（$C_{13}H_{14}N_4O$）,溶于 100 mL 丙酮中,滴加 1 滴冰乙酸。

注:溶液应放在棕色瓶中,置于 4℃ 条件下保存,有效期为两周。

注:此溶液的有效期为一周,若出现浑浊、沉淀或有颜色变化等现象时,应重新配制。

3. 仪器和设备

分光光度计:波长 540 nm,配有光程为 40 nm 或者其它合适的比色皿。

具塞三角烧杯:150 mL。

恒温水浴振荡器:37±2℃,振荡频率为 60 次/min。

4. 测定步骤

（1）萃取液制备

取有代表性的样品,剪碎至 5 mm×5 mm 以下,称取 4 g 试样两份（供平行试验）,精确至 0.01 g,置于具赛三角烧杯中。加入 80 mL 酸性汗液,将纤维充分浸湿,放入恒温水浴振荡器震荡 60 min 后取出,静置冷却至室温,过滤后作为样液供分析用。

（2）测定

取 20 mL 样液,加入 1 mL 硫酸溶液后,再加入 1 mL 显色剂混匀;另取 20 mL 水,加入 1 mL 显色剂和 1 mL 硫酸溶液,作为空白参比溶液。室温下放置 15 min,在 540 nm 波长下测定显色后样液的吸光度,该吸光度记为 A1。

考虑到样品溶液的不纯和褪色,取 20 mL 样液加 2 mL 水混匀,水作为空白参比溶液,在 540 nm 波长下测定空白样液的吸光度,该吸光度记为 A2。

注:试样严重掉色并影响到测定结果时,可用硅镁吸附剂或其它合适的方法,去除颜色干扰后,再测定,并在试验报告中说明。

5. 标准工作曲线的绘制

① 分别取 0 mL、0.5 mL、1.0 mL、2.0 mL、3.0 mL 六价铬标准工作溶液于 50 mL 的容量瓶中,加入水稀释至刻度,配制成浓度为 0 um/mL、0.01 um/mL、0.02 um/mL、0.04 um/mL、0.06 um/mL 的溶液。

② 分别取 7.1 中不同浓度的溶液 20 mL,加入 1 mL 显色剂和 1 mL 磷酸溶液,摇匀;另取 20 mL 水,加入 1 mL 显色剂和 1 mL 磷酸溶液作为空白参比溶液。室温下放置 15 min,在 540 nm 波长下测定吸光度。

③ 以吸光度为纵坐标,六价铬离子浓度 $\mu g/mL$ 为横坐标,绘制工作曲线。

6. 计算和结果的显示

根据式（16-7）计算每个试样的校正吸光度:

$$A = A_1 - A_2 \tag{16-7}$$

式中:

A——校正吸光度;

A_1——显色后样液的吸光度;

A_2——空白样液的吸光度。

用校正吸光度数值,通过工作曲线查出六价铬离子浓度。

根据式(16-8)计算试样中可萃取的六价铬含量:

$$X = \frac{C \times V \times F}{m} \tag{16-8}$$

式中:

X——试样中可萃取六价铬含量,mg/kg;

C——试液中六价铬浓度,mg/mL;

V——样液的体积,mL;

m——试样的质量,g。

F——稀释因子。

以两个试样的平均数作为试验结果,计算结果保留到小数点后两位。

7. 测定底限和精密度

本方法的测定底限见表为 0.20 mg/kg。

精密度:在同一试验室,由同一操作者使用相同设备,按相同的测定方法,并在短时间对同一被测对象相互独立进行的测试获得的两次测试结果的绝对差不大于这两个测定值的算术平均数的 10%,以大于这两个测定值的算术平均数的 10% 的情况下不超过 5%。

(四)砷、汞原子荧光分光光度法

1. 原理

(1)砷测定

用酸性汗液萃取试样后,加入硫脲-抗坏血酸将五价砷转化为三价砷,加入硼氢化钾使其还原成砷化氢,由载气带入原子化器并在高温下分解为原子态砷。在 193.7 nm 荧光波长下,对照标准工作曲线确定砷含量。

(2)汞测定

用酸性汗液萃取试样后,加入高锰酸钾将汞转化为二价汞,加入硼氢化钾使其还原成原子态汞,由载气带入原子化器。在 253.7 nm 荧光波长下,对照标准工作曲线确定汞含量。

2. 试剂和材料

除非另外有说明,仅使用优质纯的试剂和符合 GB/T 6682 规定的一级水。

① 硝酸:65%～68%。

② 硝酸溶液(1∶19):量取 50 mL 硝酸,缓缓倒入 950 mL 水中。混匀。

③ 酸性汗液:根据 GB/T 3922 的规定配制,现配现用。

④ 硼氢化钾溶液(10 g/L):称取 0.5 g 氢氧化钠,用约 80 mL 水溶解,加入 10.0 g 硼氢化钾溶解后,再加水至 1 000 mL。当日使用。

⑤ 硼氢化钾溶液(0.1 g/L)称取 2 g 氢氧化钠,加水 600 mL 溶解,加入 0.1 g 硼氢化钾溶解后,在加水至 1 000 mL。现配现用。

⑥ 硫脲-抗坏血酸混合液:分别称取 2.0 g 硫脲和 2.0 g 抗坏血酸,加水 600 mL 溶解,加入 10 mL 硝酸,在加水至 100 mL。现配现用。

⑦ 高锰酸钾溶液(4 g/L):0.4 g 高锰酸钾溶解于 100 mL 水中,避光保存。

⑧ 标准储备溶液:可使用标准物质或按如下方法配制。

a. 砷(As)标准储备溶液(100 μg/mL):精确称取于硫酸干燥器中干燥至恒重的三氧化二砷(As₂O₃)0.132 g,用 10 mL100 g/L 氢氧化钠溶液溶解,用适量的水转移入 1 000 mL容量瓶中,加硝酸溶液 50 mL,用水稀释至刻度线,混匀。

b. 汞标准储备溶液(100 μg/mL):精确称取 0.1354 g 干燥过的二氯化汞(HgCl₂)0.132 g,加 50 mL 硝酸溶液溶解后移入 1 000 mL 容量瓶中,用水稀释至刻度线,混匀。

注:除另外规定外,标准储备溶液在常温(15~25℃)保存期为六个月,当出现浑浊、沉淀或有颜色变化等现象时,应重新配制。

⑨ 标准工作溶液:

a. 砷标准工作溶液(20 ug/L):吸取 1.00 mL 砷标准工作溶液于 100 mL 容量瓶中用水稀释至至刻度线,混匀,得到浓度为 1 mg/L 的砷标准工作液。再吸取 1 mg/L 标准溶液 2.00 mL 置于 100 mL 容量瓶中,用酸性汗液稀释至刻度线。当日使用。

b. 汞标准工作溶液(1 ug/L):吸取 1.00 mL 汞标准工作溶液于 100 mL 容量瓶中用水稀释至刻度线,混匀,得到浓度为 1 mg/L 的汞标准工作液。再吸取 1 mg/L 标准溶液 1.00 mL 置于 100 mL 容量瓶中,用水稀释至刻度线,得到浓度为 10 ug/L 的汞标准工作液。再吸取 10 ug/L 的标准工作液 10.00 mL 置于 100 mL 容量瓶中,加入 5 mL 硝酸,用酸性汗液稀释至刻度线。当日使用。

3. 仪器和设备

原子荧光分光光度仪:按配置顺序进行装置。

空心阴极灯:砷灯和汞灯。

玻璃砂芯漏斗:60 mL,2 号。

恒温水浴振荡器:37±2℃,振荡频率为 60 r/min。

三角烧杯:具塞,150 mL。

注:在检测过程中使用的所有玻璃器皿先用硝酸溶液浸泡至少 24 h,再用水冲洗干净。

4. 测定步骤

(1)萃取液制备

从剪碎至 5 mm×5 mm 以下的混匀样品中称取 4 g 试样两份(供平行试验),精确至 0.01 g,置于具塞三角烧杯中。加入 80 mL 酸性汗液,盖上瓶盖,用力振摇将纤维充分浸润。置于恒温水浴振荡器震荡(60±5)min 后取出,静置,冷却至室温,用玻璃砂漏斗过滤。

(2)萃取液处理

① 砷试液制备:吸取 5.00 mL 萃取液,加入 5.00 mL 硫脲-抗坏血酸混合液,摇匀,待测。

注:由于溶液中的三价砷容易转化成五价砷,经过还原处理后的试液必须在当日内检测。

② 汞试液制备:吸取 5.00 mL 萃取液,加入 0.50 mL 硝酸,摇匀,待测。再加入 1.00 mL高锰酸钾溶液,用酸性汗液定容至 10.00 mL,摇匀后静置 1 h,待测。

注:由于低溶液汞的不稳定,经过氧化处理后的试液必须在当日内检测。

（3）标准系列工作溶液配制

分别吸取砷标准工作溶液 0、1.00 mL、2.00 mL、4.00 mL、5.00 mL，加入 5.00 mL 硫脲-抗坏血酸混合液，用酸性汗液定容至 10 mL，混匀。配制成浓度为 0 $\mu m/L$、2.00 $\mu m/L$、4.00 $\mu m/L$、8.00 $\mu m/L$、10.0 $\mu m/L$ 的标准系列溶液。

（4）测定

① 仪器分析条件。由于试验室拥有的仪器设备多种多样，因此不可能给出仪器分析的通用条件。下列给出参数证明是可行的。

使用的 AFS-930 原子荧光分光光度仪测量砷、汞的工作条件见表 16-5，测量条件见表 16-6。

表 16-5　仪器工作条件

元素	As	Hg
光电倍增伏高压（V）	290	290
原子化器温度（℃）	200	200
原子化器高度（min）	8	8
灯电流（mA）	60	30
载气流量（mL/minm）	300	400
屏蔽器气流量（mL/minm）	900	900

表 16-6　测量条件

读数时间（s）	7	测量方式	标准曲线
延迟时间（s）	2	读数方式	峰面积
注入量（mL）	1	重复次数	1

② 仪器测定：

a. 砷测定。以硼氢化钾溶液作为还原剂，同时以硝酸溶液作为洗液，在上述条件下进行仪器测定。在 193.7 nm 处测定标准系列溶液的荧光强度，以浓度为横坐标，荧光强度为纵坐标绘制标准曲线。同样条件下测量砷试液的荧光强度，与标准工作曲线比较定量。

b. 汞测定。以硼氢化钾溶液作为还原剂，同时以硝酸溶液作为洗液，在上述条件下进行仪器测定。在 253.7 nm 处测定标准系列溶液的荧光强度，以浓度为横坐标，荧光强度为纵坐标绘制标准曲线。同样条件下测量砷试液的荧光强度，与标准工作曲线比较定量。

（3）空白试验

除不加试样外，均按上述操作步骤进行。

（4）结果计算

试样中可萃取砷或汞的含量按式（16-9）计算：

$$X = \frac{2 \times (C_1 - C_0) \times V \times F}{m \times 1000} \tag{16-9}$$

式中：

X——试样中可萃取砷或汞的含量，mg/kg；

C_1——试样中砷或汞的含量，μg/mL；

C_0——试剂空白液中砷或汞的含量，μg/L；

V——样液体积，mL；

m——试样的质量，g。

F——稀释因子。

检测结果取两次测定平均值，计算结果保留到小数点后三位。

5. 测定底限和精密度

本方法的砷测定底限见表为 0.1 mg/kg，汞测定底限见表为 0.005 mg/kg。

精密度：在同一试验室，由同一操作者使用相同设备，按相同的测定方法，并在短时间对同一被测对象相互独立进行的测试获得的两次测试结果的绝对差不大于这两个测定值的算术平均数的 10%，以大于这两个测定值的算术平均数的 10% 的情况下不超过 5% 为前提。

五、pH 值

（一）pH 值概念

ph 值—— 水萃取液中氢离子浓度的负对数。

pH 值是一项重要的有关服装安全的指标。pH 值是经过化学分析测出某一物质酸性和碱性的强度，并以数值表示的一种指标。数值自 0 起至 14 止，以 7 为中心值，表示为中性。大于 7 愈接近 14 的则反映出碱性强，小于 7 的愈接近 0 则反映出酸性强。而在 4 至 7 之间被称之为弱酸性，7 至 9 之间被称之为弱碱性。一般来说，人体皮肤表面多呈微酸性，能起到抑制病菌侵入和抗过敏的作用。衣服的 pH 值主要是指其面料的酸碱程度。衣服的 pH 值过高或过低，对人体都是不好的。由于纺织品服用原材料在织造、印染、整理过程中常采用一些酸性或碱性化学物质，制成服装穿着后残留物可能会对人体皮肤表面的微酸性状态有所改变，影响人体健康。人在接触强酸或强碱时，会造成刺激性的皮肤损害，服装中的酸碱度虽然达不到灼伤皮肤的程度，但或多或少会给皮肤带来伤害，它会造成皮肤的免疫力降低，造成皮肤下的细胞水肿，进而引发皮肤过敏或皮炎。人体正常状态下，机体的 pH 值应维持在 7.3～7.4 之间，即略呈碱性。机体 pH 值若较长时间低于 7.3，就会形成酸性体质，使身体处于亚健康状态，其表现为机体不适、易疲倦、精神不振、体力不足、抵抗力下降等。

因此一些国家在纺织品和服装品质检测方面，增加了 pH 值的检测项目，主要是鉴定其与人体皮肤的适应度，能否起到阻菌、保洁和抑制过敏的作用。一般当纺织品和服装的 pH 值处于弱酸性和弱碱性之间，即可达到保护人体不受细菌侵害等良好效果。

我们国家的标准规定服装 pH 值的范围是 4～9，低于这个标准就说明衣服的酸性过强，高于这个标准则说明碱性强。

（二）纺织品水萃取液 pH 值的测定

用 pH 计对织物溶液的酸碱性进行精确的测量，pH 计上读出的数值就是所测的 pH 值。

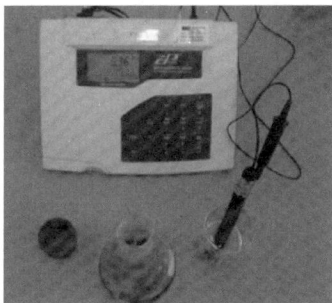

图 16-2　pH 计

本方法用于纺织品水萃取液 pH 值的测定。它可作为检验生产过程中酸碱度的一个技术指标。但不能作为酸碱度的定量数据。

1. 使用范围

此方法可应用于任何形式的纺织品(纤维、纱线、织物等)。

2、原理

在室温下,用带有玻璃电极的 pH 计测定纺织品水萃取液 pH 值。

3. 试剂

所有试剂均为分析纯。

① 蒸馏水或去离子水,至少满足三级水的要求;在 20±2℃时,pH 值在 5.0～7.5,第一次使用前应测试水的 pH 值,如果 pH 值不在规定范围内,可使用化学性质稳定的玻璃器皿重新蒸馏或用其它化学方法使水的 pH 值达标。最大电导率为 $2×10^6$ S/cm(西门子/厘米)。如果蒸馏水不是三级水,使用时需将水煮沸 10 min 以去除二氧化碳,然后冷却(隔绝空气)。

② 缓冲溶液:其 pH 值应接近于待测溶液,用于测定前校准 pH 计,可自己配制,也可买成套的标准物质用,与待测溶液的 pH 值相近,推荐使用的缓冲溶液 pH 值在 4.00、6.86 和 9.18 左右,可用下列溶液:

a. 0.05 mol/L 苯二甲酸氢钾溶液($HOOC·C_6H_4·COOK$):

15℃时 pH 值为 4.00;

20℃时 pH 值为 4.00;

25℃时 pH 值为 4.00;

30℃时 pH 值为 4.01。

b. 0.08 mol/L 磷酸二氢钾(KH_2PO_4)和磷酸氢二钠(Na_2HPO_4)缓冲液:

15℃时 pH 值为 6.90;

20℃时 pH 值为 6.88;

25℃时 pH 值为 6.86;

30℃时 pH 值为 6.85。

c. 0.01 mol/L 四硼酸钠($Na_2B_4O_7·10H_2O$)溶液:

15℃时 pH 值为 9.28;

20℃时 pH 值为 9.23;

25℃时 pH 值为 9.18;

30℃时 pH 值为 9.14。

③ 氯化钾溶液，0.1 mol/L，用蒸馏水或去离子水配制。

4. 仪器

① 具塞三角瓶：容量为 250 mL。

② 机械震荡器：能进行往复或旋转运动，以保证样品内部与萃取液之间进行充分的液体交换，往复式震荡器（往复速度至少为 60 次/min），旋转式震荡器（往复速度至少为 30 转/min）均可得到满意效果。

③ pH 计：配备玻璃电极，鉴别精度为 0.05。

④ 天平：精度为 0.01 g。

⑤ 烧杯：容量为 150 mL，化学性质稳定。

⑥ 量筒：容量为 100 mL，化学性质稳定。

⑦ 玻璃棒：化学性质稳定。

⑧ 容量瓶：1 L，A 级。

5. 试样准备

① 抽样：不少于 10 g 有代表性的样品。

② 试样制备：剪成 5 mm×5 mm 大小的碎片以便能迅速浸湿。

③ 称样：每个测试样品准备三个平行样，避免污染和用手直接接触样品，每个平行样称取 2±0.05 g。

6. 测定方法

(1)水萃取液的配制

在室温下制备三个平行样的水萃取液，把试样放入具塞三角瓶，加入 100 mL 水或氯化钾溶液，盖紧瓶塞，充分摇动片刻，使试样完全浸润，然后在振荡器上振荡 2 h±5 min，记录萃取液的温度。

注：室温一般控制在 10～30℃之间。

(2)水萃取液 pH 值测定

试验在接近室温的条件下进行。

a. 仪器的标定：调节 pH 计的温度与室温一致，用两种或三种缓冲液校准 pH 计。

b. 测定水萃取液的 pH 值：用水或氯化钾溶液洗涤电极直至所示的 pH 值达到稳定为止。将第一份萃取液倒入烧杯，迅速把玻璃电极浸没到液面以下至少 10 mm，轻轻摇动溶液，直至所显示 pH 值达到稳定为止（本次测定值不记录）。

将第二份萃取清液倒入烧怀，迅速将电极（不用洗涤）浸入液面以下至少 10 mm，静置直至 pH 值达到稳定为止，记录读数，精确至 0.05。

将第二份萃取清液倒入烧怀，迅速将电极（不用洗涤）浸入液面以下至少 10 mm，静置直至 pH 值达到稳定为止，记录读数，精确至 0.05。

记录第二份萃取液和第三份萃取液的 pH 值作为测量值。

7. 计算

以第二、第三份水萃取液所得的 pH 值的平均值作为试验数据，精确至 0.1，如果两个 pH 值之间的差异大于 0.2，则另取其它试样重新测试，直到得到两个有效的测量值。

附:标准缓冲液的制备

所有试剂均为分析纯,配置缓冲液的水至少满足三级水的要求,每月至少更换一次。

① 邻苯二甲酸氢钾缓冲液,0.05 mol/L,pH=4.00。

称取 10.21 g 邻苯二甲酸氢钾($KHC_8H_4O_4$),放入 1 L 容量瓶中,用蒸馏水或去离子水溶解后定容至刻度线。该溶液 25℃时的 pH 值为 4.005。

② 磷酸二氢钾和磷酸氢二钠缓冲液,0.08 mol/L,pH=6.86。

称取 3.9 g 磷酸二氢钾(KH_2PO_4)和 3.54 g 磷酸氢二纳(Na_2HPO_4),放入 1 L 容量瓶中,用蒸馏水或去离子水溶解后定容至刻度。该溶液 25℃时的 pH 值为 6.86。

③ 四硼酸钠缓冲液,0.01 mol/L,pH=9.18。

称取 3.80 g 四硼酸钠十水合物($Na_2B_4O_7 \cdot 10H_2O$),放入 1 L 容量瓶中,用蒸馏水或去离子水溶解后定容至刻度。该溶液 25℃时的 pH 值为 9.18。

第二部分 综合性、设计性试验

一、试验目的

1. 熟悉服装偶氮染料、甲醛含量、重金属、pH 值的检测原理,掌握检测方法。
2. 了解服装上残留物的形成、分类及其危害。

二、试验内容

测定纺织面料中所含的各类残留物(偶氮染料、甲醛、重金属)及 pH 值,进行分析,出具试验报告。

训练学生的试验技能,培养学生的试验动手能力、综合分析能力、数据处理以及查阅资料的能力。

三、试验原理和方法

分别参照本章第一部分中二、三、四、五对应的部分,其中甲醛测定采用 A 法-水萃取法,重金属检测按第一部分:原子吸收分光光度法。

四、试验条件

试验仪器设备需满足各试验部分的仪器要求。

化学溶剂均为分析纯和色谱纯。

试验材料为服装面料若干块。

思考题

1. 影响服装各类残留物含量的因素?
2. 影响试验数据准确性的因素有哪些,试验中应该注意的问题有哪些?
3. 各试验的关键点有哪些?
4. 在甲醛检测过程中,甲醛标准曲线对试验结果有什么影响?

5. 检测重金属时,几种检测方法的原理及各自不同点,影响试验数据准确性的因素有哪些?

6. 测定服装面料 pH 值时,不同萃取介质(三级水和 0.1 mol 氯化钾溶液)对试验数据有什么影响?

本章小结

本章主要介绍了服装及服装材料上残留物的检测,包括验证性试验和综合性、设计性试验两部分,主要介绍了偶氮染料、甲醛、重金属及 pH 值的检测,通过学习及试验操作,要求学生了解服装及服装材料上残留物检测的基本知识,熟悉偶氮染料甲醛、重金属及 pH 值等有害物质的检测原理、方法等,并能够对服装及服装面料上的残留物进行检测,是对学生的试验技能的综合训练,培养学生的综合分析能力、试验动手能力、数据处理以及查阅资料的能力。

参考文献

[1] GB 18401—2010. 国家纺织产品基本安全技术规范[S].

[2] GB/T 17593—2006. 纺织品 重金属的测定[S].

[3] GB/T 7573—2009. 纺织品 水萃取液 pH 值的测定[S].

[4] GB/T 17952—2006. 纺织品 禁用偶氮染料的测定[S].

[5] GB/T 2912—2009. 纺织品 甲醛的测定 [S].

[6] 刑声远. 生态纺织品检测技术[M]. 北京:清华大学出版社,2006.

[7] 吴坚,李淳. 家用纺织品检测手册[M]. 北京:中国纺织出版社,2004.

[8] 杨瑜榕. 纺织品检验实用教程[M]. 厦门:厦门大学出版社,2011.